第一章 生态文明建设与国家生态安全

【提要】 生态安全是一个区域与国家经济安全及社会安全的自然基础和支撑。保护生态环境、整治生态环境问题、预防生态风险、保障生态安全已成为国家安全的重要组成部分。生态安全是生态文明建设的目标和最终成果体现。

自20世纪80年代改革开放以来，我国经济社会发展取得举世瞩目的成就，但巨大的人口压力、高速的经济增长、快速的城市化，导致空前规模的资源开发和环境污染物排放，对我国生态环境造成巨大损害，生态功能不断退化，一些地区人与自然的矛盾非常突出。水、空气和土壤环境污染与毒化，水土流失、草地沙化、石漠化、沙尘暴、泥石流、滑坡等生态环境问题与生态灾害不断加剧，对国家经济社会的可持续发展乃至人民的生命财产安全构成严重威胁，成为影响我国经济发展与社会安定的一大隐患。保护生态环境、整治生态环境问题、预防生态风险、保障生态安全，已成为国家安全的重要组成部分。

第一节　生态安全的概念与内涵

自 20 世纪 70 年代以来，随着生态环境问题对经济社会发展的影响加剧，国内外有关生态安全的研究越来越多，在本世纪初成为生态环境领域的一个热点议题。但生态安全的概念尚缺乏一个公认的定义，许多概念在目标指向和内涵上有明显的差异。多数生态安全的概念是指人类在生产、生活与健康等方面不受生态破坏和环境污染等影响的保障程度（肖笃宁，陈文波，郭福良，2002），有的概念关注的是生态系统对经济社会发展的支撑能力（马维野，2006，王如松，2007），也有的概念关注的是生态系统本身的健康，是指一个国家生存和发展所需的生态环境处于不受或少受破坏与威胁的状态。在俄罗斯《俄罗斯联邦环境保护法》中将生态安全定义为“使自然环境和人的切身重要利益免受经济活动和其他活动、自然的和生产性的紧急状态的可能不良影响及其后果的防护状态”（周卫，2009）。该定义关注的也是生态系统不受人类经济社会的不利影响以及受影响后的不良后果。还有学者认为“生态安全实质上是以人为本提出的政治概念，是指在国家、地区直至国际社会的范围内人与自然界和谐共处、人的行为活动不破坏人自身的生存环境并且改善人的生活质量、有益于国家可持续发展和人类社会文明进步的可靠状况”（赵晓红，2004）。

《关注中国生态安全》一书中认为：生态安全迄今尚未有一个确切的定义。一般认为包括两层基本含义：一是防止由于生态环境的退化对经济基础构成威胁，主要指环境质量状况低劣和自然资源的减少以及退化削弱了经济可持续发展的支撑能力；二是防止由于环境破坏和自然资源短缺引发人民群众的不满，特别是环境难民的大量产生，从而导致国家的动荡（曲格平，2004）。

国际应用系统分析研究所（IASA，1989）提出的定义为：生态安全是指在人的生活、健康、安乐、基本权利、生活保障来源、必要资

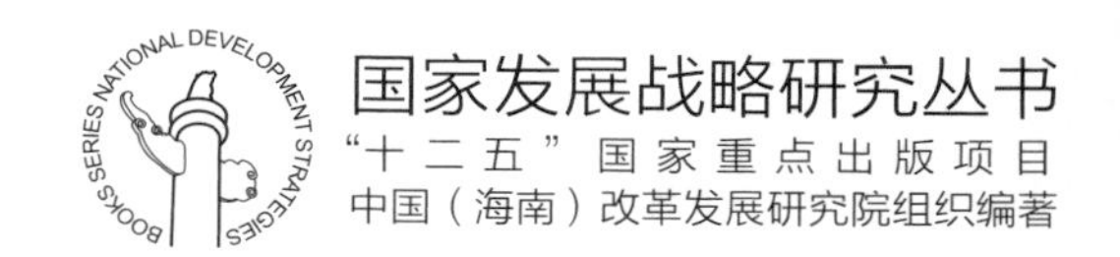

国家发展战略研究丛书

“十二五”国家重点出版项目

中国（海南）改革发展研究院组织编著

生态安全战略

Ecological Security Strategy

欧阳志云　郑华◎著

学习出版社
海南出版社

图书在版编目（CIP）数据

生态安全战略 / 欧阳志云, 郑华著.
– 北京 : 学习出版社，海南出版社，2014.1
(国家发展战略研究丛书)
ISBN 978-7-5147-0028-2

Ⅰ.①生… Ⅱ.①欧… ②郑… Ⅲ.①生态安全 – 发展战略 – 研究 – 中国 Ⅳ.①X321.2

中国版本图书馆 CIP 数据核字(2013)第 287486号

生态安全战略
SHENGTAI ANQUAN ZHANLUE
欧阳志云 郑 华 著

责任编辑：李秋云 刘 铮
技术编辑：张吉霞

出版发行：学习出版社
海南出版社
海口市金盘开发区建设三横路 2 号
010-64828802 / 12 / 42
网 址：http: //www.xuexiph.cn
经 销：新华书店
印 刷：三河市祥达印刷包装有限公司

开 本：710 毫米 × 1000 毫米 1/16
印 张：21
字 数：292 千字
版次印次：2014 年 1 月第 1 版 2014 年 1 月第 1 次印刷

书 号：ISBN 978-7-5147-0028-2
定 价：38.00 元

总序
站在新的历史起点献策国家发展

清人陈澹然在其《寤言二迁都建藩议》中说，“不谋万世者，不足谋一时；不谋全局者，不足谋一域”。国家发展战略是在空间上统筹世情国情两个大局，在时间上立足于历史的客观总结、现实的准确评判、潮流的深刻洞察、趋势的准确研判，科学预测未来国家发展的内外环境、主要矛盾、机遇挑战和优势劣势，明了世势国势于胸，顶层谋划未来国家发展的方向、目标、路线、方针和政策，以顺应历史潮流，抓住历史机遇，赢得主动、赢得优势、赢得未来。

历史告诉我们：战略问题是一个国家发展的核心问题，缺乏战略谋划的国家，很难成为真正的强国；重大战略决策的成功是最重要的成功。谋划战略，就是要把握现实，选择未来。实践证明，在当代中国的发展进程中，改革开放是重大并成功的战略决策。面向未来，需要在坚持改革开放这个大战略下，探索和谋划大国发展的未来之路。

我国的发展已站在一个新的起点上。经过30多年的改革开放和跨越式发展，我国已告别以满足温饱为目标的生存型发展阶段，跨入以人的自身发展为重要目标的发展型新阶段。但是，30多年经济快速增长中积累起来的不协调、不平衡、不可持续的深层次矛盾和问题，与世界经济的复杂变化错综复杂地交织在一起，使我国走向公平可持续发展面临前所未有的严峻挑战。

2008 年国际金融危机爆发以来，世界经济已经发生而且仍在发生复杂而深刻的变化。既有的世界经济版图正在被失衡的世界经济架构和愈演愈烈的国际金融危机无情地撕裂重拼，世界经济的再平衡步履艰难，国际政治经济秩序的重构在国家利益的冲突和博弈中蹒跚蹉跎。我国能否跨越“中等收入陷阱”，走向公平公正可持续发展，再次成为全球瞩目的焦点。

纵观世情国情，未来的 5～10 年是我国发展进程中一个非常关键的时期。这个时期国家发展战略的选择，对后 20 年、30 年国家的发展将产生具有决定性意义的重大影响。基于此，我们组织编写这套 20 本的《国家发展战略研究丛书》。这套丛书，以国家发展面临的全局性、长期性、趋势性的问题为研究重点，从专家学者的视角探讨我国未来经济、社会、政治、文化、外交、国防、改革、开放等 20 个领域的战略性问题，并试图提出相关的战略思考和行动建议。这套丛书的出版，力求能够为国家发展战略决策提供研究参考的同时，兼顾学术性和可读性，满足广大读者的需求。

这套丛书的作者大多是所在领域的知名专家学者，有的长期从事相关领域的领导工作。对各位作者在繁忙工作之余参加这套丛书的研究撰写，我表示衷心感谢！

这套丛书由中国（海南）改革发展研究院与学习出版社、海南出版社合作编辑出版。学习出版社、海南出版社为此承担了大量的组织和编辑工作，在此一并表示感谢！

作为丛书的编委会主任，我多次邀集编委深入讨论丛书的框架、每本书的内容、结构和风格，但在统稿中并不追求观点的一致，每本书代表的都是作者自己的研究结论和学术观点。由于时间紧，丛书又跨多个领域，不足之处在所难免，欢迎读者批评指正。

迟福林

2012 年 10 月 3 日

目　录

前　言

自第二次世界大战以来，全球工业化进程加快，以材料技术、能源技术、信息技术和生物技术为代表的一系列技术革命推动着经济社会发展和人类生活条件的不断改善。但气候变化、生物多样性丧失、环境污染等全球性生态环境问题已威胁人类的生存环境，并深刻影响人类的生活和健康、全球经济社会发展格局以及国家之间的政治与经济关系。

自20世纪80年代改革开放以来，我国在经济社会发展取得举世瞩目成就的同时，巨大的人口压力、高速的经济增长、快速的城市化，导致空前规模的资源开发和环境污染物排放，对我国生态环境带来巨大损害，生态功能不断退化。一些地区人与自然的矛盾非常突出，水、空气和土壤环境污染，水土流失、草地沙化、石漠化、沙尘暴、泥石流、滑坡等生态环境问题与生态灾害不断加剧，对国家经济社会的可持续发展乃至人民生命财产安全构成严重威胁，成为影响我国经济发展与社会安定的一大隐患。保护生态环境、整治生态环境问题、预防生态风险、保障生态安全，已成为国家安全的重要组成部分。

随着生态环境问题对经济社会发展的影响加剧，国内外有关生态安全的研究越来越多，在21世纪初成为生态环境领域的一个热点议题。但生态安全的概念尚缺乏一个公认的定义，许多概念在目标指向和内涵上有明显的差异。综合不同学者对生态安全的定义，目前国内外生态安全的概念有如下4个方面含义：一是指预防环境污染、生态系统退化、自然资源减少损害或削弱经济社会可持续发展的能力；二是指生态环境对经济社会可持续发展的保障能力；三是指人类活动不对环境质量和生态系统造成损害，关注的是生态系统自身的健康状态；四是指预防生态环境破坏和自然资源短缺引发社会问题的能力，如环境难民的大量产生，导致地区或国家的动荡，甚至国与国之间的冲突。不同学者关注的生态安全的风险源也有差异，主要有：环境污染所造成的经济社会问题，生态系统破坏引发的生态问题及其对经济社会发展的影响，自然资源短缺制约经济社会发展，以及由于环境污染、生态退化、资源争夺导致社会冲突，乃至国家之间的矛盾与国际发展环境的恶化。

为了增强国家生态安全，促进经济社会的可持续发展，中国共产党第十七次全国代表大会的报告提出建设生态文明，首次将生态文明建设纳入党的行动纲领。在第十八次全国代表大会的报告中进一步明确提出："建设生态文明，是关系人民福祉、关乎民族未来的长远大计。"并指出"面对资源约束趋紧、环境污染严重、生态系统退化的严峻形势，必须树立尊重自然、顺应自然、保护自然的生态文明理念，把生态文明建设放在突出地位，融入经济建设、政治建设、文化建设、社会建设各方面和全过程，努力建设美丽中国，实现中华民族永续发展"，"形成节约资源和保护环境的空间格局、产业结构、生产方式、生活方式，从源头上扭转生态环境恶化趋势，为人民创造良好生产生活环境，为全球生态安全作出贡献"。生态安全是生态文明建设的目标和最终成果的体现。

生态安全涉及的领域广阔，包括生态破坏、环境污染、自然资源短缺以及因此导致的社会矛盾与冲突，由于作者的研究领域局限，难以驾驭生态安全所涉及的方方面面。综合考虑我国未来生态安全面临的主要挑战，结合国内外最新研究动态，本书的生态安全战略主要从生态系统对经济社会发展与人们福祉的支撑作用探讨我国生态安全所面临的问题与对策。全书从认识自然、顺应自然、保护与恢复自然、增强生态功能、保障生态安全的思路展开，共由 7 章构成。第 1 章探讨了生态文明与生态安全的内涵及其关系，提出了国家生态安全战略的基本思路；第 2 章分析了我国生态环境问题及其趋势；第 3 章概述了我国生态保护与建设的进展；第 4 章提出了构建我国国土生态安全格局的思路与方案；第 5 章分析了我国生态脆弱区格局，探讨了不同生态脆弱区的生态恢复对策；第 6 章提出了提高国家生态安全支撑能力的生态建设重大工程及其布局；第 7 章论述了将生态保护成效纳入国民经济核算的生态学基础和经济学方法，探讨了完善我国生态补偿机制的思路与措施。

本书只是从生态角度探讨我国生态安全战略，希望对读者认识我国生态安全有所帮助。

源、社会秩序和人类适应环境变化的能力等方面不受威胁的状态，包括自然生态安全、经济生态安全和社会生态安全（肖笃宁，陈文波，郭福良，2002）。

综合不同学者对生态安全的定义和分析，目前国内外生态安全的概念有如下四个方面含义：一是指预防环境污染、生态系统退化、自然资源减少损害或削弱经济社会可持续发展能力；二是指生态环境对经济社会可持续发展的保障能力；三是指人类活动不对环境污染和生态系统破坏，关注的是生态系统自身的健康状态；四是指预防生态环境破坏和自然资源短缺引发的社会问题，如环境难民的大量产生，从而导致地区或国家的动荡，甚至国与国之间的冲突（曲格平，2002，2004）。

不同学者关注的生态安全的风险源也有差异，多数关注的是环境污染所造成的生态环境问题及其控制对策，也有将自然资源短缺、环境污染、生态退化等均纳入生态安全风险源范围。同时，还可以从研究文献中发现，生态安全所涉及的空间尺度往往是从一个经济社会区域、国家或全球范围，主要是从国家尺度分析生态安全的概念、问题与对策。

一、生态安全概念

根据当前国际生态学与生态安全研究趋势，本书采用狭义生态安全的概念，主要从生态系统对经济社会发展的支撑和防护作用出发探讨我国生态安全战略。认为：生态安全是指生态系统产品与服务能支撑国家经济社会可持续发展，人民生活和健康、经济发展与社会安定不受生态环境问题和生态灾害影响的状态与能力。生态安全是一个区域与国家经济安全及社会安全的自然基础和支撑。它具有如下五个方面含义：一是生态系统服务功能是生态安全的物质基础，二是生态安全的核心是以人为本，三是生态安全是经济安全与社会安全的基础，四是生态安全的区域性与区域关联性，五是增强生态系统服务功能、控制生态环境问题是保障生态安全的根本措施。

二、生态安全的内涵与特征

1. 生态系统服务功能是生态安全的物质基础

生态系统服务功能是指生态系统与生态过程为人类生存、生产与生活所提供的条件和物质资源，包括生态系统产品与服务。生态系统产品包括生态系统提供的可为人类直接利用的食物、木材、纤维、淡水资源、遗传物质等。生态系统服务包括形成与维持人类赖以生存和发展的条件，包括有机质的生产、营养物质循环、调节气候、调节水文、保持土壤、调蓄洪水、降解污染物、固碳、产氧等生态调节功能以及源于生态系统组分和过程的文学艺术灵感、知识、教育和景观美学等生态文化功能。人们逐步认识到，生态服务功能是人类生存与现代文明的基础，由于人类对生态系统的服务功能及其重要性的不了解，导致了生态环境的破坏，从而对生态系统服务功能造成了明显损害，威胁着人类赖以生存的环境。研究表明，区域与全球生态环境问题的实质在于生态系统服务功能的损害和削弱。

2. 生态安全是社会经济可持续发展的支撑

保障生态安全就是为保障人类赖以生存与发展的生态系统服务，如空气、水、土壤以及食物等持续供给，同时通过保持土壤、防风固沙、调节水文等功能预防和缓解自然灾害对经济社会的损害，保障社会经济的发展。世界著名环境专家诺曼·迈尔斯在所著的《最终的安全：政治稳定的环境基础》一书中强调：国家安全的保障不再仅仅涉及军事力量和武器，而是愈来愈涉及水流、耕地、森林、遗传资源、气候等环境因素。只要生态环境持续地受到破坏，就没有政治经济的最终安全。因为环境退化使生存环境恶化、生存空间缩小，并不可避免地导致国家经济基础的衰退，政治结构也将变得不稳定，结果或是导致国内的动乱，或是引起与别国关系的紧张和冲突（何清涟，2010）。生态系统退化与生态服务功能的丧失，甚或危及整个国家和民族的生存条件。人类历史上曾经出现过多起这方面的例子。比如美索不达米亚平原上的巴比伦文明、地中海地区的米诺斯文明、巴勒斯坦“希望之乡”文明的相继衰弱和消亡，主要是由生态环境被破坏所导致（曲格平，2004）。唐代丝绸之路途经的许多地区当时还是森林密布、河流不息，也是由于气候的变迁和过度的资源开发，导致生态系统退化，沿途许多繁荣的城镇成为废墟。

3. 生态安全的核心是以人为本

生态安全要求通过保护生态系统的健康，以持续提供生态产品与服务，为人类生存提供生命支持系统，为经济发展提供环境支撑，并预防生态环境问题危害社会安定。因此，生态安全是涉及人与自然作为安全指涉对象的，其本质是人的安全，是人的生存与发展的安全（张勇，2005）。安全的标准是以人类生存和发展所要求的生态系统产品及服务的质与量来衡量的。

4. 生态安全的区域性与区域关联性

由于气候、地理和生态系统结构与过程差异，生态环境问题具有明显的地域性，如石漠化主要发生在岩溶分布地区，沙漠化则主要发生在干旱与半干旱地区。不同生态地理区可能面临不同的生态安全问题。由于生态系统退化导致和加剧的地质灾害，主要发生在山高坡陡、降水集中的西南山地，不同区域有不同生态环境问题。

生态安全的区域关联性通常体现在相互影响和相互依赖的两个方面。一方面，许多生态安全问题是区域关联的，一个区域生态功能退化，将危及另一区域的生态安全，如我国内蒙古东部草原退化和沙尘暴将影响我国华北地区的生态安全；流域上游森林退化，可能加剧中下游地区洪涝灾害风险和危害，而上游水污染将威胁下游的水安全和人们的健康，从而可能导致地区与国家的冲突。有的生态环境问题危及全球生态安全，如温室效应、气候变化、生物多样性丧失、臭氧层损耗等生态环境问题将可能损害整个人类的福祉与健康。

生态安全有时是跨越国界的，一国的生态灾难有可能危及邻国的生态安全，如国际性河流中，上游国家的污染物排放或渗漏，就有可能危及下游国家的用水安全。时任联合国环境署执行主任的托普费尔2000年在“环境安全、稳定的社会秩序和文化”会议上指出：“环境保护是国家或国际安全的重要组成部分，生态退化则对当今国际和国家安全构成严重威胁。”他还指出：有清晰的迹象表明，环境资源短缺在世界上许多地方可能促成暴力冲突。在未来几十年，日益加剧的环境压力，可能改变全球政治体系的基础（曲格平，2002）。

另一方面，许多生态服务功能区域间是相互依赖的，一些区域的生态安全依赖于其他区域的生态功能，如中下游水资源安全和洪涝风险依赖于上游的生态保护与生态系统水文调节和土壤保持功能等。有时一个区域的生态服务功能甚至可以惠及全国乃至全球，如一个区域生物多样性保护，其基因资源可能为全人类的食物安全或健康带来益处。因此，在这个意义上，不同区域之间生态安全是相互依赖的，保障生态安全需要区域的紧密合作。

5. 生态安全是相对的和动态的

生态安全问题是动态变化的。由于工业革命以来，人类干预自然环境的能力不断提高，人类面临的生态环境问题也随不同的发展时期与发展阶段而异。从水环境污染、空气污染、土壤污染等人类生活环境的破坏，演变成为温室效应、全球气候变化、生物多样性丧失、臭氧层破坏以及生态服务功能退化等人类生存环境的恶化，人类面临的生态安全问题在不断演变，人类面临的生态压力也越来越大。

生态安全没有绝对的安全，只有相对安全。伴随经济社会的发展，大规模资源的开发、土地利用的改变、环境污染物的排放，过度利用森林、草地、湿地和生物资源以及科学技术的发展与应用，一些生态环境问题得到解决，新的生态环境问题又会出现。人类文明每次进步似乎都会出现新的生态环境问题，每次进步都似乎以生态安全为代价。

6. 增强生态系统服务功能、控制生态环境问题是保障生态安全的根本措施

环境污染、生态服务功能退化和生态灾害是威胁生态安全的直接原因。在我国，生态安全面临着水、大气、土壤污染严重，生态功能退化严重，水土流失、沙漠化、石漠化、泥石流、滑坡等生态环境问题与生态灾害不断加剧，对国家经济社会的可持续发展乃至人民的生命财产安全构成严重威胁。同时，气候变化、生物多样性丧失与臭氧层破坏等全球性生态环境问题对我国经济发展的压力越来越大。因此，保障国家生态安全，就需要有效控制环境污染，保护与恢复自然生态系统，增强生态系统服务功能，提高生态环境对经济社会的支撑能力。

第二节　生态文明建设

中国共产党第十八次全国代表大会报告明确提出："建设生态文明，是关系人民福祉、关乎民族未来的长远大计"，并指出"面对资源约束趋紧、环境污染严重、生态系统退化的严峻形势，必须树立尊重自然、顺应自然、保护自然的生态文明理念，把生态文明建设放在突出地位，融入经济建设、政治建设、文化建设、社会建设各方面和全过程，努力建设美丽中国，实现中华民族永续发展"。还进一步明

确指出“坚持节约资源和保护环境的基本国策，坚持节约优先、保护优先、自然恢复为主的方针，着力推进绿色发展、循环发展、低碳发展，形成节约资源和保护环境的空间格局、产业结构、生产方式、生活方式，从源头上扭转生态环境恶化趋势，为人民创造良好生产生活环境，为全球生态安全作出贡献”。十八大报告是我国生态安全战略基本指导思想。

一、生态文明是现代文明的重要组成部分

生态文明是人类社会继原始文明、农业文明、工业文明后的新型文明形态。它以人与自然协调发展作为行为准则，通过建立符合自然生态规律的价值观、社会机制和生产方式推动经济社会的可持续发展，促进人与自然和谐共处与协同进化（中国科学院生态环境研究中心课题组，2010）。

生态文明建设是一场涉及生产方式、生活方式和价值观念的革命，其核心是“人与自然协调发展”。建设生态文明是人类应对资源危机和生态环境危机在生产及文化发展模式上所做的反省，是人类社会继原始文明、农业文明和工业文明后进行的一次新选择。

根据人与自然的关系及人化自然发展的不同水平，迄今所知的人类文明可划分为四种历史形态，在不同文明形态下人与自然的关系各有不同特点。原始文明时代：人类匍匐在自然的脚下；农业文明时代：人类和自然处于初级平衡状态，物质生产活动基本上是利用和强化自然过程，缺乏对自然实行根本性的变革和改造，对自然的轻度开发没有工业文明时代那样造成巨大的生态破坏；工业文明时代：人类以自然的“征服者”自居，社会生产虽然获得空前发展，但对自然的超限度开发又造成了深刻危机；信息文明时代：依靠资源增殖和信息增殖。

20 世纪是工业文明的世纪，是技术起决定作用的时代。工业文明创造了巨大的物质财富，极大地提高了社会生产力，但是随之出现的

工业代谢型污染以及与工业文明相配合的资源管理模式引发了全球性生态危机。因此，在由工业文明向信息文明过渡时就孕育了生态文明，生态文明与信息文明，将成为21世纪人类的主导文明，人类将最终走向生态文明时代。生态文明是以生态文化为价值取向，工业文明为基础，信息文明为手段，把以当代人类为中心的发展，调整到以人类与自然相互作用为中心的发展上来，从根本上确保当代人类发展不损害后代发展的权利。而信息文明就迫切需要生态文明的护卫，如在人们的文化意识中确立生态意识，并在人们的生活方式中融入生态意识，做到适度消费和“绿色”消费；大量采用有利于资源环境保护的生态技术，发展生态工业、生态农业，促进人类可持续发展。由此可见，在现代文明中，信息文明和生态文明乃一对孪生兄弟，缺一不可。信息文明为生态文明提供物质基础，生态文明为信息文明的可持续发展服务，构成现代文明不可缺少的一部分。

当代工业发达国家的许多有识之士也已经认识到仅有物质、经济上的富裕不可能解决所有社会问题，也不可能实现社会的全面进步。那些发达国家面临的危机不是因为物质上的匮乏，而是文化上、精神上的危机。这也说明通过生态文化构筑的生态文明对解决全球性生态环境问题、促进社会全面发展具有重要作用，它也必将为现代文明所接纳，成为其中必不可少的重要组成部分。

二、生态文明的基本内涵

许多学者对生态文明的内涵进行了研究，不同学者从不同角度阐释了对生态文明内涵的理解。《略论生态文明建设》一书认为：生态文明内涵“主要包括生态意识文明、生态制度文明和生态行为文明三个方面”“生态意识文明，它是人们正确对待生态问题的一种进步的观念形态，包括进步的生态意识、进步的生态心理、进步的生态道德以及体现人与自然平等、和谐的价值取向。生态制度文明，它是人们正确对待生态问题的一种进步的制度形态，包括生态制度、法律和规范。其中，特别强调健全和完善与生态文明建设标准相关的法制体系，重点突出强制性生态技术法制的地位和作用。生态行为文明，它是在一定的生态文明观和生态文明意识指导下，人们在生产生活实践中推动生态文明进步发展的活动，包括清洁生产、循环经济、环保产业、绿化建设以及一切具有生态文明意义的参与和管理活动，同时还包括人们的生态意识和行为能力的培育”。（陈寿朋，2008）

《海南生态省建设与实践》一书认为：“生态文明是指物质文明、精神文明与政治文明在自然与社会生态关系上的具体表现，是基于生态规律合理处理人与自然关系的文明。具体表现在人与环境关系的管理体制、政策法规、价值观念、道德规范、生产方式及消费行为等方面的体制合理性、决策科学性、资源节约性、环境友好性、生活俭朴性、行为自觉性、公众参与性和系统和谐性，展现一种竞生、共生、再生、自生的生态风尚。”（王如松，林顺坤，欧阳志云，2005）。

《怎样认识与理解建设生态文明》一文认为：“生态文明的含义可以从广义和狭义两个角度来理解。从广义角度来看，生态文明是人类社会继原始文明、农业文明、工业文明后的新型文明形态。它以人与自然协调发展作为行为准则，建立健康有序的生态机制，实现经济、社会、自然环境的可持续发展。这种文明形态表现在物质、精神、政治等各个领域，体现人类取得的物质、精神、制度成果的总和。从狭义角度来看，生态文明是与物质文明、政治文明和精神文明相并列的现实文明形式之一，着重强调人类在处理与自然关系时所达到的文明程度。”（钱俊生，赵建军，2007）

生态文明是一种物质生产与精神生产都高度发展，自然生态与人文生态和谐统一的文明形态。它以绿色科技和生态生产为重要手段，以人、自然、社会共生共荣的深刻体会作为人类认知决策行为实践的理论指南，以人对自然的自觉关怀和强烈的道德感、自觉的使命感为其内在约束机制，以合理的生产方式和先进的社会制度作为其坚强有力的物质、制度保障，以自然生态、人文生态的协调共生与协同进化为其理想目标。具体地，其内涵包括以下四个方面：

1. 资源有限观

传统的以 GDP 为中心的发展日益受到有限资源的限制，不惜以高消耗刺激增长的发展需要大量资源支持，发展中国家很难获得足够资源保证发展的可持续性。人口增长与资源匮乏的矛盾日益突出。人类社会在其工业化和现代化的过程中对自然资源进行无限度的索取和征服，以满足自己不断增长的物质要求。地球资源是有限的，其有限性主要表现在：一是地球既存的自然价值量是有限的，无论地球的自然价值量多么丰富，它总是以一定的自然物为载体，作为自然的属性和功能而存在，在物质循环和能量流动中形成；二是自然价值的生成能力是有限的。人类利用自然资源维持自身生存、繁衍、发展的需要则是无限的。特别是 1960 年代以后，由于世界人口膨胀和西方能源危机的不断爆发，使得需求无限与资源有限这个不可回避的矛盾更加尖锐地摆在人们面前。

为了实施可持续发展，则需要人类树立正确的资源观。经济效益与社会效益应当有机统一，树立增长意识、资源意识、环境意识、需求意识。这些意识的集合，构成生态文明的资源观。其核心是在公众心中建立一种低耗资源的节约型意识，以促进资源的节约，杜绝资源的浪费，降低资源的消耗、提高资源的利用率和单位资源的人口承载力，增强资源对国民经济发展的保证程度，以缓和资源的供需矛盾。

以节约资源为核心的节约型国民经济主要包括：建立以节地、节水和节能为中心的集约化农业体系；建立以节能、节材为中心的节约型工业生产体系；建立以低能高效为中心的节约型综合运输体系；建立适度消费、勤俭节约为特征的生活服务体系。

2. 科学的发展观

在当代社会，日益严重的全球性生态环境危机，要求改变传统的资源利用方式与发展模式，经济的发展也要求各种资源条件的支撑及它们的优化组合。我国所面临的人口、资源和环境的压力也对经济社会的进一步发展提出了新的要求。

新的发展观的发展方针、发展目的是实现人的发展和社会全面进步。在新的发展观看来，所谓人的发展不是指少数人或少数国家中的一部分人的发展，而是指所有各国的人民不论是发达国家的还是发展中国家的都应得到全面的发展；人的发展也不是仅仅指当代人的发展，而是指包括后代人的可持续发展，不仅仅指满足人们的物质生活要求，还包括满足人们在社会生活、精神生活上的各种价值要求，实现人的全面发展，使人的体力和智力上的各种潜能得到充分展现。在以人为中心为目的的这种新的发展观看来，经济增长只不过是实现人的发展的手段，经济、政治、社会的各种制度的演变和改进也是为了给人的发展创造一种更好的社会环境。

新发展观要求人们处理好当前发展要求和未来发展要求之间的关系，要求今天的发展能为未来的发展留有余地，不仅不能耗尽或毁掉未来发展的基础，而且要为未来发展提供更好的条件，创造和开辟更为广阔的发展可能性。它具体包括三个方面的含义：在人与资源方面，保持资源永续利用；在人与环境方面，建立生态文明；在经济与社会方面，提高生活质量。其发展模式是倡导人与自然之间和谐相处、互利共生，倡导人与人之间保持代内平等和代际平等，倡导整个社会发展系统持续而协调地发展。

3. 理性的消费观

过度消费对人类生存环境造成了巨大的、甚至有些是难以弥补的危害。可持续发展的今天，人们消费不再是以大量消耗资源能源求得生活上的舒适，而是在求得舒适的基础上，大量节约资源和能源，人们的消费心理向崇尚自然、追求健康理性状态转变。

理性的消费观赋予消费以全新的含义，具体有三个方面。理性消费观的原则一是要求人们要适度消费，即既不要过量消费，也不要被迫消费不足，而是要过在提高生活质量基础上的简朴生活。布朗认为："自愿的简化生活或许比其他任何伦理，更能协调个人、社会、经济以及环境的各种需求。它是对唯物质主义空虚性的一种反应。它能解答能源稀缺、生态危机和不断增长的通货膨胀压力所提出的问题。社会上相当一部分人实行了自愿的简化生活，可以减轻人与人之间的疏远现象，并可缓和由争夺稀少资源而产生的国际冲突。"而美国的发展模式却成为这一观点的反面佐证：何为美国模式呢？这是指以美国为代表的工业化国家的传统发展模式。它有个显著特征：是以对资源、尤其是不可再生资源的高消耗来支撑经济的持续性增长。而对高消费社会的人，期望他们自愿地降低生活标准这是不现实的，但是可以要求他们减少挥霍和浪费，尽可能地提高资源的利用效率，从而降低资源消费，这却是合理可行的；对低消费社会的人（主要在穷国），主要是通过发展经济解决消费不足的问题，但是要通过经济增长方式的转变，采用清洁生产技术提高资源利用的效率，尽量减少对资源和环境的破坏。理性消费观的原则二是要求人们实行绿色消费。绿色消费是指消费的内容、方式符合生态系统的要求，有利于环境保护，有利于消费者健康，能实现经济的可持续发展。其基本思想是指人们在满足自己的生产、生活需要时，具有强烈的环境保护意识，坚持购买和消耗符合环境标准的商品。也就是说，消费者从关心和维护个人生命安全、身体健康、生态环境、人类社会的永续发展出发，试图以强烈的环境意识对市场形成一股巨大的环保压力，以此引导企业生产和制造符合环境标准的产品，促进环境保护，以实现人类和环境和谐演进的目标。人类的生态消费需求主要体现在生态食品、生态用品、生态环境、生态享受四个方面。绿色消费是现代消费的一种新趋势，它通过绿色消费来推动对生态技术的需要以及绿色生产的发展，形成有利于保护环境的经济转变。理性消费观的原则三是要求人们要崇尚社会、心理和精神生活的需求，这也是超越物质消费的更高层次的目标。

4. 生态伦理观

传统的伦理道德是用以调整人与人、人与社会之间相互关系的，但生态伦理的产生，将伦理道德的视野扩展到了自然是对传统伦理道德的补充和升华。传统伦理道德只注意到了人对社会的依赖，而生态伦理则考虑到了人对自然的依赖，是对人类生存的社会性和对自然的依赖性的双重关照。总的说来，生态伦理的构建就是要促进人与人之间（包括代内人和代际人）以及人与自然之间的和谐，使人在进行自己的行为时，会发自内心地自觉考虑和顾及自己的行为对他人、社会、后人和生态环境的影响，从而实现这几者的和谐互惠共生。生态伦理道德观有其具体的行为规范和原则。

平等公正原则是生态伦理观的核心。平等公正首先是指人与人之间的平等公正，而这又进一步地包括代内的平等公正和代际间的平等公正。人类代内的平等公正是指当代人在利用自然资源以及满足自身利益上要达到机会上的均等，即将大自然看成是人类所共有的家园，人类必须共同承担起维护其生态平衡的任务。进一步来说，就是要求当代不同国家和民族在谋求生存及发展上要实现机会平等、责任平等。代际间的平等公正是指人类的世代间对利益的享有亦要实现机会上的均等。整个地球不仅属于当代人，更属于后世人，为了后代能有一个安全、健康的生存环境，当代人要控制人口增长、保护好现存的环境，在不影响和破坏资源再生能力的基础上适量使用各种自然资源。1972 年联合国人类环境会议发表《人类环境宣言》，引用一句名言："我们不是继承父辈的地球，而是借用了儿孙的地球。"其次，平等公正是指人与自然物之间的平等公正。由于自然物具有不以人的意志为转移的权利和价值，所以地球上的所有生物，包括人和动植物，都享有享受不受污染和破坏的环境的权利，享有能够持续生存发展的权利，人特别要充分尊重自然物的这种权利。

现代生态伦理并非对大自然的盲目崇拜，而是在充分认识人类是自然系统中普通而又特殊一员的前提下的现代科学文明的集成。

第三节　国家生态安全战略基本思路

国家生态安全的目标是通过有效控制环境污染、保护与恢复生态系统，增强生态系统服务功能对经济社会可持续发展的支撑，控制与预防生态环境问题及生态灾害对人民生活和健康、经济发展与社会安定的损害和不利影响。

根据国家生态安全的目标，结合生态文明建设总体部署，我国生态安全战略的基本思路是建立生态环境保护机制、增强生态服务功能、整治生态环境问题、预防生态灾害风险。我国生态安全的优先行动包括构建国家生态安全格局、控制环境污染、保护自然生态系统、整治生态环境问题、部署区域生态建设工程、建立生态保护的长效机制等方面。

一、保障生态功能，构建国家生态安全格局

加强生态保护，构建以自然保护区与重要生态功能保护区为主体的国家生态保护体系。

1. 落实主体功能区规划，从宏观布局上协调发展与生态保护的关系

按照主体功能区规划，推动产业布局的调整和生态环境保护措施的落实。优化开发区域，优化产业结构和布局，努力改善环境质量。高度重视优化开发区的生态恢复，扩大生态空间，以增强生态功能、保障生态安全。在重点开发区域，坚持环境与经济协调发展，科学合理利用环境承载力，推进工业化和城镇化，在空间和总量上保障生态

用地。在限制开发区域，坚持保护为主，合理选择发展方向，积极发展特色优势产业，加快建设重点生态功能保护区，确保生态功能的恢复与保育。在禁止开发区域，坚持强制性保护，依据法律法规和相关规划严格监管，严禁不符合主体功能定位的开发活动，遏制人为因素对自然生态系统的干扰和破坏。

2. 建设生态功能保护区

面向国家与区域生态安全的需要，与国家和地方主体功能区的限制开发区规划相结合，以水源涵养、防风固沙、洪水调蓄、生物多样性保护、水土保持等重要生态功能为重点，建立国家、省市区、市县不同等级的生态功能保护区。严格控制不合理的开发活动，保护和改善生态功能，为国家和省市县的生态安全提供支撑。

3. 开展生态用地规划

完善国家土地利用分类体系，增加以提供生态系统服务功能为主要目的的生态用地类型（欧阳志云等，2013）。国家从保护国家生态安全的需要出发，提出国家生态用地面积与比例，以县为单元，开展生态用地规划，将生态用地落实到地块上，为构建国家生态安全格局奠定基础。

4. 完善国家生物多样性保护网络

我国是生物多样性大国，生物多样性资源也是国家的战略资源。目前我国生物多样性丰富的地区往往是生态系统保护较好的区域，也是生态环境良好的区域，要积极推进自然保护区的建设，尤其要推进国家级自然保护区的建设，对具有重要生物多样性保护价值和重要生态调节功能的区域进行严格保护。进一步完善由国家级、省级和市县级自然保护区组成国家自然保护区体系，完善自然保护区管理体制、法律和政策，提高自然保护区保护效益，有效保护我国生物多样性，并为全球的生物多样性保护作出贡献。

5. 加强生态地质灾害区域的生态规划与生态保护

由于地质与地貌原因，我国形成了白龙江流域、金沙江干旱河谷、岷山地区、怒江上游等泥石流和滑坡地质灾害高风险地区。生态退化加剧了地质灾害的发生程度与灾害损失。应加强泥石流、滑坡等地质灾害高风险区的生态保护与生态建设。

以避灾和预防为主，通过系统评价地质灾害风险，合理规划居民点和城镇的布局，加强高风险区的生态保护与生态恢复，提高生态系统水土保持、水源涵养功能等。预防与减轻地质灾害的发生程度，保护人民生命财产安全。

二、加强环境保护，控制污染物排放，改善城乡环境

加强污染防治，大力推进污染物减排；加强污染水体、土壤和大气的环境治理和修复。发展可再生能源，二氧化碳排放的增长率逐步降低。

1. 加大工业节能减排力度

完善有利于节能减排的政策措施，加大节能减排重点工程实施力度，努力完成主要污染物减排目标。加大重点流域和区域水污染防治和生态修复力度，优先保护饮用水源。逐步划定各主要河流、湖泊的水生态功能区，建立健全水生态质量监测指标体系。加快城市污水处理与再生利用工程建设，加强工业废水治理。推进重点行业二氧化硫综合治理，加大城市烟尘、粉尘、细颗粒物和汽车尾气治理力度，控

制温室气体排放。强化危险废物和危险化学品监管，加强重金属、持久性有机污染物等的污染治理，实施生活垃圾无害化处置，控制固体废物污染，加强核设施和放射源安全监管，确保核与辐射环境安全。

2. 建设生态城市，推动绿色城市化

通过优化城市土地格局，调整城市生态过程，增强城市生态功能，推进生态城市建设，改善城市人居环境。发展城市生态产业、促进资源循环利用、加强环境治理力度、培育生态文化、建设生态社区，大力推进城市生态建设，建设生态低碳城市，为到 2015 年 7 亿以上的城市居民提供生态环境良好的人居环境。

统筹城乡发展，完善农村环境管理体制，大力推进农村环境综合整治，积极开展农村生活污水、垃圾污染治理，加强畜禽、水产养殖污染防治，推广农业废弃物综合利用。强化农村地区工业企业环境监管。建立健全土壤污染防治法律法规和标准体系，加强农用土壤环境保护和污染场地环境监管，开展污染土壤修复与综合治理试点示范，改善土壤环境质量，保障农产品质量安全。

三、面向生态功能恢复，坚持自然恢复为主

长期以来，我国的生态恢复只强调植被覆盖率，忽视生态功能恢复。要改变传统的生态恢复观念，应明确生态恢复要将恢复生态系统的涵养水源、水土保持、防风固沙、生物多样性维持等生态功能放在首要地位。要预防和遏制营造“绿色荒漠”，生态建设陷入植被覆盖率不断提高，生态功能持续下降的“困境”。

科学研究证明，封山育林、禁牧恢复草地等自然恢复措施是恢复生态系统涵养水源、水土保持、防风固沙、生物多样性等生态功能最有效和最经济的途径。我国生态恢复要强调以自然恢复为主，改变不顾自然环境差异、不考虑立地条件特征和恢复目标的要求，以营造人

工林为主的生态恢复途径。

四、继续推进区域生态建设工程

参照《全国生态功能区划》，以具有重要水源涵养、防风固沙、洪水调蓄、生物多样性保护、水土保持等功能的50个重要生态功能区为重点，兼顾长江和黄河上游地区、喀斯特岩溶地区、黄土丘陵沟壑区、干旱荒漠区等生态脆弱区，布局区域生态建设重大工程，并运用综合生态系统管理理念，从协调地方社会经济发展与生态保护的关系出发，引导农牧民调整生产与生活方式。减少当地农牧民对森林、草地等生态系统的依赖，开展退化生态系统的恢复与重建，保护与改善生态功能。主要措施应包括：

1. 保护优先。加强对现存的森林、草地、湿地等自然生态系统的保护，严格控制开发活动，保护和提高生态功能。

2. 减少居民对自然生态系统的依赖程度。加强农业基础设施建设，提高耕地和牧草地生产力和土地生态承载力，提高粮食保障能力。同时，要重视农村能源建设，通过发展沼气、推广节柴灶，减少农民薪柴的使用量，促进森林恢复。

3. 开展退化生态系统恢复工程。对重要生态功能区内的陡坡耕地退耕还林还草。持续推动草地畜牧业饲养模式的转变，将放养型畜牧业逐步转变为舍饲型，提高草地畜牧业的经济效益，也可大大减少放牧对草地的压力。

五、保障重大建设工程的生态安全

大规模的开发建设项目，已对我国的区域生态环境带来巨大影响，如矿产资源开发、水电开发、交通网络建设等。要切实加强矿产资源开发、流域水电开发工程、重大基础设施建设工程的生态保护与生态恢复工作，既要控制重大建设项目对区域生态系统的破坏和不利影响，还要重视区域生态退化对工程安全运行的不利影响。

1. 进一步强化环境影响评价

要加强矿产资源开发、流域水电开发工程、重大基础设施建设工程规划的环境影响评价工作，要明确与预防重大工程，尤其是流域水电开发工程对区域和流域生态系统与生态功能的长期不利影响。严格控制目前普遍存在的生态保护向工程建设与重要开发让路的现象，从源头上预防可能产生的新的重大生态环境问题。

2. 加强重大工程运行中的生态保护工作

建立基于生态保护的大型工程运行实施方案与预案。如制订面向流域生态保护的梯级电站运行方案，制订面向流域生态保护的长江中上游水电工程的综合运行调度方案等。

3. 高度重视生态退化对工程安全运行的影响

要加强重大建设工程区及其沿线地区的生态保护与生态恢复，预防生态退化导致重大建设工程发生灾害与事故的风险。尤其要预防位于青藏高原、黄土高原、干旱风沙区、长江上游等生态脆弱区的西气东输、铁路、高速公路、大型水电工程、能源工程等重大建设工程的生态风险。

六、建立协调发展与生态保护的长效机制

1. 推进教育移民，减少人口压力

我国的生态保护与生态建设的重点区域，往往是经济发展落后或生态承载力很低的区域。当地社会经济发展水平低、发展潜力有限，

应结合我国城镇化，大力发展教育，提高适龄人口的受教育水平，并配套相关政策，提高重要生态保护与建设区的大中专升学率，推动教育移民，从长远的角度谋划减少重要生态功能区和生态脆弱区的人口增长压力和人口数量。同时，也可以为实现减少区域发展差异、让落后地区居民融入城市化、共享发展成果的目标服务。

2. 推动居民的就地集中，实现改善民生与保护生态的结合

在山区受耕地的制约或历史的原因，当地农民住居分散，往往是一家一户散居在偏远的深山之中，对改善当地这些散居居民的交通、小孩教育、水电、医疗、安全等民生问题十分困难，而且成本极高，同时分散住居对生态保护也十分不利。应在尊重个人选择的前提下，推动散居居民的就地适度集中，通过制订较长远的规划和改善集中地的公共服务条件，引导居民集中居住，实现改善民生与保护生态的双赢。

3. 建立面向生态安全的束缚机制

要把资源消耗、环境损害、生态效益纳入经济社会发展评价体系，开展生态系统总值核算。建立体现生态文明要求的目标体系、考核办法、奖惩机制。建立国土空间开发保护制度，深化资源性产品价格和税费改革。建立反映市场供求和资源稀缺程度的制度，促进资源的高效利用，从根本上减少污染物的排放。建立体现生态价值和代际补偿的资源有偿使用制度及生态补偿制度，推进生态保护，促进生态保护者与生态服务功能受益者的公平性。

4. 培育生态价值观

积极培育生态文化，建立生态文明的道德文化体系，倡导生态文化、培育与自然和谐共处的价值观。

加强生态素质教育，建设认知生态文化。通过各种途径和措施，不断提高全民的综合素质和科技文化水平，将生态环境知识纳入素质教育和义务教育的必修内容，培育青年学生的生态环境意识；把生态学、生态伦理和生态文化纳入高等学校的普修课程，使广大受教育者参与生态文化建设的能力不断增强；把对各级领导干部生态环境教育轮训纳入计划，发挥媒体作用，开展生态基本知识的宣传，建立终身生态环境教育体系，使全民生态素质不断提高。

提高生态成本意识，加强企业生态文化建设。制定高标准的环境与生态准入制度，增强企业经济活动的环境成本意识。根据生态环境保护的目标，制定鼓励发展、限制发展和禁止发展的主要产业及项目指南。制定土地、金融、税收等分层次的系列优惠政策，促进企业生产方式的转变，改善与优化投资环境和企业经营环境，促进企业生态文化的培育与形成。

七、加强生态安全科技支撑能力建设

我国生态保护与生态恢复的科技支撑能力还远不能满足国家生态保护的要求，应加强对生态脆弱地区生态恢复的关键技术、生态恢复模式与集成技术、生态系统管理模式、生物多样性保护、重大建设工程的生态安全、生态补偿机制等问题的研究，开展生态保护和生态建设政策、措施的评估，分析问题，完善政策，为我国重大生态建设工程，以及国家生态保护与恢复提供技术支持和科技保障。

第二章　我国生态环境问题态势

【提要】 长期的开发历史、巨大的人口压力和脆弱的生态环境条件，使我国正面临水、空气和土壤环境污染与毒化、水土流失、草地沙化、石漠化、沙尘暴、泥石流、滑坡等生态环境问题与生态灾害不断加剧，对国家经济社会的可持续发展乃至人民生命财产安全构成严重威胁，成为影响我国经济发展与社会安定的一大隐患。国家生态安全态势严峻。

我国国土辽阔、地形复杂、气候多样，为多种生物以及生态系统的形成与发展提供了生境。我国拥有森林、草地、湿地、荒漠、海洋、农田和城市等各类生态系统类型，为中华民族繁衍、华夏文明昌盛与传承提供了生态环境支撑。但长期的开发历史、巨大的人口压力和脆弱的生态环境条件，使我国正面临生态系统退化严重、生态服务支撑能力下降、生态安全受到严重威胁的态势。

第一节　中国自然环境概况

我国位于亚洲东部、太平洋西岸，陆地面积960万平方公里，为亚洲面积最大的国家，在世界各国中仅次于俄罗斯、加拿大，居第三位。我国疆域辽阔，东—西、南—北跨度大，气候与地貌类型多样，是生态系统类型丰富、生态环境特征多样、生态环境问题复杂的自然基础。

一、地形地貌特征

我国大陆地势西高东低呈现出阶梯状，按海拔的差别可分为三级阶梯。第一级阶梯是青藏高原，号称“世界屋脊”，平均海拔在4000m以上。面积广大，其西南缘是喜马拉雅山脉，西与帕米尔高原相接，北以昆仑山祁连山脉、东以横断山脉同第二阶梯区分，高原上山岭宽谷并列，湖泊众多。高原面上横亘着几列近乎东西走向的山脉，自北向南依次为昆仑山、唐古拉山、冈底斯山—念青唐古拉山，海拔为6000～7000m。第二级阶梯是介于青藏高原与大兴安岭—太行山—巫山—雪峰山之间的区域，海拔一般为1000～2000m。主要有地面崎岖的云贵高原、沟谷纵横的黄土高原、起伏平缓的内蒙古高原以及四川盆地、塔里木盆地、准噶尔盆地三大盆地。第三级阶梯包括从大兴安岭、太行山、巫山及云贵高原东缘一线以东地区，主要是海拔1000m以下的丘陵和200m以下的平原，有东北平原、华北平原、长江中下游平原、东南沿海丘陵，沿海平原多在海拔50m以下。第三级阶梯继续向海洋延伸，形成近海大陆架。我国地势特征深刻影响着我国气候格局、生态环境特征和生态环境问题的形成（孙鸿烈等，1995）。

我国地貌类型多样，高原、山地、丘陵、盆地、平原类型齐全，以山脉为骨架，形成“三纵三横”的网格状格局。由青藏高原西北端的帕米尔高原延伸出许多高大的山脉，向东逐渐降低为低山、丘陵，大体上以东西和东北—西南两种走向最普遍。东西走向的山脉多分布在西部，山形高峻、气势雄伟；东北—西南走向的山脉分布在东部，山势渐低。我国的主要山脉有阿尔泰山脉、天山山脉、昆仑山脉、喜马拉雅山脉、横断山脉、祁连山、阴山、秦岭、大兴安岭、长白山、南岭、台湾山脉等。东西走向的山脉大多是我国生态地理区域的重要分界线，如昆仑山脉北支和祁连山是青藏高原的北缘，阴山山脉是内流区与外流区的分界线之一，秦岭是黄河和长江流域的分水岭，南岭是长江和珠江流域的分水岭，喜马拉雅山脉构成了青藏高原的西南边缘。东北—西南走向的山脉大致可以分为两带：大兴安岭、太行山、巫山、武陵山、雪峰山等，一般西坡较平缓，东坡陡峻。长白山、辽东丘陵、浙闽山地等，不连续地分布在我国东部平原东部，林木葱郁。以上山脉的分布构成了中国地形的基本骨架，也往往是我国重要的生态安全屏障。

中国山地多，平原少，陆地高差悬殊，各种地形交错分布。山地约占全国土地面积的33%，高原约占26%，盆地约占19%，平原约占12%，丘陵约占10%。山地和高原多集中于西部地区，平原与丘陵主要分布在中东部地区。全国海拔500m以下的地区仅占全国面积的25%，海拔1000m以上的地区的面积比例为58%。与尼泊尔交界处的珠穆朗玛峰，海拔8844.43m，是世界最高峰，新疆吐鲁番盆地的艾丁湖海拔在－155m以下，陆地高差超过9000m，为世界之最。

二、气候特征

我国国土辽阔，跨纬度较广，地形复杂，高差悬殊，地形类型及山脉走向多样，各地距海远近不同，因而气候类型复杂多样。从气候类型上看，东部属季风气候，西北部属温带大陆性气候，青藏高原属高寒气候。气候的区域特征决定了我国生态系统分布的总体格局。

我国东部地区自南而北有南、中、北热带，南，中、北亚热带和南，中、北等9个气候带，热量由南向北递减。受地理纬度的影响，我国南北年平均气温差27～30℃，最冷月平均气温差50℃，大于等于0℃的积温7000℃左右，差异十分显著。在最北部大兴安岭北端的北温带，年平均气温为－5～－2℃，最热月平均气温18～20℃，最冷月平均气温达－31～－26℃，年较差45～50℃，大于等于0℃的积温2000～2500℃。最南部的南热带（赤道热带），热量资源十分丰富，年平均气温高于25℃，最热月平均气温28～29℃，最冷月平均气温不低于20℃，年较差5～8℃，小于等于0℃的积温9300℃左右。与世界同纬度的地区相比，从南到北，冬季气温偏低5～18℃。黑龙江省北部全年无夏，海南岛长夏无冬，淮河流域四季分明，云贵高原南部四季如春，青藏高原西部终年积雪，西北内陆夏热冬冷，日温差大。全国夏季普遍高温，降水较多；冬季南北温差大（张家诚，1995）。

由于我国位于亚洲大陆东部，濒临太平洋，因此我国的气候具有明显的季风气候特征，大部分地区受海洋暖湿气流的影响，降水比较丰富，但各地年平均降水量和分布差异很大。降水分布的总趋势是年降水量从西北向东南方向逐渐增加，一般山区降水多于平原，迎风坡多于背风坡。东南沿海各省和台湾、海南省等大部分地区，年降雨量在1500～2000mm。长江下游地区在1000～1600mm，辽东半岛年降雨量在800～1200mm。黄河下游、渭河、海河流域及东北大部分地区，年降雨量仅500～750mm。黄河中、上游和大兴安岭以西地区，年降雨量在250～400mm。西北内陆各地，除新疆西部和北部各大山口受大西洋湿润气流的微弱影响，年降雨量稍多外，其余多在100～200mm。柴达木、准噶尔、塔里木等盆地尚不足50mm，吐鲁番盆地西缘的托克逊气象站，年降雨量仅6.9mm。从降雨的四季分配来看，降雨主要集中在夏季和秋季，冬季降雨较少。中国绝大部分地区夏秋两季降水占全年的80%～85%以上，其中青藏高原中南部的日喀则、拉萨等地，夏秋降水占93%～96%（张家诚，1995）。

三、水系与流域

我国是世界上河流众多的国家之一，流域面积在 1000km^2 以上的就有 1500 多条，河流总长度约 22×10^4km，全国总径流量为 $27115 \times 10^8 m^3$，几乎与欧洲的径流总量相等。我国绝大多数河流分布在东部气候湿润多雨的季风区，西北内陆气候干旱少雨，河流较少，并有大面积的无流区。从大兴安岭西麓起，沿东北、西南向，经阴山、贺兰山、祁连山、巴颜喀拉山、念青唐古拉山、冈底斯山，直到中国西端的国境，为中国外流河与内陆河的分界线。分界线以东以南，都是外流河区域，面积约占全国总面积的 65.2%。外流河多数属太平洋流域水系，主要包括黑龙江、海河、黄河、淮河、长江、珠江以及澜沧江等。其中，长江河道长度为 6397km，是我国第一大河，也是世界最长的河流之一。怒江、雅鲁藏布江属印度洋流域。新疆西北部的额尔齐斯河向西流出国境，属北冰洋流域（吴国昌，1995）。

根据流域水系特征，全国划分为九大流域区，即：松辽河流域、海滦河流域、黄河流域、淮河流域、长江流域、珠江流域、东南诸河流域、西南诸河流域和内陆河流域。内陆河区域位于我国西北部地区，可以进一步划分为新疆内陆诸河、青海内陆诸河、河西内陆诸河、羌塘内陆诸河和内蒙古内陆诸河五大区域。内陆河中以新疆塔里木河最长，为 2137km，为我国第六大河。此外，京杭大运河为人工开凿的河流，全长 1801km，沟通了海河、黄河、淮河、长江、钱塘江五大流域。

我国有面积大于 1km^2 的天然湖泊 2700 多个，主要的淡水湖包括鄱阳湖、洞庭湖、太湖、洪泽湖等；咸水湖主要分布在青藏高原河蒙新湖区，最大的咸水湖是青海湖。中国大陆东、南的海面上，岛屿星罗棋布，总计全国共有 5400 多个岛屿，以台湾岛最大，其次为海南岛，面积在 200km^2 以上的还有崇明岛、舟山岛、东海岛、海坛岛、长兴岛，其余大部分是面积在 1km^2 以下的小岛，分布极广。

四、土壤

受气候、土壤母质、成土条件以及人类活动的影响，我国土壤类型与分布十分复杂，其分布特征既有水平地带性、垂直地带性规律，也有分布广泛的隐域性土壤（席承藩，1998）。它们的分布主要受岩性、地表组成物质以及地下水等非地带性因素的制约，但在形成发育过程中，仍带有地带性因素的烙印。

1. 土壤水平地带分布特征

受气候的影响，东西部土壤水平地带性有明显的差异。东部地区是季风湿润气候，主要发育硅铝土、铁硅铝土和铁铝土，属湿润海洋性土壤地带谱。西部内陆地带是整个亚欧大陆的干旱中心，主要发育干旱土，属于大陆类型土壤地带谱。两者之间则为过渡性土壤地带谱，主要发育松软腐殖土。

在东部湿润地区，受季风气候的影响，热量和降水都是由低纬向高纬递减。土壤带基本随着纬度变化，表现出纬度地带性分布规律，由南而北依次出现砖红壤和赤红壤、中亚热带红壤与黄壤、北亚热带黄棕壤、暖温带棕壤、温带暗棕壤以及寒温带的寒棕壤。

我国秦岭、淮河以北的温带与暖温带广大地区，自东而西，降水逐渐减少，干燥度增加，土壤按东西经度方向表现出经度地带性分布规律。在温带，土壤分布规律表现为从暗棕壤经东北平原的黑土，向西出现黑钙土、栗钙土以至棕钙土、灰漠土、灰棕漠土。暖温带土壤分布则由东部的棕壤向西北依次为褐土、黑垆土、灰钙土，止于欧亚大陆干旱中心的棕漠土。

2. 土壤垂直地带分布特征

我国山地面积大，垂直高差大，山地气候垂直差异明显，土壤类型与分布表现出垂直地带性规律。山地土壤垂直带谱一方面受山地所在水平地带的制约，另一方面又受山体的高度、山脉走向、坡向、坡度等的影响。我国土壤垂直带谱也可分为湿润海洋型和干旱大陆型，两者之间为一些过渡类型，如半湿润海洋性垂直带谱与半干旱大陆性垂直带谱等。

在东部湿润地区山地，从山麓至山顶，湿润程度虽有一定增加，但变化不甚显著，这里热量条件的改变是影响土壤类型的主要因素。土壤垂直带谱自下而上逐渐从暖热地区的类型过渡到寒冷地区的类型。如在亚热带地区，常见的土壤垂直带为从山地红、黄壤依次递变为山地黄棕壤、山地棕壤和腐棕土等。

在西北干旱内陆山地，从山麓至山顶，气温降低而湿润程度在一定高度内逐渐增加，影响土壤分布的主要因素是湿润状况。常见的土壤垂直带谱结构是从山地灰漠土依次递变为山地棕钙土、山地栗钙土、山地黑钙土、山地灰黑土和腐棕土。

3. 土壤垂直与水平复合式分布特征

青藏高原，面积巨大，地势高耸。从基带向上，是一系列具有垂直结构的高大山地，而在高原面上，则是一望无际的辽阔高原面，分布着一系列切割的河谷和更高的山地，从而在其周围山地出现了完整的土壤垂直带谱。而广阔的高原面上又形成土壤的水平分布规律。以高原中部的冈底斯山、念青唐古拉山为界分南北两带，北带大陆性气候特征明显，自东而西，由高原边缘到高原内部，依次出现山地灰褐土及寒毡土垂直带、寒冻毡土地带、寒冻钙土地带、冻漠土地带。南带因西南季风沿边缘河谷向高原内部输入，自东而西依次出现寒毡土、山地暗棕壤、山地棕壤、山地褐土的下垂谱、寒毡土地带、寒钙土地带。青藏高原土壤带的分布与山脉和河流走向关系密切。

4. 人工土壤

人工土是指自然土壤经人类活动的影响改变了原来土壤的成土过程而获得新特性的土壤。我国农业历史悠久，人类活动对土壤的影响十分深刻，并获得新的诊断层和诊断特性，形成了水稻土、灌淤土、绿洲土、塿土等具有新的理化性质的土壤类型。

水稻土是指发育于各种自然土壤之上、经过人为水耕熟化、淹水种稻而形成的耕作土壤。水稻土在我国分布很广，占全国耕地面积的1/5，主要分布在秦岭、淮河、白龙江一线以南，以长江中下游平原、成都平原和珠江三角洲最为集中。此外，云南、贵州的坝子平原，浙江、福建沿海区域的滨海平原及台湾西部平原也是水稻土的集中分布区。水稻土是在人类生产活动中形成的一种特殊土壤，是我国一种重要的土地资源，它以种植水稻为主，也可种植小麦、棉花、油菜等旱作。

灌淤土是古老绿洲灌溉耕作土壤，多发育在栗钙土系列上，在草甸土和固定风沙土上也能发育。主要分布在宁夏的银川平原、内蒙古的前套后套平原以及西辽河平原，在新疆的伊犁谷地、塔城盆地、甘肃兰州盆地、河西走廊东段和青海的湟水河谷地、河南的开封和封丘、山东济南等地也有分布。绿洲土则是在荒漠境内现代绿洲灌溉耕作发育而来。绿洲土主要分布在新疆、甘肃等省区漠境地区的绿洲中。塿土分布在陕西的关中和山西南部及沿河的阶地上，在河南、河北境内的京广路两侧也有分布。

五、生物多样性

我国国土辽阔、海域宽广，自然条件复杂多样，加之有较古老的地质历史（早在中生代末，大部分地区已抬升为陆地），孕育了极其丰富的植物、动物和微生物物种及繁复多彩的生态组合，是全球 12 个“巨大多样性国家”之一（中国生物多样性国情研究报告编写组，1998）。我国在全球生物多样性保护中占有重要的地位。

辽阔的疆域和多变的自然条件形成了丰富的生态系统类型，我国具有地球陆生生态系统各种类型（森林、灌丛、草原和稀树草原、草甸、荒漠、高山冻原等），且每个类型包含多种气候型和土壤型。我国现有陆地生态系统 599 类，湿地和淡水生态系统 5 个大类，海洋生态系统 6 个大类、30 个类型。我国的森林有针叶林、针阔混交林和阔叶林。初步统计，以乔木的优势种、共优势种或特征种为标志的类型主要有 212 类，我国的竹林有 36 类，灌丛的类别更是复杂，主要有 113 类。草原分为草甸草原、典型草原、荒漠草原和高寒草原，共 55 类。荒漠分为小乔木荒漠、灌木荒漠、小半灌木荒漠及垫状小半灌木荒漠，共 52 类。我国湿地类型多、分布广，区域差异大，共有 31 类天然湿地和 9 类人工湿地，主要类型有沼泽湿地、湖泊湿地、河流湿地、河口湿地、海岸滩涂、浅海水域、水库、池塘、稻田等天然湿地和人工湿地。此外，高山冻原、高山垫状植被和高山、石滩植被主要有 17 类（欧阳志云，2007）。

我国动物种类多，特有类型多，汇合了古北界和东洋界的大部分种类。脊椎动物 6347 种，占世界总数的 14%。其中鸟类 1244 种，占世界总数的 13.7%；鱼类 3862 种，占世界总数的 20%。属于中国特有的脊椎动物 667 种，占总数的 10.5%。我国还是世界上家养动物品种和类群最丰富的国家，共有 1938 个品种和类群。

我国是地球上种子植物区系起源中心之一，承袭了北方第三纪、古地中海古南大陆的区系成分。我国有高等植物 3 万多种，约占世界总数的 10%，仅次于世界种子植物最丰富的巴西和哥伦比亚。其中裸子植物 250 种，是世界上裸子植物最多的国家。属于中国特有种子植物有 5 个特有科，247 个特有属，17300 种以上的特有种，占我国高等植物总数的 57% 以上。同时，我国还是水稻和大豆的原产地，现有品种分别达 5 万个和 2 万个，并且有药用植物 11000 多种，牧草 4215

种，原产我国的重要观赏花卉超过30属2238种（中国生物多样性国情研究报告编写组，1998）。

由于中生代末我国大部分地区已上升为陆地，第四纪冰期又未遭受大陆冰川的影响，许多地区都不同程度地保留了白垩纪、第三纪的古老残遗部分。松杉类世界现存7个科中，中国有6个科。此外，中国还拥有众多有“活化石”之称的珍稀动、植物，如大熊猫（*Ailuropoda melanoleuca*）、白鳍豚（*Lipotes vexillifer*）、文昌鱼（*Branchiostoma belcheri*）、鹦鹉螺（*Nautilus pompilius*）、水杉（*Metasequoia glyptostroboides*）、银杏（*Ginkgo biloba*）、银杉（*Cathaya argyrophylla*）和攀枝花苏铁（*Cycas panzhihuaensis*）等（中国生物多样性国情研究报告编写组，1998）。由于长期的生物资源开发和土地利用的改变，生态系统退化，自然生境丧失十分严重，重要动植物种群急剧下降，许多动植物被列为中国濒危物种。

第二节　我国生态系统特征

我国气候多样、地貌类型丰富、东部和南部海域广阔，为多种生物以及生态系统的形成与繁衍提供了生境。我国是世界上生态系统类型最为丰富的国家之一。我国拥有森林、草地、湿地、荒漠、海洋、农田和城市等地球几乎所有陆生生态系统类型（图2-1）。

一、森林生态系统

根据第七次全国森林资源清查资料，我国的森林面积为$195.22\times10^8hm^2$，其中人工林面积达$6168.84\times10^4hm^2$，森林覆盖率为20.36%，活立木总蓄积量为$149.13\times10^8m^3$，森林蓄积量为$137.21\times10^8m^3$。中国森林面积居世界第五位，森林蓄积量居世界第六位，人工林面积居世界首位，但森林覆盖率、人均森林面积和蓄积量仍低于

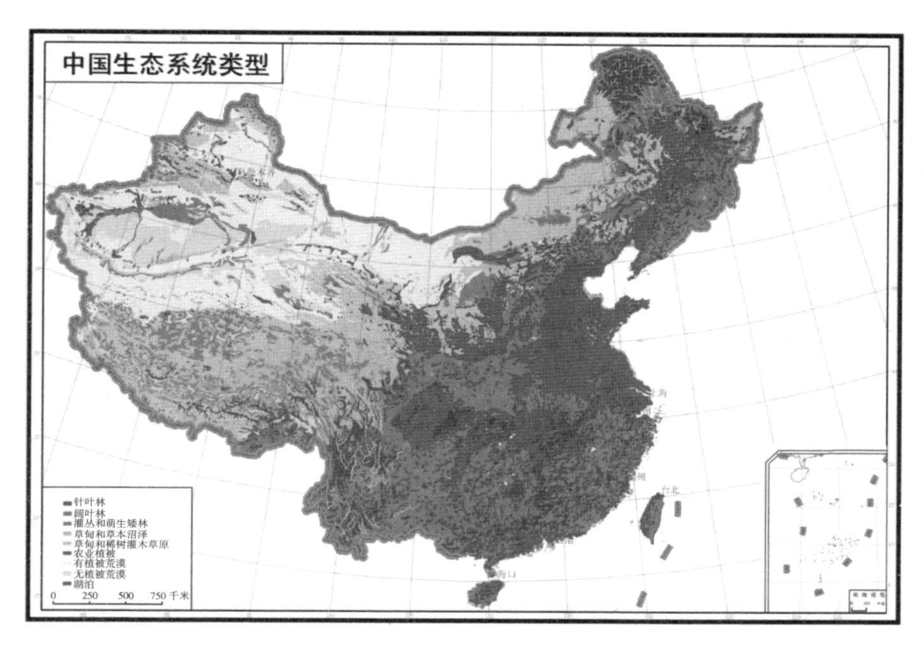

图 2-1 中国生态系统类型与分布

世界平均水平。

我国森林生态系统类型十分丰富，可大致分为针叶林、阔叶林以及竹林、灌丛和灌草丛生态系统。其中，针叶林又可分为寒温性针叶林、温性针叶林、温性针阔混交林、暖性针叶林和热性针叶林生态系统；阔叶林可进一步细分为落叶阔叶林、常绿落叶阔叶混交林、常绿阔叶林、硬叶常绿阔叶林、季雨林、雨林、珊瑚岛常绿林。

1. 寒温性针叶林

主要分布在我国高海拔地区，并且分布的高度由北向南逐渐上升，在东北的长白山，分布在 1100～1800m，而到藏南山地则上升到 3000～4300m。寒温性针叶林主要分布在凉冷、湿润的生境下，但也能适应高海拔地区寒冷、干燥或潮湿的气候。寒温性针叶林包括落叶松（*Larix spp.*）、云杉（*Picea spp.*）、冷杉（*Abies spp.*）和松（*Pinus spp.*）在内的 44 种类型。

2. 温性针叶林

主要分布于暖温带地区平原、丘陵山地及低山地区，在亚热带和热带山中也有分布，分布地区年均气温8～14℃，大于等于10℃的积温3200～4500℃。平原、丘陵地区的针叶林要求温和干燥、四季分明、冬季寒冷的气候条件和中性或石灰性的褐色土与棕色土壤。包括巴山松（*Pinus henryi*）、台湾松（*Pinus tawanensis*）、侧柏（*Platycladus orientalis*）在内一共有9种类型。

3. 温性针阔混交林

主要分布在东北和西南。东北地区是以红松（*Pinus koraiensis*）为主的针阔叶混交林，主要生长在长白山、老爷岭、张广才岭、完达山和小兴安岭的低、中山地带。这里年平均气温为0～6℃，年降水量为500～1100mm。西南地区是以铁杉（*Tsuga spp.*）为主的针阔叶混交林，生长在西南山地亚高山和中山的林区，这些地区多为山地云雾集聚的地带，生境温和而潮湿。

4. 暖性针叶林

主要分布在海拔为1000～3000m的亚热带低山、丘陵和平地。分布区气温大致为15～22℃，大于等于10℃的积温4500～7500℃。暖性针叶林包括马尾松（*Pinus massoniana*）、柳杉（*Cryptomeria fortunei*）、杉木（*Cunninghamia lanceolata*）在内一共有15种类型。

5. 热性针叶林

主要分布在我国热带丘陵平地及低山，这些地区大于等于10℃的积温在7500℃以上。成大片森林分布的只有海南松（*Pinus latteri*），分布于海南岛、雷州半岛、广东南部及广西东南部。

6. 落叶阔叶林

主要分布在北方的平原、丘陵和低中山地区，其生境一般是深厚且比较肥沃、通透性良好，排水和保水良好的土壤。包括蒙古栎林（*Form. Quercus mongolica*）、辽东栎林（*Form. Quercus liaodungensis*）、山杨林（*Form. Populus davidiana*）、白桦林（*Form. Betula platphylla*）、胡杨林（*Form. Populus euphratica*）在内的29种类型。

7. 常绿落叶阔叶混交林

是落叶阔叶林与常绿阔叶林之间的过渡类型，也是亚热带北部典型生态系统类型之一。在北亚热带地区，主要分布在低海拔地区，垂直海拔最高海拔1800m；到中亚热带，因适应气温的变化，其分布大多上升到山地。这些地方冬季气温虽低，但绝对气温稍高。优势植物包括栓皮栎（*Quercus variabilis*）、麻栎（*Quercus acutissima*）、青冈（*Cyclobalanpsis glauca*）、木荷（*Schima superba*）和水青冈（*Fagus longipetiolata*）等，有21种类型。

8. 常绿阔叶林

常绿阔叶林是我国亚热带地区中最具代表性的类型。分布区内水热条件丰富。常绿阔叶林主要由壳斗科（*Fagaceae*）、樟科（*Lauraceae*）、木兰科（*Magnoliaceae*）、山茶科（*Theaceae*）等植物组成，包括40种类型。

9. 硬叶常绿阔叶林

主要分布在川西、滇北的高海拔山地以及西藏东南的一部分河谷中，金沙江河谷两侧是本类型分布的中心。这些地区主要是寒冷或季节性干热的地区。分布的垂直范围大致在 2900～4300m，个别可下延至 2000m，甚至 1500m。硬叶常绿阔叶林主要由川滇高山栎（*Quercus aquifolioides*）、黄背栎（*Q. pannosa*）、光叶高山栎（*Q. rehderiana*）和铁橡栎（*Q. cocciferoides*）组成，包括 9 种类型。

10. 季雨林

主要分布在台湾、广东、广西、云南和西藏五个省份的热带地区，海拔 500～600m 以下，以花岗岩、玄武岩、石灰岩、砂页岩为基质的丘陵台地以及盆地和河谷地区。分布区年均气温在 20～25℃，一般降雨量在 1000～1800mm 之间，且降雨的季节分配不均，干湿季节明显。季雨林主要由木棉（*Form. Bombax malabarica*）、榕树（*Form. Ficus microcarpa*）、青皮林（*Form. Vatica astrotricha*）等组成，包括 12 种类型。

11. 雨林

主要分布在台湾的南部、广东和广西的南部、云南的南部及西藏的东南部地区。其海拔由东向西逐渐上升，东部海拔 500m 以下，到云南西南部上升到 800m，在西藏的东南部达到 1000m 左右。分布区的年均气温在 22～26℃，大于等于 10℃ 的积温在 8000℃ 以上。由青皮（*Form. Vatica astrotricha*）、狭叶坡垒（*Form. Hopea chinensis*）、云南龙脑香（*Form. Dipterocarpus pilosus*）、鸡毛松（*Form. Podocarpus imbricatus*）等组成，包括 13 种类型。

12. 珊瑚岛常绿林

主要分布在南海诸岛和台湾沿海的珊瑚岛上。这些地区为热带海洋性气候，终年高温，年均气温在26℃以上，雨量丰沛，年降雨量为1400～2200mm。包括麻疯桐林（*Form. Pisonia grandis*）、海岸桐林（*Form. Guettarda speciosa*）、草海桐林（*Form*，*Scaevola sericea*）等，包括5种类型。

13. 竹林

主要分布在热带、亚热带地区，以长江流域以南海拔100～800m的丘陵山地以及河谷平地分布较广，生长最盛。所在地的气候温暖而湿润，年平均气温为14～26℃，最冷月平均气温3～23℃；年均降雨量一般为1000～2000mm，但主要集中在夏、秋两季。常见的竹有箬竹（*Indocalamus tessellatus*）、箭竹（*Sinarundinaria nitida*）、泡竹（*Pseudostachyum polymorphum*）和毛竹（*Phyllostachys pubescens*）等，共有36类。

14. 灌丛和灌草丛

灌丛包括一切以灌木占优势所组成的生态系统，它在我国的分布很广，从热带到温带，从平地到海拔5000m左右的高山都有分布。在高山、亚高山上生长的灌丛，能够适应低温、大风、干燥和长期积雪的气候。其代表性物种有高山柏灌丛（*Sabina squamata*）、山光杜鹃灌丛（*Rhododendron oreodoxa*）和雪层杜鹃灌丛（*Rhododendron nivale*）；在温带地区以及亚热带高原山地上分布着的灌丛为落叶阔叶灌丛，组成的灌木种类既不耐寒也不耐热，其代表性物种有榛（*Corylus haterophylla*）、胡枝子（*Laspedeza bicolor*）、蔷薇（*Rosa spp.*）和绣线菊（*Spiraea spp.*）等；分布在热带、亚热带丘陵低山上的灌丛，性喜暖热，不耐寒冷，其代表性物种有乌饭树（*Vaccinium bractertum*）、映山红（*Rhododendron simsii*）和桃金娘（*Rhodomyrus tomentosa*）等，包括98类。

灌草丛广泛分布在热带、亚热带以及温带地区，它们大部分是由森林、灌丛被反复砍伐、火烧，导致水土流失，土壤日益瘠薄，生境趋于干旱化所形成的次生类型。其代表性物种有荆条（*Vitex negundo var. heterophylla*）、五节芒（*Miscanthus var. major*）和白茅（*Imperata*）等，包括14类。

我国森林生态系统破坏十分严重，林地流失数量巨大。譬如在第五次和第四次清查间隔期内，共有1081.0 $\times 10^4 hm^2$ 的林业用地转为非林业用地，平均每年216.3 $\times 10^4 hm^2$；其中，两次清查间隔期内，有281.0 $\times 10^4 hm^2$ 有林地转为非林地，年均56.2 $\times 10^4 hm^2$，全国年均超限额消耗森林资源8679.4 $\times 10^4 m^3$。我国森林结构以中、幼龄林居多。同时，由于人工林面积大，森林树种趋于单一，林下植被稀疏，生物多样性低、林分质量差的"绿色荒漠"现象普遍。根据中国环境科学研究院在湖南、广东等省的调查，天然林分中，地表植被种类近100种。而人工林下植被稀少，致使林分水土保持、涵养水源等功能及生物多样性降低。尽管我国森林面积和蓄积量均呈增加趋势，但森林质量低、功能差的实质并没有改变。森林生态系统调节能力减弱，抗干扰能力降低，病虫害加剧。

二、草地生态系统

草地是我国陆地上面积最大的生态系统类型，2010年的统计数据显示我国草原总面积达3.93 $\times 10^8 hm^2$，约占全国国土面积的41%，其中，可利用面积3.31 $\times 10^8 hm^2$（中国统计年鉴2011）。草原生态系统对于我国干旱地区和其他生境严酷地区具有特殊的生态意义，干旱区天然草原在其漫长的生物演化过程中，已成为蒸腾量和耗水量相对较少、适于在干旱区生长的植被类型。在青藏高原东部海拔 4000 ~ 4200m 以上的广大区域，即森林线以上的区域，自然选择的结果决定了其地带性植被为高寒草甸（苏大学，2000）。因此，对于自然条件相对恶劣的我国西北地区以及青藏高原，草地生态系统的保育和可持续利用，是维持区域生态系统格局、功能和农牧业可持续发展的关键。

按草地植被和生态系统类型来划分，我国草地生态系统主要包括草原和草甸生态系统以及稀树草原等。其中草原生态系统可分为草甸草原、典型草原、荒漠草原和高寒草原四大类，草甸生态系统分为典型草甸、高寒草甸、沼泽化草甸和盐生草甸四大类。

1. 草甸草原

草甸草原集中分布在温带草原区内，是与森林相邻的狭长地带，这是草原向森林过渡的地带。此外，还见于典型草原地带丘陵阴坡、宽谷以及山地草原带的上侧。分布的区域气候寒冷潮湿、降水相对丰富，地带性不强。植物种类组成比较丰富，群落结构多样，季相变化明显，群落类型以多年生中生草本植物为主体，面积约 $14.2 \times 10^4 km^2$，零散分布在乌鞘岭以北的广大地区，包括内蒙古高原、呼伦贝尔草原、塔里木盆地边缘、土—哈盆地东西两端和准噶尔盆地水源相对充足的局部地区。由贝加尔针茅（*Stipa baicalensis*）、吉尔吉斯针茅（*S. kirghisorum*）、白羊草（*Bothriochloa ischaemum*）、羊草（*Aneurolepidium chinense*）和线叶菊（*Filifolium sibiricum*）等组成，包括 8 种类型。

2. 典型草原

典型草原集中分布在内蒙古高原和额尔多斯高原大部、东北平原西南部及黄土高原中西部，此外，在阿尔泰及荒漠区的山地也有分布。在荒漠区山地草原带，典型草原的分布高度及带的分布高度随地区不同而变动，气候越干旱，它的分布界限越高，在准噶尔西部山地典型草原的分布高度下限为1300～1400m，上部为2000～2100m；比较干旱的北塔山，其分布界限上升到1600～2200m，带的宽度在600～700m；更加干旱的天山南坡，其下限升至2100m以上，而且带的宽度也变窄；在极干旱的山地上，这一带则完全消失。本类型中以丛生禾草占绝对优势，主要包括大针茅（*Stipa grandis*）、克氏针茅（*S. krylovi*）、长芒草（*S. bungeana*）、针茅（*S. capillata*）、羊草等，包括16种类型。

3. 荒漠草原

高寒草原分布于温带草原区的西侧，以狭带状呈东西—西南方向分布，往西逐渐过渡到荒漠区，气候上处于干旱和半干旱区的边缘地带。在荒漠区的山地草原带，荒漠草原占据了山地草原带的最下部，其厚度在天山以北各地300～400m，天山南坡100～200m，在最干旱的昆仑山东段和阿尔金山，荒漠草原只有一些片段分布。本类型包括戈壁针茅（*Stipa gobica*）、短花针茅（*S. breviflora*）、沙生针茅（*S. glareosa*）、东方针茅（*S. orientalis*）、高加索针茅（*S. caucasica*）等，包括13种类型。

4. 高寒草原

高寒草原是在海拔4000m以上、大陆性气候强烈、寒冷而干旱的地区所特有的一个草原类型，面积$53.4\times10^4km^2$，主要分布在青藏高原、帕米尔高原以及天山、昆仑山和祁连山等亚洲中部高山。在新疆天山等各大山地，常呈垂直带出现；而在青藏高原的高原面上，高寒草原分布幅度较为宽广，具有高原地带性分布特征。在垂直分布高度上，由北往南随纬度的降低和旱化的加强而逐步上升。在阿尔泰山和天山北坡分布在海拔300m森林带以上，到青海西部高原和西藏羌塘高原则上升到海拔4200～5300m的高度。高寒草原以寒旱生丛生禾草为主，包括克氏羊茅（*Festuca kryloviana*）、假羊茅（*Festuca pseudovina*）、座花针茅（*Stipa subsessiliflora*）、紫花针茅（*Stipa purpurea*）和羽诸柱针茅（*Stipa subsessiliflora var. basiplumosa*）等，包括10种类型。

5. 典型草甸

典型草甸主要由典型中生型植物组成，是适应中湿、中温环境的一类草甸生态类型。主要分布于温带森林区域和草原区域，也见于荒漠区和亚热带森林区海拔较高的山地。在温带森林区域，分布于林缘、林间空地及遭反复火烧或砍伐的森林迹地；在草原区域，分布在山地森林带，或在森林带上部，也见于沟谷、河漫滩等低湿地段；在亚热带森林区，主要分布在亚高山带。在荒漠带，多出现在山地针叶林带和亚高山灌丛带。此类型的种类组成比较丰富，草群茂密，优势植物有地榆（*Sanguisorba officinalis*）、裂叶蒿（*Artemisia laciniata*）、高山糙苏（*Phlomis alpina*）、高山象牙参（*Roscoea alpina*）、拂子茅（*Calamagrostis epigejos*）等，包括27种类型。

6. 高寒草甸

高寒草甸主要由寒冷中生多年生草本植物组成，主要分布在青藏高原东部和高原东南缘高山以及祁连山、天山和帕米尔等亚洲中部高山，向东延伸到秦岭主峰太白山和小五台山南台，海拔3200～5200m，面积$55.0\times10^4km^2$。分布地区的气候特点是高寒、中湿、日照充足、太阳辐射强、风大。气候寒冷，年均气温一般在0℃以下，年均降雨量为350～550mm，且多集中在6～9月。优势植物包括蒿草（*Kobresia spp.*）、西北利亚斗篷（*Alchemills sibirica*）、圆穗蓼（*Polygonum sphaerostachyum*）等，包括17种类型。其中，嵩草草甸面积41.6×

$10^4 km^2$，主要分布于青藏高原排水良好、土壤水分适中的山地、低丘、漫岗及宽谷，也见于青藏高原周围高山。

7. 沼泽化草甸

沼泽化草甸是由湿中生多年生草本植物为主所形成的植物群落，是典型草甸向沼泽的过渡类型。主要分布在温带森林、草原及荒漠区的低湿地（河滩、沟谷、湖滨），分布区生境多是地下水位过高，地表汇水或具有永冻层，土壤水分过多。优势植物包括苔草（*Carex spp.*）、小叶章（*Deyeuxia angustifolia*）、西藏嵩草（*Kobresia tibertica*）、大嵩草（*kobresia littledalei*）和木贼状荸荠（*Heleocharis equisetina*），包括9种类型。

8. 盐生草甸

盐生草甸是由适盐、耐盐或抗盐特性的多年生盐中生植物所组成的草甸类型。这类草甸为温带干旱、半干旱地区所特有，广泛分布于草原和荒漠地区的盐渍低地、宽谷、湖盆边缘与河滩。这类草甸生境条件严酷，种类组成比较贫乏。优势植物包括芨芨草（*Achnatherum splenden*）、星星草（*Puccinellia tenuiflora*）、白花马蔺（*Iris lacteal var. chinensis*）和大叶白麻（*Poacynum hendersonii*）等，包括20种类型。

9. 稀树草原

稀树草原是在热带干旱地区以多年生耐旱的草本植物为主所构成的大面积的热带草地，混杂其间还生长着耐旱灌木和非常稀疏的孤立乔木，呈现出特有的群落结构和生态外貌，生长在气候炎热而干旱、土壤浅薄贫瘠、森林不易生长的生境中。主要分布在红河、澜沧江、怒江等主要江河及其主流的山间峡谷中的低丘陵和台地上以及北部的金沙江峡谷中。在广东阳江以西，海南岛北部玄武岩台地和西部的一些开阔地区，稀树草原分布也很广。另外在南方分布地区的海拔差异很大，南部沿海地海拔仅10~15m，向北可以分布到海拔1200m左右的干热河谷中。其物种多耐旱、耐瘠薄、耐火烧，常见的有虾子花（*Woodfordia fruticosa*）、金合欢（*Acacia farnesiana*）、扭黄茅（*Heteropogon contortus*）和龙须草（*Eulaliopsis binata*）等，包括2种类型。

草地不但具有重要的经济价值，还具有极其重要的生态调节与保护功能。但长期以来，草地的生态功能及综合价值未受到应有的重视，部分地区把天然草地当做宜农荒地开垦，致使草地面积不断减少。由于不合理的利用，草地生态系统遭到了严重破坏，草地生态系统结构趋于简单化，物种数量大幅度降低，生态功能下降。不合理的开发利用使得草地面积减少的同时，草地质量也在不断下降，表现在草地等级下降、优良牧草种类减少、毒草种类和数量增加、承载力持续下降（国家环境保护总局2006）。

按照农业部草地资源调查结果，全国可划分为18类草地类型，依面积大小排序分别为：高寒草甸类占全国草地的16.22%，温性荒漠类占11.47%，高寒草原类占10.59%，温性草原类占10.46%，低地草甸类占6.42%，温性荒漠草原类占4.82%，热性灌草丛类占4.44%，山地草甸类占4.26%，温性草甸草原类占3.70%，热性草丛类占3.62%，暖性灌草丛类占2.98%，温性草原化荒漠类占2.72%，高寒荒漠草原类占2.44%，高寒荒漠类占1.92%，高寒草甸草原类占1.75%，暖性草丛类占1.69%，沼泽类占0.73%，干热稀树灌草丛类占0.22%；未划分草地类型的零星草地占9.31%。其中，高寒草甸类、温性荒漠类、高寒草原类、温性草原类四大类草地之和占全国草地的48.74%。

三、荒漠生态系统

我国是世界上荒漠分布最多的国家之一，分布在北纬 37 ~ 50℃、东经 75 ~ 125℃之间，面积约有 $128 \times 10^4 km^2$，跨越了新疆、青海、西藏、甘肃、宁夏、内蒙古、陕西、辽宁、吉林和黑龙江十个省区。除了大约 $57 \times 10^4 km^2$ 的戈壁外，还有八大沙漠和四大沙地，新疆南部的塔克拉玛干沙漠是我国面积最大的沙漠，面积达 $33.7 \times 10^4 km^2$，它也是我国沙漠中分布最广的一个（陈建伟等，1997）（表 2－1）。

荒漠生态系统是发育在降水稀少、强度蒸发、极端干旱环境下，植物群落稀疏的生态系统类型。西部地区的荒漠生态系统集中分布于西北干旱地区，属温带荒漠，其特征为干旱、风沙、盐碱、贫瘠、植被稀疏。在西南地区干湿季分明的亚热带和热带如四川、云南、贵州一带受到焚风作用的干热河谷中也有零星的非地带性热带荒漠类型，主要是喜热常绿多汁的肉质有刺植物，如仙人掌、霸王鞭组成的稀疏有刺灌丛。荒漠植被低矮稀疏，水热条件极度不平衡，生态系统组成的植物、动物、微生物种类很少，食物链较简单。动物中爬行类的蜥蜴种类和数量较多，还有大沙鼠、野驴、盘羊、北山羊、野骆驼和沙蟒等。

表 2－1　我国沙漠与沙地

序号	沙漠名称	面积（$10^4 km^2$）	序号	沙地名称	面积（$10^4 km^2$）
1	塔克拉玛干沙漠	33.76	1	科尔沁沙地	4.23
2	古尔班通古特沙漠	4.88	2	毛乌素沙地	3.21
3	巴丹古林沙漠	4.43	3	浑善达克沙地	2.14
4	腾格里沙漠	4.27	4	呼伦贝尔沙地	0.72
5	柴达木沙漠	3.49			
6	库姆达格沙漠	2.28			
7	库布齐沙漠	1.61			
8	乌兰布和沙漠	0.99			
	小　计	57.71		小　计	10.30

注：摘自陈建伟等，1997。

以荒漠植物群落的优势种群为依据，把荒漠生态系统区分为半乔木荒漠、灌木—半灌木荒漠和矮半灌木荒漠三种生态系统类型组，共15种荒漠系统类型（国家林业局，2000）。

半乔木荒漠生态系统类型组包括梭梭柴—琵琶柴壤漠、梭梭砾漠和梭梭沙漠3种生态系统类型，分布在古尔班通古特沙漠的大部分地区、天山山脉南麓、阿拉善高原北段中部地区和柴达木盆地周边部分地区，占荒漠生态系统的13.0%，植物群落以梭梭为主。群落中，丰富的短生植物及长营养期一年生植物均得到较好的发育，具有由中亚荒漠向亚洲中部荒漠过渡的性质（刘晓云等，1996）。其中，梭梭柴—琵琶柴壤漠生态系统主要分布在准噶尔盆地的南部，在乌兰布和沙漠的西部吉兰泰地区有少量分布；梭梭砾漠分布于天山山脉南麓一线、准噶尔盆地东端中部向东沿国境线至弱水下游，呈现戈壁景观；梭梭沙漠主要分布于古尔班通古特沙漠中部，是准噶尔盆地中部地区的主要生态系统，在阴山山脉西端北部也有少量分布。

灌木—半灌木荒漠生态系统类型组包括极稀疏柽柳沙漠、膜果麻黄砾漠、三瓣蔷薇—沙冬青—四合木沙砾漠、沙拐枣沙漠、驼绒藜沙砾漠、油蒿—白沙蒿沙漠共6类荒漠生态系统类型，占荒漠生态系统总面积的36.5%。集中分布在东自鄂尔多斯高原、南自青藏高原北部、西至塔里木盆地西端和北至准噶尔盆地的广大地区。膜果麻黄砾漠主要分布在柴达木盆地除西南部以外的其他边缘地区，塔里木盆地南端中部至甘肃西南部的青藏高原北麓沿线和塔里木盆地北缘沿天山山脉南麓至内蒙古西部的两条狭长地带，占荒漠生态系统总面积的17.9%，分布区以山前冲积平原为主，植物群落的主体是膜果麻黄；极稀疏柽柳沙漠生态系统占荒漠生态系统总面积的5.8%，分布在塔里木盆地的皮山至库尔勒之间的两片区域，库布齐沙漠、乌兰布和沙漠、腾格里沙漠，柴达木盆地的西部和库姆塔格沙漠东端有少量分布，植物群落以柽柳为主；油蒿—白沙蒿荒漠生态系统分布在阿拉善高原和鄂尔多斯高原，植物群落以油蒿和白沙蒿为主，典型的沙漠化景观；沙拐枣沙漠生态系统集中分布于准噶尔盆地的中部、西北端和柴达木盆地的周边地带；驼绒藜沙砾漠分布在鄂尔多斯高原和阿拉善高原的交汇地带；三瓣蔷薇—沙冬青—四合木沙砾漠面积较小，只有 $1.3\times10^4km^2$，分布于乌兰布和沙漠的东部、西部和巴丹吉林沙漠的西南部。

矮半灌木荒漠生态系统类型组包括垫状驼绒藜—藏亚菊沙砾漠、含头草低山岩漠、蒿属—短期生草壤漠、假木贼砾漠、琵琶柴砾漠、盐爪爪盐漠共6类荒漠生态系统，面积 $74.1\times10^4km^2$，占荒漠生态系统的50.6%。垫状驼绒藜—藏亚菊沙砾漠集中分布于青藏高原北部昆仑山和阿尔金山，呈现典型的高寒荒漠景观，垫状驼绒藜高寒荒漠分布在昆仑山和喀喇昆仑山之间海拔4600~5500m的高原湖盆、宽谷与山地下部的石质坡上，部分还出现于羌塘高原北部的湖盆周围和阿尔金山、祁连山西段的高山带，藏亚菊群落为主的高寒荒漠主要分布于新疆境内的昆仑山内部山区、喀喇昆仑山与昆仑山之间的山原以及帕米尔高原的高山带，常与垫状驼绒藜高寒荒漠交错分布，但分布范围较窄；含头草低山岩漠分布在天山山脉东端山麓地带和青藏高原南麓以及阴山山脉西端的岩石裸露区；琵琶柴砾漠主要分布在塔里木盆地西北、东南边缘靠近山区的地带、内蒙古和甘肃西部及贺兰山周边地区，呈现戈壁景观；蒿属—短期生草壤漠主要分布在准噶尔盆地中部一条狭长地带和西段中部、北部中间地区，在塔里木盆地西端与琵琶柴砾漠相伴生，分部海拔相对较高；假木贼砾漠集中分布于准噶尔盆地的北端，其他地区仅有少量分布，呈戈壁景观；盐爪爪盐漠主要分布在内陆河末端平缓地区和湖相沉积区，包括塔克拉玛干沙漠的北端和东端、柴达木盆地的东南端以及贺兰山以北的荒漠化地区，植物群落以盐爪爪为主，呈现盐漠景观。

我国荒漠地区不仅有丰富的大漠、雅丹、戈壁、土林、沙湖、盐池内流河、古城堡、古丝绸之路、沙漠绿洲等自然景观，而且有比较丰富的野生动物、植物和微生物资源。有野马、野驴、野鹿、藏羚、高鼻羚羊、野牦牛、盘羊、白唇鹿、隼、大鸨、荒漠猫、黄羊、沙狐等上百种珍稀野生动物。在干旱的荒漠生态环境下野生植物大都呈灌木、半灌木和草本形态。这些植物稀疏分布，低矮丛生，也有一些耐旱的乔木如沙枣、胡杨、榆等计有1800种左右常见野生植物。这些野生动植物大多是在严酷的自然条件下经过长期自然选择而保留下来的优良品种，具有顽强的生命力和优良的遗传基因，其中还有一些特有种和珍稀种。许多沙生、旱生灌木经济价值较高，是具有药用、特用价值的珍稀植物。如药用植物甘草（*Glycyrrhiza uralensis*）、锁阳（*Cynomorium songaricum*）、肉苁蓉（*Cistanche deserticola*）、罗布麻（*Apocynum venetum*）、冬虫夏草（*Cordyceps sinensis*）等有数百种之多；有很多植物如禾本科（*Gramineae*）、豆科（*Leguminosae*）、柽柳科（*Tamaricaceae*）、莎草科（*Cyperaceae*）、锦葵科（*Malvaceae*）、鸢尾科（*Iridaceae*）等植物是食品、饲料、制药等工业的重要原料。

我国荒漠生态系统尽管植物物种丰富度不高，但却含有大量古老残遗种类。分布于这里的植物很多是第三纪，甚至是白垩纪的残遗种类——古地中海干热植物的后裔，古地中海成分在组成荒漠群落的植物中占了绝对优势。区系的古老性，加上生态条件的极端严酷性决定了我国荒漠植物的独特性。荒漠生态系统发育了一大批本地特有属和特有种，著名的特有属有四合木属（*Tetraena*）、绵刺属（*Potaninia*）、革苞菊属（*Tugarinowia*）、百花蒿属（*Stilpnolepis*）和连蕊芥属（*Synstemon*）等5个。它们不是单种属就是寡种属，它们的形态特殊，分布区狭小，系统分类地位也多难以确定。豆科的沙冬青属（*Ammopiptanthus*）仅含两个种，一种是沙冬青（*A. mongolicus*），分布于阿拉善荒漠东部；另一种是矮沙冬青（*A. nanus*），分布于塔里木盆地西南隅和昆仑山北麓局部小面积地方。它们是我国西北荒漠中仅有的常绿阔叶灌木，是第三纪亚热带常绿阔叶林的旱化残遗种，在我国西北地区最为特殊。我国西北荒漠植被的建群种和优势种中，本地特有种及主要分布种占了很大比重——总数可能在100种以上，从所包含的种的数量以及在生态系统中所起的作用看，藜科（*Chenopodiaceace*）、蒺藜科（*Zygophyllaceae*）、柽柳科、菊科（*Asteraceae*）以及蓼科（*Polygonum*）可以认为是我国西北荒漠中起主导作用的科。其中，我国荒漠区系中的4个特征科：锁阳科（*Cynomoriaceae*）、瓣鳞花科（*Frankeniaceae*）、半日花科（*Cistaceae*）和裸果本科（*Gymnocarpaceae*）（国家环境保护总局，2002）。这些野生动植物及其环境，构成了我国特别的荒漠生态系统，在自然保护及生物多样性方面具有重要价值。

荒漠生态系统非常脆弱，由于分布区经济落后，居民可利用资源有限，目前仍被人们用来放牧和樵采，利用强度大，一旦消失难以恢复。目前由于偷猎滥捕严重，大多珍稀野生动物种群数量不断下降，甚至面临灭绝；乱采滥挖严重，许多植物被大面积破坏，资源量锐减；盲目垦荒，地下水超采，破坏了生态系统平衡；上游过度引水致使下游萎缩，湖泊干涸，生态环境恶化，动植物种下降，如塔里木河、黑河、玛纳斯河、奎屯河、石羊河等都存在同样的问题（陈建伟等，1997）。

四、湿地生态系统

根据首次全国湿地资源调查结果，全国现有湿地面积 $3848 \times 10^4 hm^2$（不包括水稻田湿地），约占国土面积的4%，总面积居亚洲第一位，世界第四位。世界各类型湿地在我国均有分布，并拥有独特的青藏高寒高原湿地生态系统类型。在自然湿地中，沼泽湿地有 $1370.03 \times 10^4 hm^2$，近海与海岸湿地 $594.17 \times 10^4 hm^2$，河流湿地 $820.70 \times 10^4 hm^2$，湖泊湿地 $835.16 \times 10^4 hm^2$。

我国的湿地生境类型众多，在湿地中栖息的生物不仅物种数量多，而且有很多是我国所特有，具有重大的科研价值和经济价值。据初步统计，我国湿地植被约有101科，其中维管束植物约有94科，我国湿地的高等植物中属濒危种类的有100多种；我国海岸带湿地生物种类约有8200种，其中植物5000种，动物3200种；内陆湿地高等植物约1548种、高等动物1500多种；我国有淡水鱼类770多种或亚种，其中包括许多借助湿地系统提供的特殊环境产卵繁殖的洄游鱼类。我国湿地的鸟类种类繁多，在亚洲57种濒危鸟类中，我国湿地内就有31种，占54%；全世界雁鸭类有166种，我国湿地就有50种，占30%；全世界鹤类有15种，我国仅记录到的就有9种；此外，还有许多是属于跨国迁徙的鸟类。在我国湿地中，有的是世界某些鸟类唯一的越冬地或迁徙的必经之地，如：在鄱阳湖越冬的白鹤占世界总数的95%以上。

1. 沼泽湿地

我国的沼泽湿地主要分布于东北的三江平原、大小兴安岭、若尔盖高原及海滨、湖滨、河流沿岸等，山区多木本沼泽，平原为草本沼泽。三江平原湿地位于黑龙江省东北部，是由黑龙江、松花江和乌苏里江冲积形成的低平原，是我国面积最大的淡水沼泽分布区。三江平原以无泥炭积累的潜育沼泽居多，泥炭沼泽较少，沼泽普遍有明显的草根层，呈海绵状，孔隙度大，保持水分能力强。大、小兴安岭沼泽分布广而集中，大兴安岭北段沼泽率为9%，小兴安岭沼泽率为6%，该区沼泽类型复杂，泥炭沼泽发育，以森林沼泽化、草甸沼泽化为主，是我国泥炭资源丰富地区之一。若尔盖高原位于青藏高原东北边缘，是我国面积最大、分布集中的泥炭沼泽区，以富营养草本泥炭沼泽为主，复合沼泽体发育。海滨、湖滨、河流沿岸主要为芦苇沼泽分布区。滨海地区的芦苇沼泽，主要分布在长江以北至鸭绿江口的淤泥质海岸，集中分布在河流入海的冲积三角洲地区。我国较大湖泊周围，一般都有宽窄不等的芦苇沼泽分布。另外，无论是外流河还是内流河，在中下游河段往往有芦苇沼泽分布。沼泽湿地生态系统类型主要包括以下一些类型：

（1）森林沼泽：本类型是指在地表过湿或积水的地段上，以湿生植物和沼泽植物为主所组成的森林植物群落。主要集中分布在大兴安岭、小兴安岭和长白山地，秦岭太白山和西北山地海拔2500m以上的阴坡，也有小面积的零星分布。优势植物有兴安落叶松（*Larix gmelinii*）、长白落叶松（*Larix olgensis*）、峨眉冷杉（*Abeis fabri*）、水松（*Glyp-*

tostrobus pensilis）和水杉（*Matasequoia glyptostrobodides*）等，包括8种类型。

（2）灌丛沼泽：本类型是指在地表过湿或积水的地段上，以喜湿的灌木为主组成的沼泽植物群落。它广泛分布于全国各地，优势植物包括油桦（*Betula ovilifolia*）、柴桦（*Betula fruticosa*）、细叶沼柳（*Salix rosmarinifolia*）、柳叶绣线菊（*Spiraea salicifolia*）等，包括17种类型。

（3）草丛沼泽：由草本植物组成，是湿地生态系统中，类型最多、面积最大、分布最广的一种类型。优势植物包括修氏苔草（*Carex schmidtii*）、芦苇（*Phrogmites australis*）、乌拉苔草（*Carex meyeriana*）、灰脉苔草（*Carex appendiculata*）等，包括64种类型。

（4）藓类沼泽：是指在地表过湿或有积水的地段上，由喜湿耐酸的藓类植物为优势种所组成。藓类沼泽面积小，但分布广，主要分布在东北山地的大兴安岭、小兴安岭和长白山地，常与各类贫营养森林沼泽伴生，是森林沼泽发展的最后阶段。优势植物包括中位泥炭藓（*Sphagnum magellanicum*）、尖叶泥炭藓（*Sphanum acutifolium*）、白齿泥炭藓（*Sphagnum gitgensohnii*）等，包括8种类型。

（5）红树林：是热带亚热带河口沼泽地的木本植物群落，主要出现在热带亚热带的隐蔽河岸、河口地带、港湾和潟湖的潮间带，其分布从最高潮的海陆交界处至低潮带的多淤泥沉积的滩涂或浅层的沙泥质地带，包括7种类型。

（6）灌丛盐沼：以肉质旱生型灌木为优势植物，主要分布在我国半湿润、半干旱和干旱区，常见于黄淮海平原、内蒙古高原、甘肃河西走廊、青海柴达木盆地和塔里木盆地等。这些地区降水少，蒸发强烈，蒸发量大于降雨量2～3倍甚至数倍。优势植物包括盐角草（*Salicornia europaea*）、柽柳（*Tamarix chinensis*）等，包括两种类型。

（7）草丛盐沼：由喜湿耐盐碱的植物组成，广泛分布于内陆盐碱湖滨和滨海滩涂，滨海主要分布在杭州湾以北，即浙江、江苏、上海、山东、河北和辽宁等省市，内陆主要分布在松嫩平原、内蒙古高原、青海的柴达木盆地、新疆的准噶尔盆地和塔里木盆地等。优势植物有碱蓬（*Suaeda glauca*）、盐地碱蓬（*Suacda salsa*）、角碱蓬（*Suaeda corniculata*）等，包括9种类型。

近年来，随着人为影响的加剧和河流径流量的减少，湿地退化严重。此外，部分地区为了发展农业生产，大面积的天然湿地被人工湿地所替代，天然湿地大面积消亡，而同期湿地恢复面积非常有限，湿地萎缩、退化严重。例如，甘肃敦煌地区，20年前有大面积的沼泽和多个季节性湖泊，草甸发育良好，但后因水渠衬砌，影响自然渗漏，导致地下水位下降，现已全部退化为盐碱地；西藏拉鲁湿地面积缩小，水量减少，导致植被种类和结构发生变化，原有的优势种芦苇逐渐消亡，整个湿地群落盖度和高度降低，生产力下降，原有的大片集水区以每年0.67～1.33hm^2的速度被泥沙覆盖而沙化（国家环境保护总局，2006）；部分地区沼泽湿地围垦造成了自然湿地生态系统的彻底破坏。

2. 湖泊湿地

我国的湖泊数目众多，类型多样，且显示出不同的区域特点。根据自然条件差异和资源利用、生态治理的区域特点，我国湖泊划分为五个自然区域，即东部平原地区湖泊、东北平原地区与山区湖泊、青藏高原地区湖泊、蒙新高原地区湖泊、云贵高原地区湖泊。

东部平原地区湖泊主要指分布于长江及淮河中下游、黄河及海河下游和大运河沿岸的大小湖泊。面积1km^2以上的湖泊有696个，面积21000多km^2，约占全国湖泊总面积的23.3%，著名的五大淡水湖——鄱阳湖、洞庭湖、太湖、洪泽湖和巢湖即位于本区。该区湖泊水情变化显著，生物生产力较高，人类活动影响强烈。资源利用以调蓄滞洪、供水、水产业、围垦种植和航运为主；东北平原地区与山区湖泊，面积1km^2以上的湖泊140个，面积近4000km^2，约占全国湖泊总面积的4.4%，汛期（6～9月）入湖水量为全年水量的70%～

80%，水位高涨；冬季水位低枯，封冻期长。青藏高原湖区是指西藏自治区和青海省境内的一些湖泊，多数分布在海拔4000～4900m之间，是世界上海拔最高的高原内陆湖区。全区湖泊总面积约为38700km²，是我国湖泊面积最多的地区。除东部和南部的部分外流湖为淡水湖外，其他多为内陆咸水湖或盐湖，依靠冰雪融水补给水源。面积较大的湖泊主要有青海湖、鄂陵湖、扎陵湖、纳木错、色林错、班公错及羊卓雍错等，鄂陵湖和扎陵湖是青藏高原上较大的淡水湖。蒙新湖区指内蒙古、新疆及青海柴达木盆地的湖泊，面积约为9400km²，可以以黑河为界划为两部分：河以西多为构造湖，湖泊分布零散，但面积较大，如乌伦古湖、艾比湖和博斯腾湖；黑河以东多为小型风蚀湖，本区气候干燥，降水稀少，蒸发量大，湖水浓缩含盐量高，大多为咸水湖或盐湖。云贵高原湖区主要指云南及贵州两省的湖泊，面积为1100km²，主要分布在滇中、滇西地区，海拔较高，通常在海拔1280～3270m的高原上。湖泊含盐量低，为淡水湖泊，分属金沙江、南盘江和澜沧江水系，湖水补充主要依靠地表水和地下水。

近些年来，随着取用水量的增加和废污水的排放，西部地区湖泊尤其是西北和西南地区的湖泊，出现了湖泊萎缩甚至干涸、水质富营养化等一系列生态环境问题，湖泊生态系统的退化和污染严重。特别是西北干旱、半干旱地区普遍发生了河流下游湿地消失、湖面退缩、水位下降、水量锐减、湖水咸化甚至干涸消亡等情况，部分湖泊含盐量和矿化度明显升高，湖泊咸化趋势更为明显。罗布泊已干涸，西居延海完全消失；新疆博斯腾湖由于上游修建灌溉工程，导致入湖水量锐减，含盐高的灌区退水又不断入湖，短短的10多年内湖水矿化度上升了6倍，水面减少120km²，水位降低3.54m；准噶尔盆地西部的艾比湖湖面已由过去的1300km²减至600km²，干涸的湖盆已沦为盐漠；青藏高原湖泊星罗棋布，数以千计，但近期湖泊消亡、萎缩明显；黄河源区湖泊的斑块数量自1988年以来减少了732个，水面面积减少1550.3hm²，源区最大的两个湖泊扎陵湖和鄂陵湖湖水水位下降明显；青海湖从1926到1978年湖面缩小了301.6km²，水位下降了

3.35m；滇池草海、杞麓湖、星云湖和异龙湖、洱海部分区域出现不同程度的沼泽化。全国湖泊围垦面积已超过五大淡水湖面积之和，失去调蓄容积300多亿立方米，每年损失淡水资源约350亿立方米。1949年到1998年，洞庭湖面积由4350km^2减少到2691km^2，湖泊水面净减38.1%，湖容净减40.6%，调蓄洪水能力减少80亿立方米。

3. 河流湿地

我国流域面积在100km^2以上的河流有50000多条，流域面积在1000km^2以上的河流约1500条。我国复杂的地形地貌以及多样的气候条件使得河流类型多种多样，在地域上的分布也很不均匀。绝大多数河流分布在东部气候湿润多雨的季风区，西北内陆气候干旱少雨，河流较少，并有大面积的无流区。从大兴安岭西麓起，沿东北、西南向，经阴山、贺兰山、祁连山、巴颜喀拉山、念青唐古拉山、冈底斯山，直到我国西端的国境，为我国外流河与内陆河的分界线。分界线以东以南，都是外流河，面积约占全国总面积的65.2%，其中流入太平洋的面积占全国总面积的58.2%，流入印度洋的占6.4%，流入北冰洋的占0.6%。分界线以西以北，除额尔齐斯河流入北冰洋外，均属内陆河，面积占全国总面积的34.8%。

在外流河中，发源于青藏高原的河流，都是源远流长、水量很大、蕴藏巨大水利资源的大江大河，主要有长江、黄河、澜沧江、怒江、雅鲁藏布江等；发源于内蒙古高原、黄土高原、豫西山地、云贵高原的河流，主要有黑龙江、辽河、滦海河、淮河、珠江、元江等；发源于东部沿海山地的河流，主要有图们江、鸭绿江、钱塘江、瓯江、闽江、赣江等，这些河流逼近海岸，流程短、落差大，水量和水力资源比较丰富。

我国的内陆河划分为新疆内陆诸河、青海内陆诸河、河西内陆诸河、羌塘内陆诸河和内蒙古内陆诸河五大区域。内陆河的共同特点是径流产生于山区，消失于山前平原或流入内陆湖泊。在内陆河区内有大片的无流区，不产流的面积共约 $160\times10^4km^2$。内陆河主要发育在西北和藏北高原地区的封闭盆地内，绝大多数单独流入盆地，没有大的统一水系。每条内陆河流域多以地表水和地下水为纽带形成上下游之间既独立又相互联系和制约的统一体。内陆河由于本身的地理位置、地形、水源补给不同，在其水系发育、分布等方面，也存在较大差异。总体特征是年际变化小，季节变化大，但存在丰水和枯水年交替的现象。中小型内陆河数量众多，水量不大；大型内陆河不多，但水量很大。内蒙古东部属半干旱内陆区，河流多为雨水补给型，河流短小，河网极不发育，分布有大面积无流区。藏北高原内陆区高山湖泊星罗棋布，河流短小，大部分为季节性河流，呈辐射状汇集于湖泊中，没有大面积无流区。甘肃、新疆和柴达木盆地内陆区属温带、暖温带干旱区，与内蒙古东部和藏北两块内陆区不同，气候虽然干燥，但其内部及周边分布有天山、昆仑山、祁连山等高大山体，降水较多，又有大面积高山冰川发育，发源众多内陆河。其中塔里木河、伊犁河、黑河、疏勒河等都是我国最长的内陆河。河流或消失于沙漠，或在低洼处储成内陆湖泊，无流区面积非常大。西北内陆干旱区河流具有较高的经济利用价值，水土资源协调的地方分布有大片绿洲。西北内陆干旱区平原部分降水很少，干旱区周边的昆仑山、祁连山、阿尔泰山、帕米尔高原以及境内的天山等降水较多（胡汝骥，1978）。

我国的跨国境线河流有：额尔古纳河、黑龙江干流、乌苏里江流经中俄边境；图们江、鸭绿江流经中朝边境；黑龙江下游经俄罗斯流入鄂霍次克海；额尔齐斯河汇入俄境内的鄂毕河；伊犁河下游流入哈萨克斯坦境内的巴尔喀什湖；绥芬河下游流入俄境内经符拉迪沃斯托克入海；西南地区的元江、李仙江和盘龙江等为越南红河的上源，澜沧江出境后称湄公河，怒江流入缅甸后称萨尔温江，雅鲁藏布江流入印度称布拉马普特拉河；藏西的朗钦藏布、森格藏布和新疆的奇普恰普河都是印度河的上源，经印度、巴基斯坦流入印度洋。还有上游不在我国境内的如克鲁伦河自蒙古境内流入我国的呼伦湖等。

随着流域经济的快速发展，河流水质水量都存在着严重的生态环境问题。各大水系中上游水土流失严重，致使下游河流泥沙含量普遍较高，泥沙淤积，河床升高，过水断面减小。黄河、长江、淮河和海河流域均已出现了地上悬河现象，而且主要江河水质污染仍较严重。高密度水利工程建设，干扰了自然水生态过程，使江河断流加剧。近年来，江河断流不仅发生在降雨量少的西北、东北和华北地区，也发生在降雨量多的西南、东南和南部地区，不仅小河小溪发生断流，大江大河也发生断流。降雨量丰富的湖北省 1988 年发生了新中国成立以来最严重的冬、春、夏连旱，全省 1193 条中小河流中有 830 条断流，占河流总数的 70%。

4. 浅海、滩涂湿地

我国滨海湿地主要分布于沿海的 11 个省区和港澳台地区。海域沿岸有 1500 多条大中河流入海，形成浅海滩涂生态系统、河口湾生态系统、海岸湿地生态系统、红树林生态系统、珊瑚礁生态系统、海岛生态系统等六大类、30 多个类型。

滨海湿地以杭州湾为界，分成杭州湾以北和杭州湾以南的两个部分。杭州湾以北的滨海湿地除山东半岛、辽东半岛的部分地区为岩石性海滩外，多为沙质和淤泥质型海滩，由环渤海滨海和江苏滨海湿地组成。黄河三角洲和辽河三角洲是环渤海的重要滨海湿地区域，其中辽河三角洲有集中分布的世界第二大苇田——盘锦苇田，面积约 $7\times10^4hm^2$。环渤海滨海尚有莱州湾湿地、马棚口湿地、北大港湿地和北塘湿地，环渤海湿地总面积约 $600\times10^4hm^2$。江苏滨海湿地主要由长江三角洲和黄河三角洲的一部分构成，仅海滩面积就达 $55\times10^4hm^2$，主要有盐城地区湿地、南通地区湿地和连云港地区湿地。杭州湾以南的滨海湿地以岩石性海滩为主。其主要河口及海湾有钱塘江口—杭州湾、晋江口—泉州湾、珠江口河口湾和北部湾等。在海湾、河口的淤泥质海滩上分布有红树林，在海南至福建北部沿海滩涂及台湾岛西海岸都有天然红树林分布区。热带珊瑚礁主要分布在西沙和南沙群岛及台湾、海南沿海，其北缘可达北回归线附近。目前，对浅海滩涂湿地开发利用的主要方式有滩涂湿地围垦、海水养殖、盐业生产和油气资源开发等，浅海滩涂湿地的生态环境问题也相对比较突出。

5. 人工湿地

稻田和水库是人工湿地的重要组成部分。我国的稻田广布亚热带与热带地区，淮河以南广大地区的稻田约占全国稻田总面积的90%。近年来北方稻区不断发展，稻田面积有所扩大。全国现有大中型水库近3000座，蓄水总量约2000亿立方米。另外，人工湿地还包括渠道、塘堰、精养鱼池等。

我国是世界上湿地生态系统类型齐全、数量丰富的国家之一。目前全国已有近40%的自然湿地纳入353处保护区，得到较好的保护，但总体形势依然严峻，主要表现在：一是现存自然或半自然湿地仅占国土面积的3.77%，自然湿地数量较少；二是湿地生物多样性丰富，但衰退明显；三是湿地大量丧失直接导致淡水存蓄量减少，加剧水资源危机；四是对湿地盲目围垦，对生物资源和水资源利用不合理，以及湿地污染严重等问题，这是目前对湿地保护的三大主要威胁因素。根据国家林业局的调查结果，我国天然湿地数量减少、质量下降的趋势还未得到根本遏制。在376块重点调查湿地中，共有114块湿地面临着盲目开垦和改造的威胁，占重点调查湿地总数的30%；共有98块湿地面临着环境污染的威胁，占所有重点调查湿地的26%；有91块湿地正面临着生物资源过度利用的威胁，占重点调查湿地的24%；有30块湿地正面临着泥沙淤积的威胁，占重点调查湿地的8%；有25块湿地正面临着水资源不合理利用的威胁，占重点调查湿地的7%。

五、农田生态系统

我国是个农业大国，农田生态系统是我国陆地生态系统的重要组成部分。根据第二次全国农业普查数据，我国耕地面积达 $1.22\times10^8hm^2$，占国土面积的 12.68%，其中水田 $3166.79\times10^4hm^2$，水浇地 $2296.33\times10^4hm^2$，旱地 $6714.47\times10^4hm^2$。从地区分布来看，西部地区分布的耕地较多，占 36.9%，东部、中部和东北地区分别占 21.7%、23.8% 和 17.6%。由于农业资源潜力不断得到充分的发挥，我国粮食生产的增长高于人口增长的速度，保证了我国以占全世界 9.6% 的耕地养活了占全球 22% 的人口（陈百明，2001）。2010 年，我国粮食总产量达到 54647.7×10^4t。其中，稻谷、小麦、玉米三种谷物总产量分别达到 19576.1×10^4t、11511.5×10^4t、17724.5×10^4t，单位面积平均谷物产量达到 $5524kg\cdot hm^{-2}$（中国统计年鉴，2011）。

我国农田分为水田和旱地两种类型。其中，水田以稻田为主，还有少量水生蔬菜（包括莲藕、菱、芡实、荸荠、茭白、芋头等）和其他水生作物田，占全国农田总面积的 26.3%。我国拥有丰富的水稻品种资源，当前在生产上使用的水稻品种约有 50 种，在国家作物种质库中保存的各地水稻种质材料有 53547 份。由于水田是一种半人工的湿地生态系统，是适应湿地的两栖类和爬行类动物的重要栖息地之一；许多湿地鸟类也选择水田作为它们的觅食场、临时避难所，如多种鹤类、鸥鹭类、雁鸭类、鹮类（包括极其珍稀的朱鹮）都喜欢在水田栖息，秧鸡还选择稻田作为重要的繁殖地。此外，已知稻田重要杂草有 200 多种，无脊椎动物的数量尚难做出精确估计，但总数是很大的。例如：据调查，江苏句容单季晚稻区共有节肢动物 157 种，其中害虫 37 种，寄生昆虫 42 种，捕食性天敌 57 种，中性昆虫 21 种。全国稻田蜘蛛共有 373 种，隶属于 23 科、109 属。已发现的稻田害虫天敌有 1303 种，分属 137 科、613 属，其中寄生性天敌 419 种，捕食性天敌 820 种，病原性天敌 64 种。这些都说明我国水田生物多样性的丰富程度。

我国旱地总面积较大，旱地作物种类也比水田更为繁多。由于种植历史悠久，地理气候环境复杂，我国旱地作物品种类型非常丰富，全国旱地作物种类共有 600 种左右（其中有 200 多种旱地作物起源于我国），包括谷物30多种、蔬菜209种、牧草饲料作物425种，其他作物几十种。当前种植的小麦、大豆品种各有50余种，玉米、粟、甘薯和花生品种各有30多种，棉花品种有18种，在国家作物种质库中保存的旱地作物种质材料达17万份。主要作物类型30余种，以小麦、玉米、大豆、薯类、蔬菜瓜果类、饲料、棉花等作物面积较大，其他还有多种谷物类、花生和多种油料类、麻类、糖料类、烟草、药材类等。旱地同时也是许多野生生物的栖息地之一。多种中小型兽类、鸟类选择旱地作为觅食场、临时栖息地、避难所，甚至繁殖地。在各气候区不少动物属于林地—草地—农田三栖类型，包括有些珍稀动物也常在农区出没（如大熊猫等），黑颈鹤甚至选择西藏“一江两河”地带的河谷农田作为越冬期主要觅食场和夜宿地。许多野生生物已成为与旱地农作物伴生的物种，如有记录的农田杂草植物有73科、560多种，对农作物有害的病虫鸟兽等有害生物有1300多种，天敌生物种近2 000种（如姬蜂900多种，瓢虫300多种，蚜茧蜂100多种，寄生蝇400多种，农田蜘蛛200多种等），其中仅棉田的重要天敌蜘蛛就有21科、89属、205种（中国生物多样性国情研究报告编写组，1998）。

农田生态系统是一类特殊的生态系统类型，它是人类对自然生态系统改造的结果，需要大量的人类活动来维持。另一方面，由于人类对粮食和经济作物的需求不断扩大，农垦面积的增大、耕作和灌溉方式的不合理造成了区域水土流失、沙化、盐渍化的不断扩展，高强度的耕地利用造成了不同程度的土地退化。农业生产过程中化肥、农药、农膜等的大量使用，也对农田的生产力和周围的自然生态系统造成了一定的负面影响。2000年，我国农用化肥的施用量达到4146.3 $\times 10^4$t，化肥平均施用量为434.3kg/hm^2，部分地区如江苏、福建、湖北、山东等省的化肥平均施用量超过了600kg/hm^2，远远超过了发达国家为防止化肥对水体造成污染而设置的225kg/hm^{2}的安全上限；由于有机肥投入不足，化肥使用不平衡，造成耕地土壤退化，耕层变浅，耕性变差，保水肥能力下降。此外，化肥的长期过量使用，使农村及农业生态环境特别是水环境遭到严重的破坏，水体富营养化等污染问题日趋凸显。我国近年来农药用量增长明显，由于农药使用技术落后，农药的作物利用率普遍不高，除30%～40%能够被作物利用外，其余的60%～70%残留在土壤中，使耕地遭受了不同程度的污染，并通过各种途径进入水体、农产品和人体中。除了部分集约化农业生产基地外，在农业生产中很少使用可降解农膜，普遍使用的农膜强度低、耐用性差、残留率高，致使农田土壤及化学物质的流失量大大增加。此外，由于我国农作物秸秆综合利用技术落后，农作物秸秆露天焚烧量大，不仅造成生物质资源的极大浪费，而且对环境产生严重影响，甚至干扰公路、铁路及民航的正常运营。

第三节　生态环境问题及趋势

在长期高强度的人类活动影响下，我国的生态系统破坏和退化十分严重。水土流失、草地沙化、石漠化、泥石流、酸雨等一系列生态问题还在加剧，人与自然的矛盾非常突出，威胁国家生态安全与经济社会的发展。同时，我国还是世界上生态环境比较脆弱的国家之一。由于气候、地貌等地理条件因素，形成了西北干旱荒漠区、青藏高原高寒区、黄土高原区、西南岩溶区、西南山地区、西南干热河谷区、北方农牧交错区等不同类型的生态脆弱区。许多地区形成了生态退化与经济贫困化的恶性循环，严重制约了区域经济和社会发展（孙鸿烈等，2011）。进入21世纪以来，我国政府十分重视生态保护、生态恢复与生态建设，实施了一系列生态保护政策与措施，对遏制我国生态环境退化、生态问题加剧的趋势发挥了重要作用。我国目前仍面临生态功能退化的巨大挑战，生态安全形势不容乐观。

一、生态系统退化严重

1. 森林生态系统结构趋于简单化

我国森林生态系统呈现数量增长与质量下降的局面。2010 年我国森林面积为 1.95 亿公顷，森林覆盖率 20.4%，与 2000 年的 16.5% 比较增加了 3.9 个百分点。但森林生态系统趋于简单化，疏林和灌木林的面积分别为 1802 万公顷和 2970 万公顷，两者共占我国森林总面积的 24.5%。我国现保存人工林面积 6200 万公顷，占全部森林面积的 31.8%，而人工林的组成，北方以杨树、油松、落叶松为主，南方以杉木、马尾松、湿地松为主（蒋高明等，2011）。从我国森林林龄来看，幼龄林和中龄林占全部森林面积的 70% 以上。总体而言，我国森林面临人工林面积大幅度增长、天然林面积持续下降、树种单一、森林病虫害危害加剧、生态系统服务功能下降的问题，这是我国生态安全保障能力下降的重要原因。

2. 草地退化

我国草地面积巨大，草地既是牧民赖以生存的基本自然资源，也是具有重要生态调节功能的生态系统。超载放牧和过度开垦致使草地迅速退化，樵采、滥挖屡禁不止，鼠害、虫害控制不力，草原面积不断减少。遥感调查显示，我国草地植被遭到严重破坏，大量草地严重退化。据估计，全国 90% 的可利用天然草原有不同程度的退化，并以每年 $200 \times 10^4 hm^2$ 的速度递增。退化草地上的生产力等级下降，优良牧草种类减少，毒草种类和数量增加，牲畜承载能力严重下降；另据研究，与 1986 年比较，1999 年陕西、内蒙古、甘肃、广西和新疆理论载畜量分别下降 9%、27%、26%、33% 和 16%。我国干旱区草地生态系统结构、功能受到严重破坏，草地的生态屏障功能日渐退化，成为重要的沙尘源区，威胁我国东部生态环境质量。

3. 湿地萎缩

不合理的开发造成了大量湿地消失，人工渠道建设、水库建设、围垦造田，造成了我国天然湿地生态系统的严重萎缩。1949～1998年，洞庭湖水面净减38.1%，湖容净减40.6%，调蓄洪水能力减少$80\times10^{8}m^{3}$；50年间，三江平原湿地面积从$5.36\times10^{4}km^{2}$减少到$1.13\times10^{4}km^{2}$，锐减了79%；滨海湿地累计丧失面积约$2.19\times10^{4}km^{2}$，占滨海湿地总面积的50%；长江流域通江大湖湖面减少近2/3，湖泊容积减少$600\times10^{8}\sim700\times10^{8}m^{3}$，调蓄能力大大降低；云南省$1km^{2}$以上的高原湖泊已由20世纪50年代的50余个下降到目前的不足30个；黄河源区20世纪80年代初遥感调查显示，湿地面积为$38.95\times10^{4}hm^{2}$，10年后减少了$6.48\times10^{4}hm^{2}$。另外，由于人为活动和全球气候变化的影响，西部地区湿地不同程度地盐渍化、甚至沙化，西北地区湿地退化后旱化、盐碱化现象非常普遍，西南地区一些湖泊如滇池草海、杞麓湖、星云湖和异龙湖、洱海部分区域都存在不同程度的沼泽化。盲目围垦、生物资源和水资源利用不合理以及湿地污染严重等问题，导致湿地面积萎缩、水量减少、自然调节能力下降、功能衰退。

二、生态问题加剧，威胁国家生态安全

由于生态系统退化，生态系统的服务功能削弱，水土流失、石漠化、土地沙化等生态环境问题仍然严重，生物多样性面临巨大威胁，国家生态安全形势面临巨大的压力。

1. 水土流失范围广，危害严重

全国水土流失面积大、范围广、强度大、危害重、治理难，直接威胁我国的粮食安全、防洪安全和生态安全。

首先，水土流失面积大、分布广，全国水土流失面积357万km^2，占国土面积的37.2%，其中西部地区达$296.65\times10^4km^2$，占全国总面积的83.1%。水土流失给我国造成的经济损失约相当于GDP总量的3.5%。大兴安岭—阴山—贺兰山—青藏高原东缘一线以东的地区是我国水土流失最为严重的地区，尤以黄土高原最重，宁夏、重庆和陕西三地的水土流失面积均超过土地总面积的一半（孙鸿烈，2011）。

其次，水土流失强度大，全国年水土流失土壤侵蚀总量为45.2×10^8吨，约占全球土壤侵蚀总量的1/5。主要流域年均每平方公里土壤侵蚀量为3400多吨，黄土高原部分地区超过3×10^4吨。全国侵蚀量大于每年每平方公里5000吨的面积达$112\times10^4km^2$。我国现有严重水土流失县646个，其中四川省97个，其次是山西省84个，然后依次是陕西省63个，内蒙古自治区52个，甘肃省50个（孙鸿烈，2011）。

三是危害严重，我国因水土流失而损失的耕地平均每年约100万亩。北方土石山区、西南岩溶区和长江上游等地有相当比例的农田耕作层土壤已经流失殆尽，完全丧失了农业生产能力。水土流失导致大量泥沙进入河流、湖泊和水库，削弱河道行洪和湖库调蓄能力，全国8万多座水库年均淤积$16.24\times10^8m^3$。洞庭湖年均淤积$0.98\times10^8m^3$，泥沙淤积是造成调蓄能力下降的主要原因之一。严重的水土流失加剧山区贫困程度，不少山区出现“种地难、吃水难、增收难”。水土流失与贫困互为因果、相互影响，水土流失最严重地区往往也是最贫困地区，我国76%的贫困县和74%的贫困人口生活在水土流失严重区（孙鸿烈，2011）。

四是削弱生态系统功能，水土流失导致土壤涵养水源能力降低，加剧干旱灾害。同时水土流失作为面源污染的载体，在输送大量泥沙的过程中，也输送了大量化肥、农药等面源污染物，加剧水源污染。水土流失还导致草场退化，防风固沙能力减弱，加剧沙尘暴，并导致河流湖泊萎缩，野生动物栖息地消失，生物多样性降低。

此外，我国冻融侵蚀主要分布在西部地区的西藏、新疆、青海、四川、内蒙古、黑龙江和甘肃等省区以及东北部分地区。全国冻融侵蚀总面积 127.82 $\times 10^4 km^2$，其中，轻度、中度和强度的冻融侵蚀面积分别为 62.16 $\times 10^4 km^2$、30.50 $\times 10^4 km^2$ 和 35.16 $\times 10^4 km^2$，分别占冻融侵蚀总面积的 48.6%、23.9% 和 27.5%（李智广等，2008）。

西部地区冻融侵蚀荒漠化面积为 36.3 $\times 10^4 km^2$。其中，轻度冻融荒漠化土地 13.4 $\times 10^4 km^2$，占 36.8%；中度为 16.5 $\times 10^4 km^2$，占 45.3%；重度为 3.4 $\times 10^4 km^2$，占 9.3%；极重度为 3.1 $\times 10^4 km^2$，占 8.6%（国家林业局，2000）。

2. 土地沙化形势严峻

我国沙化土地面积大、分布广。截至 2004 年年底，全国沙化土地总面积达 173.97 $\times 10^4 km^2$，占国土面积的 18.1203%，局部地区土地沙化仍在扩展，生态状况持续恶化，全国还有近 31.1 $\times 10^4 km^2$ 土地具有明显沙化趋势（国家林业局，2012）。我国每年因土地沙化造成的直接经济损失高达 540 亿元，导致沙化扩展的各种主要人为因素还不同程度存在。我国沙化土地主要集中在西北部地区，不仅沙化土地分布面积大，而且扩展速度快，治理难度大。

截至 1999 年，西部地区沙化土地总面积为 162.56 $\times 10^4 km^2$（内蒙古、甘肃、青海等七省区统计数据），占到了全国沙化土地总面积的 90% 以上。此外，西部地区沙化耕地与沙化草地占有面积大，程度比较严重，中度沙化的耕地占全部沙化耕地的 82.04%，严重沙化的草地占全部沙化草地的 59.52%。我国现有的 12 大沙漠（沙地），由于气候干旱多风、人类活动频繁，荒漠化动态非常活跃，仍然是我国荒漠化危害重灾区和主要发生发展源。其中，巴丹吉林和腾格里两大沙漠之间，出现 3 条黄沙带并逐渐扩大，连接一体的趋势明显，荒漠化状况还在继续恶化。

3. 石漠化和土地盐渍化危害加剧

石漠化是西南地区的一种主要土地退化形式，不合理的土地开发造成土壤流失、土地生产力下降甚至丧失。我国南方 8 省（自治区、直辖市）有石漠化面积 $12.96 \times 10^4 km^2$，并且以年均 2% 左右的速度扩展，其中中度和重度石漠化面积占到 72.53%，还有近 $13 \times 10^4 km^2$ 的潜在石漠化面积（国家林业局，2012）主要分布在贵州、云南、广西、重庆、湖北、湖南、四川、广东等。据国土资源部调查，我国土地石漠化的总面积达到了 $11.35 \times 10^4 km^2$，目前仍在以 2% 的速度发展。

贵州是全国石漠化最严重的省，全省石漠化面积超过 $160 \times 10^4 hm^2$，占贵州全省国土总面积的 9.1%。严重的石漠化使贵州原本非常严峻的人地矛盾更加突出，很多地方出现了“一方土养活不了一方人”的严峻局面，影响到了贵州省部分地区农民的生存。云南省岩溶面积居全国第二位，石漠化严重的 65 个县处于“九分石头一分土，寸土如金水如油，耕地似碗又似盆”的境地。广西壮族自治区由于石漠化不断扩展和加重，严重制约了当地社会经济的发展。其贫困人口的绝大多数都生活在石漠化较为严重的地区，甚至有些石漠化严重的地区已经丧失了支持人类生存的基本条件，造成了不少的生态难民。

土地盐渍化是干旱和半干旱地区普遍存在的问题，主要分布在西部干旱半干旱地区、华北平原、黄淮海平原等区域。西部的土壤盐渍化主要是由于不合理的灌溉造成，其中，西北地区的灌溉农业区最为严重。在采取一系列防治措施之后，我国盐渍化土地面积总体有所减少，但局部地区的问题仍然很严重，大水漫灌等不科学的灌溉手段仍然在不断产生新的次生盐渍化土地。

4. 生物多样性受到严重威胁

巨大的人口压力、长期的生物资源开发、高强度的农业发展、土地改变、环境污染加剧以及交通网络建设，对自然生境的干扰加剧，大面积的天然森林、草原、湿地等自然生境遭到破坏，大量野生物种濒临灭绝。据估计，中国野生高等植物濒危比例达15%～20%，其中裸子植物、兰科植物等高达40%以上；野生动物濒危程度也不断加剧，有233种脊椎动物面临灭绝，约44%的野生动物呈数量下降趋势。生物的灭绝导致特有种的消失，遗传资源随之丧失，如雁荡润楠、喜雨草已灭绝，野生华南虎已功能性灭绝，华南苏铁已无野生植株，海南捕鸟蛛等也已濒临灭绝。

西部地区是我国野生物种最丰富的地区之一，不仅种类多，而且特有性高，如脊椎动物中的野牦牛、白唇鹿，被子植物中的芒苞草、滇桐等众多物种只分布在西部地区，高度濒危的大熊猫、野骆驼、朱鹮也都集中在西部地区，我国西部地区的生物多样性在全球占有重要地位。由于近年来人类活动对栖息地的破坏，导致不少野生物种种群退化、密度降低，有的甚至濒临灭绝。上世纪80年代，甘肃省共有保护植物30余种，到目前仅被子植物中就有186种濒临灭绝，濒危的裸子植物有17种。

同时，随着世界经济、贸易活动的日益频繁，外来物种入侵日益加剧，对我国部分地区已造成了巨大的生态和经济损失。松材线虫、湿地松粉蚧、松突圆蚧、美国白蛾、松干蚧等森林入侵害虫每年严重发生与危害的面积在100万km^2左右。入侵我国的紫茎泽兰、豚草、薇甘菊、空心莲子草、水葫芦和大米草等外来物种，在部分地区迅速蔓延，并很快形成单种优势群落，导致原有植物群落衰亡，对当地生物多样性形成了巨大威胁。外来入侵物种已对我国生态系统的健康构成严重威胁，使生态系统结构和功能的完整性遭到严重破坏，威胁种群多样性，导致局部种群消亡等，造成了巨大的经济损失。

5. 酸雨分布广，危害大

根据中国环境状况公报，2010 年全国城市空气质量总体良好，但部分城市污染仍较重，全国酸雨分布区域保持稳定，但酸雨污染较重。我国大气污染物主要是颗粒物和 SO_2，其中，SO_2 排放总量 2185.1 万吨。在 2010 年酸雨监测的 494 个市（县）中，出现酸雨的市（县）有 249 个，占 50.4%。酸雨发生频率在 25% 以上的 160 个，占 32.4%；酸雨发生频率在 75% 以上的 54 个，占 11%。全国酸雨分布区域主要集中在长江沿线以及南—青藏高原以东地区，主要包括浙江、江西、湖南、福建的大部分地区，长江三角洲、安徽南部、湖北西部、重庆南部、四川东南部、贵州东北部、广西东北部以及广东中部地区（环境保护部，2011）。

酸雨对人体健康、生态系统和建筑设施都有直接或潜在的危害。酸雨可导致免疫功能下降、呼吸道患病率增加等，还可使农作物大幅度减产，特别是小麦，在酸雨影响下可减产 13% 至 34%。大豆、蔬菜也容易受酸雨危害，导致蛋白质含量和质量下降。酸雨对植物和森林危害也较大，常使森林和其他植物叶子枯黄、病虫害加重，造成大面积死亡。野外调查表明，在降水 pH 值小于 4.5 的地区，马尾松林、华山松和冷杉林等出现大量黄叶并脱落，森林成片地衰亡。酸雨每年造成的经济损失应在数百亿以上。

三、环境污染严重，威胁人民健康

1. 水环境污染严峻

2010 年全国工业废水排放量 237.5×10^{8} t，生活污水排放量 379.8×10^{8} t。废水中化学需氧量（COD）排放总量 1238.1×10^{4} t，废水中氨氮排放总量 120.3×10^{4} t。全国地表水污染依然严重，七大水系总体为轻度污染，浙闽区河流和西南诸河水质良好，西北诸河水质为优，湖泊（水库）富营养化问题突出。长江、黄河、珠江、松花江、淮河、海河和辽河七大水系204条河流409个地表水国控检测断面中，Ⅰ～Ⅲ类、Ⅳ～Ⅴ类和劣Ⅴ类水质的断面比例分别为59.9%、23.7%和16.4%。主要污染指标为高锰酸盐指数、五日生化需氧量和氨氮。其中，长江、珠江水质良好，松花江、淮河为轻度污染，黄河、辽河为中度污染，海河为重度污染。随着经济发展速度的加快，部分河流、湖泊污染不断加重，水资源利用受到严重影响。全国地下水质状况也不容乐观，水质为优良、良好、较好级的监测点占全部监测点的42.8%，水质为较差、极差级的监测点占57.2%。

除淡水环境外，海水污染状况也在加剧，近海养殖及陆源污染导致入海河口及近岸海域水质下降。2010年，全国近岸海域水质总体为轻度污染，四大海区近岸海域中渤海水质差，东海水质极差。192个入海河流监测断面水质总体较差，河流污染物入海量大于直排海污染源污染物入海量，东海的河流污染物入海总量远高于其他海区。（2010年中国环境状况公报）

2. 空气污染加剧

根据中国环境状况公报，2010年全国城市空气质量总体良好，但部分城市污染仍较重，全国酸雨分布区域保持稳定，但酸雨污染较重。全国废气中SO_2排放总量2185.1×10^4t，烟尘排放总量829.1×10^4t，工业粉尘排放总量448.7×10^4t。我国大气污染物主要是颗粒物和SO_2。

此外，我国城市环境空气颗粒物污染呈现多类型污染的态势，可以分为：传统的煤烟型，如乌鲁木齐、兰州、太原等（尤其是冬季）；煤烟、扬尘和机动车混合型，如郑州、石家庄等；复合型，如北京、天津、广州等。目前我国超过2/3的城市空气质量不达标，PM2.5就是表征大气复合型污染的首要污染物，PM2.5污染比较严重的在“三区六群”（“三区”是京津冀地区、长三角地区、珠三角地区，“六群”是辽宁中部城市群、山东半岛城市群、武汉城市群、长株潭城市群、成渝城市群、海峡西岸城市群）（彭应登，2012）。

3. 农业污染与食品安全

农药、化肥、农用塑料薄膜的使用量不断增加，致使农田污染面积迅速扩大，造成土壤及农产品污染严重，品质不断下降。化肥、农药、兽药、除草剂、地膜等化学投入的大幅度增长，已经使我国农田生态环境及食品安全受到威胁。施用方法的不当，使60%～70%的化肥没有得到有效利用，80%～90%的农药散落在土壤和水里，飘浮在大气中，污染水体和土壤，农用地膜用量增大但回收甚微，给农田土壤造成新的白色污染，导致农田污染面积扩大。

此外，我国北方地区污灌面积大，根据污染比较严重的22个省47个污灌区的$20.67\times10^4hm^2$耕地进行的调查结果，大约90%的重点污染区为重金属污染，其次为石油化工废水、造纸废水、酒精厂及制糖厂废水、河流上游来污等的综合污染。重点污染区中有相当部分的农田重金属含量已超过土壤环境质量Ⅱ级标准，几乎所有农田上生长的农作物都受到一定程度的危害，即表现为减产或农产品污染物超标。农业污染的不断加剧，导致农产品污染严重，品质下降，危及区域食品安全。

四、生态灾害危害巨大

由于生态退化导致各种自然灾害程度加剧、危害增大，成为我国生态保护中面临的又一巨大挑战，主要有沙尘暴频发、泥石流危害严重、地面下沉范围广、洪涝干旱灾情加重。

1. 加剧地质灾害发生程度及危害

我国自然地理、地质构造复杂、地质环境脆弱，地质灾害不仅数量多，而且灾种全，其中崩塌、滑坡、泥石流等浅表地质灾害异常突出，危害十分严重。地质灾害发生的原因除了特殊的地质条件外，生态系统退化等也是主要的地质灾害驱动因素，而且往往加剧地质灾害的发生程度与危害。

2010 年全国共发生地质灾害 30670 起，其中滑坡 22329 起，崩塌 5575 起，泥石流 1988 起，地面塌陷 499 起，地裂缝 238 起，地面沉降 41 起。造成人员伤亡的地质灾害 382 起，2246 人死亡，669 人失踪，534 人受伤，直接经济损失 63. 9 亿元。这些地质灾害均直接或间接与当地生态系统退化有密切关系。如 2010 年 8 月 8 日，甘肃省舟曲县城因沟谷上游局部地区强降雨引发泥石流造成 1501 人死亡，264 人失踪，其直接原因是强降水过程，而人类通过改变土地利用方式，砍伐森林等社会经济活动改变了地表状况，促使了松散堆积物的累积和地表对降水的调蓄功能，从而加剧了舟曲泥石流的发生程度和危害损失。8 月 18 日，云南省贡山县普拉底乡局部地区强降雨引发泥石流造成 37 人死亡，55 人失踪，39 人受伤，直接经济损失 1. 4 亿元（国土资源部，2011），其原因也与生态系统退化密切相关。

2. 沙尘暴频繁，危害我国东部广大区域

中国西北地区由于独特的地理环境，也是沙尘暴频繁发生的地区，主要源地有古尔班通古特沙漠、塔克拉玛干沙漠、巴丹吉林沙漠、腾格里沙漠、乌兰布和沙漠和毛乌素沙漠等。沙尘暴具有时段集中、发生强度大、影响范围广等 3 个特点。自上世纪 50 年代以来，沙尘暴呈波动减少之势，90 年代初开始回升。“十一五”以来累计发生强沙尘暴、沙尘暴和扬沙浮尘天气近 50 次，严重影响了人民的生

产生活（国家林业局，2012）。草地退化、沙化，生态防护功能降低是我国沙尘暴频发的主要原因。根据有可比资料的 9 省区（广西、四川、贵州、云南、西藏、陕西、甘肃、青海、宁夏）计算表明，因生态破坏造成的直接经济损失相当于同期 GDP 的 13%。而实际上，间接和潜在的经济损失更大（陈志清等，2000）。

3. 洪涝干旱灾害频繁，损害加剧

近 60 年来，我国水旱灾害发生频率明显增高，加上森林、湿地生态系统破坏与生态系统调节功能的降低，水旱灾害发生程度与受灾范围直线上升，农业受灾面积与播种面积的比例不断攀升。20 世纪 70 年代以后，洪水发生频率增加，成灾面积比例也显现相同趋势，我国中东部地区的江河中下游地区洪涝灾害的损失占全国同类灾害总损失比重大。1998 年，长江、松花江、珠江、闽江等主要江河发生了大洪水，全国共有 29 个省（自治区、直辖市）遭受了不同程度的洪涝灾害，直接经济损失 2551 亿元。江西、湖南、湖北、黑龙江、吉林等省受灾最重。流域森林面积减少、森林涵养水分能力下降、湖泊湿地调节功能退化等加剧了 1998 年洪涝灾害的程度与损失。2009 年 9 月至 2010 年 3 月，西南地区持续少雨，气温显著偏高，云南、贵州降水量均为有气象观测记录以来最少值，西南地区发生有气象观测记录以来最严重的秋冬春特大干旱，生态系统水源涵养能力下降也加剧西南特大旱灾的成灾范围和经济损失。

五、资源开发导致的生态问题持续加剧

高速的经济增长和快速的城镇化推动了我国大规模的资源开发，形成了空前巨大资源开发强度和开发规模，尤其水资源开发、水电开发、化石能开发、矿产资源开发等给生态环境带来空前的压力，并产生了一系列新的生态环境问题。

1. 水资源过度开发引发的生态问题迅速蔓延，生态风险大

我国人均水资源占有量较低，且水资源空间分布不均，同时随着社会经济的发展，水资源需求量增大，供需矛盾日益突出。辽宁、江苏、河南、北京、山东、河北、山西、宁夏、上海和天津十个省（市、区）人均水资源处于1000立方米以下。西北部地区和华北地区缺水现象严重。水资源过度开发，导致水生态系统平衡失调，地下水位持续下降，湖泊湿地丧失、江河断流、地面沉降等生态问题迅速蔓延，成为我国华北平原、东部地区等较为发达地区经济社会可持续发展的巨大威胁。

我国地下水超采现象普遍。地下水过度开采，导致地下水位下降，出现大范围地下水漏斗。2000年，华北地区形成的较大地下水漏斗有20处，总面积4万多平方公里，降落漏斗中心区水位埋深40～75米，最深达93.37米。另一方面，地下水污染呈现由点状向面状演化、由东部向西部蔓延、由城市向农村扩展、由局部向区域扩大的趋势。地下水水质状况也不容乐观，全国仍有5000多万人在饮用不符合标准的地下水。

同时，西南河流水电开发的规模空前，岷江上游、大渡河、雅砻江、澜沧江等梯级水电开发强度大，干流、支流断流现象普遍。河流水库化、片段化严重，自然河段迅速丧失，不仅对流域生态产生一些负面影响和风险，而且对许多激流水生生物和半洄游鱼类带来灾难性影响。

2. 矿山开发生态环境问题严重

矿产资源开发在我国国民经济发展中占有重要的地位，矿产开发对环境造成的破坏也是巨大的，影响将是长期的。不合理的开发利用已对矿山及其周围环境造成严重的破坏并诱发多种地质灾害，不仅威

胁人民的生命、财产安全，而且严重制约了社会经济的发展。

由于矿产资源开采规模不断增大，土地复垦和生态恢复率低，造成的土地破坏面积也不断增大。我国因采矿而直接破坏的森林面积累计已达 106 万公顷，破坏草地面积 26.3 万公顷。全国因矿产资源开发而破坏的土地累计面积已达 400 万公顷以上，因采矿破坏土地面积每年以 4 万公顷的速度递增，而矿区土地复垦率仅为 10%，比发达国家低 50 多个百分点。此外，因矿产开发活动产生的大量废气、废水和废渣对生态环境产生了严重影响。矿产开发过程中，表土剥离、矿石运输、临时建筑物建设、洗选矿石、尾矿和废渣的堆积、水环境污染和地表塌陷等都会对原有植被产生大面积的破坏，明显改变地形和地貌。在西部干旱地区，植被破坏和废渣堆积还会加重土地沙化进程。

3. 海岸带破坏

由于城市建设不断逼近海洋以及修建海挡等工程防护设施，人工占用海岸带长度和宽度不断增加，海岸带的自然属性正在消失。同时，随着输沙量减少，人工滥采海滩沙以及海平面上升等原因，我国沿海海岸蚀退现象明显。海岸侵蚀常常破坏沿海防护林带、滨海公路、桥梁、海底缆线等工程设施及海岸带生态系统，造成海水倒灌、农田受淹、土地盐碱化，加剧港口淤积及沿海风沙，使当地人民的生命、财产遭受严重损失。近 40 年来，人工围垦已导致我国 50% 滨海滩涂消失，其中人工围垦滨海滩涂 $1.19 \times 10^4 km^2$，城乡工矿建设占用滨海滩涂 $1 \times 10^4 km^2$，滩涂面积急剧减少。

第三章 生态保护与建设进展

【提要】 我国政府一直重视国家生态安全与生态环境保护，启动了天然林保护、退耕还林、自然保护区建设、生态恢复与管理重大生态建设工程等一系列生态保护和生态建设工程，初步建立了国家生态安全保护体系，为遏制我国生态系统的退化发挥了重要作用，也为经济社会的快速发展提供了生态环境基础和保障。

为建立国土生态安全体系和山川秀美的生态文明社会，我国政府高度重视生态保护与生态建设，启动了退耕还林、保护天然林、生态公益林建设等多项生态保护与建设工程，采取了自然保护区建设、湿地保护等一系列有利于生态保护与生态恢复的重大举措，取得了一定成效，为遏制我国生态系统退化发挥了重要作用，也为经济社会的快速发展提供了生态环境基础和保障。本章重点介绍与分析天然林保护、退耕还林、生态公益林建设、自然保护区建设、湿地保护、草地保护等政策措施的进展情况。

第一节　天然林保护工程

一、天然林资源保护工程概况

天然林资源保护工程（以下简称“天保工程”）是我国针对生态环境不断恶化的趋势做出的果断决策，是我国六大林业重点工程之一。天然林资源保护工程从1998年开始试点。2000年10月，国务院正式批准了《长江上游黄河上中游地区天然林资源保护工程实施方案》和《东北内蒙古等重点国有林区天然林资源保护工程实施方案》，标志着我国又一项重大生态建设工程正式实施。天然林保护工程实施范围包括以三峡库区为界的长江上游地区、以小浪底库区为界的黄河上中游地区和东北、内蒙古、新疆、海南重点国有林区，覆盖我国17个省份，以国有森工企业为实施单位。

天然林保护工程以从根本上遏制生态环境恶化，保护生物多样性，促进社会、经济的可持续发展为宗旨；以对天然林的重新分类和区划，调整森林资源经营方向，促进天然林资源的保护、培育和发展为措施；以维护和改善生态环境，满足社会和国民经济发展对林产品的需求为根本目的。对划入生态公益林的森林实行严格管护，坚决停止采伐，对划入一般生态公益林的森林，大幅度调减森林采伐量；加大森林资源保护力度，大力开展营造林建设；加强多资源综合开发利用，调整和优化林区经济结构；以改革为动力，用新思路、新办法，广辟就业门路，妥善分流安置富余人员，解决职工生活问题；进一步发挥森林的生态屏障作用，保障国民经济和社会的可持续发展。

1. 工程范围

天然林保护工程的实施范围包括长江上游、黄河上中游地区和东北以及内蒙古等重点国有林区，具体范围是：长江上游地区以三峡库区为界，包括云南、四川、贵州、重庆、湖北、西藏6省（区、市）；黄河上中游地区以小浪底库区为界，包括陕西、甘肃、青海、宁夏、内蒙古、山西、河南7省（区）；东北及内蒙古等重点国有林区包括吉林、黑龙江、内蒙古、海南、新疆5省（区）。工程区共涉及17个省（区、市），734个县、167个森工局（场）。

2. 工程目标

近期目标（到2000年）：以调减天然林木材产量、加强生态公益林建设与保护、妥善安置和分流富余人员等为主要实施内容。全面停止长江、黄河中上游地区划定的生态公益林的森林采伐；调减东北及内蒙古国有林区天然林资源的采伐量，严格控制木材消耗，杜绝超限额采伐。通过森林管护、造林和转产项目建设，安置因木材减产形成的富余人员，将离退休人员全部纳入省级养老保险社会统筹，使现有天然林资源初步得到保护和恢复，缓解生态环境恶化趋势。

中期目标（到2010年）：以生态公益林建设与保护、建设转产项目、培育后备资源、提高木材供给能力、恢复和发展经济为主要实施内容。基本实现木材生产以采伐利用天然林为主向经营利用人工林方向的转变，人口、环境、资源之间的矛盾基本得到缓解。

远期目标（到2050年）：天然林资源得到根本恢复，基本实现木材生产以利用人工林为主，林区建立起比较完备的林业生态体系和合理的林业产业体系，充分发挥林业在国民经济和社会可持续发展中的重要作用。

3. 工程实施的原则

天然林保护工程是一项庞大的、复杂的社会性系统工程。实施要坚持以下原则。

量力而行的原则。天然林保护工程的实施需要大量的财力和物力作保证，要根据我国国民经济发展状况和中央的财力来安排工程的进度和范围，并且各项基础工作要跟上工程进度。如种苗基地建设要跟上营林造林建设任务等，否则，就会因为资金不足或基础工作跟不上而影响整个工程进度和质量。各实施单位因木材停产或大幅度减产，使大批伐木工人成为富余人员，需要转产安置，并且对依靠木材生产经营作为财政收入主要来源的单位造成危机，使原本就负债累累的企业雪上加霜，所以各实施单位也要根据实际情况，量力而行。

突出重点的原则。要把那些生态比较脆弱、天然林又相对集中，且正在受到破坏，对区域环境、经济和社会可持续发展具有重大影响的地区，作为工程的重点。这样，首先就要对我国大江大河源头、库湖周围、水系干支流两侧及主要山脉脊部等地区实施重点保护。先期启动的省（区、市）有位于长江、黄河中上游的云南省、贵州省、四川省和重庆市，东北及内蒙古主要国有林区以及典型热带林的海南省林区。突出重点还体现在打破了现有行政区界限，以水系和山脉为重点单元。对集中连片，形成适度规模，便于集中管护和治理的地区，实施重点突破，整体推进。建立重点试验示范区，探索有效途径，积累实践经验，研究理论问题，推广实用科学技术。

事权划分的原则。事权划分就是指按照现行财政体制，根据实施主体的隶属关系和行业性质进行划分，主要体现在投资和相关配套政策上中央与地方的关系。工程实施的主体有下面 3 种类型：①实施主体隶属于地方，如南方许多工程县，投资和配套相关政策主要以地方为主；②实施主体隶属于中央，但利税等归地方，如东北及内蒙古国有森工企业局，投资和相关配套政策上由中央和地方共同负责；③实施主体直属于中央，如大兴安岭森工集团，投资和相关配套政策上由中央全部负责。

工程实施地方负全责的原则。国家林业主管部门受国务院委托，行使中央的监管权利，负责工程实施的指导、检查、监督、协调和调控。指导就是根据国家的大政方针，对工程实施的有关原则、政策、法规、办法、规程等进行指示和指点，并加以引导，从而保证工程健康顺利地进行；检查就是依据相关政策、法规和一定的办法、标准对工程实施任务完成的数量、质量和资金的使用等有关问题进行核查，及时纠正工程实施中出现的问题，总结成功经验，及时推广；监督就是对工程实施进行察看和督促，保证工程按照规划和统一部署要求实施；协调就是使工程实施单位与中央要求配合得当，促进工程上下一致，全面推进；调控就是根据工程实施的情况，从政策、资金和项目上对工程实施单位进行调节控制，引导工程实施的重点和规范工程实施行为。国家林业主管部门作为工程实施的领导主体负有领导责任。地方负责工程的具体组织实施，包括工程实施的规划、任务的落实和完成、资金项目的管理等，地方工作的态度、方式、方法等直接影响到工程实施的效果。因此，地方作为工程实施的责任主体，应对工程的实施负全部责任。

森工企业由采伐森林向营造林转移的原则。国有林区的开发建设是新中国建设和国民经济的发展紧密联系在一起的。森工企业的建立担负着满足国家建设对木材需要的重任，由于当时的国民经济建设的需要和对森林生态功能认识不足，多年来森工企业一直以森林采伐为主。天然林保护工程的实施，使企业失去了劳动对象，因此要转变企业的经营思想，充分发挥森林的多种效益，由采伐森林向营造林转变，企业职工大多数由采伐转向森林管护与营造。

二、天然林保护工程实施的步骤和主要保障措施

1. 实施天然林保护工程的基本思想

天然林保护工程是一项国家实施可持续发展、保护生态环境的重点建设工程。此项工程涉及面广，政策性强，实施难度大，是一项复杂的社会系统工程。组织管理实施此项工程必须要有明确的工作目标、清晰的工作思路、责权统一的管理体制、运转自如的运行机制、科学的管理办法、现代的科学手段和兢兢业业的工作精神。

（1）坚持一个中心

就是坚持以天然林资源保护和恢复为中心。保护和恢复天然林资源是建设好我国生态环境、保障国民经济和社会可持续发展、实现国家长治久安的重大举措。搞好这项工程一定要有全局观，并且要把天然林保护工程作为林业部门的第一位中心工作。

（2）达到两个目标

天然林资源得到有效的保护和恢复，增强其生态功能是第一个重要目标；通过实施天然林保护工程，使林区经济结构得到合理调整，实现林区经济平稳过渡，找到适合社会主义市场经济需求的新的经济增长点，振兴林区经济是第二个重要目标。

（3）实施三个调整

一是经营思想的调整，将由木材采伐转向保护和培育森林资源；二是产业结构的调整，由单一的、以木材原料为主的林业产业结构，向适合市场经济需要的、全方位的产业结构调整，在保护好天然林资源的同时，合理地利用好林区的其他资源，形成新的产业经济链；三是管理体制的调整，要利用天然林保护工程实施的契机，理顺管理体制，建立政企分开的管理体制和分级的森林资源管理体制。

（4）实现四个转变

一是确实现由采运企业向营林事业转变，将工作由伐树转向种

树；二是由计划经济模式向市场经济模式转变，林区由传统的大木头经济向市场经济所需求的多元化经济转变；三是由粗放经营向集约经营转变，应用现代高新技术成果，保护和培育森林资源；四是实现企业管资源向国家管资源转变，把资源管理的行政职能真正从企业分离出来。

（5）落实五个确保

一是确保工程要有得力的组织保证，从中央到地方都要建立相应的组织机构，确定主要行政领导负责，签订工程项目行政领导责任状；二是确保权责统一的管理体制，国家林业局天然林保护工程管理中心（筹）已经成立，将全面开展工作，各省区也要有相应的机构，配合工作；三是确保使用科学的管理方法和先进的科技手段，管理和实施好这项工程；四是确保资金的到位和按规定使用，中央和地方配套资金一定要落到实处，并做到专款专用，封闭运行；五是确保以兢兢业业的工作精神投入到天然林建设上来。各级林业部门，从领导到职工都要树立高度的责任感，以严谨的工作态度、饱满的工作热情，投入到工作中去。

2. 实施步骤

（1）编制工程实施规划，搞好森林分类区划工作

按照自下而上、专家论证、部门审批、自上而下的程序，做好全国、省（自治区、直辖市）、县（国有林业局）三级工程规划，并将森林分类区划落实到山头地块，为保证工程实施能够科学、合理、有序和统一地开展做好准备。

（2）调减和停止天然林采伐，大力发展营造林

全面停止对长江、黄河中上游地区划定为生态公益林内的森林进行采伐，调减东北及内蒙古国有林区天然林资源的采伐量，严格控制木材消耗，杜绝超限额采伐。积极开展生态公益林、商品林建设，促进天然林资源的恢复和发展。

（3）选择建立转产项目，妥善安置富余人员

为妥善安置富余人员和促进林区经济发展，要选择建立一批转产项目。通过转向营造林建设和再就业培训等形式，妥善安置好富余人员。

（4）加强基础保障体系建设，提高工程实施质量

通过科技教育、种苗繁育、基础设施、森林保护和信息管理体系的建设，为工程实施提供必要的基础保障。各级管理和实施人员都要端正态度，认真负责地采取科学办法，提高工程实施质量。

3. 工程实施的主要保障措施

天然林保护工程是党中央、国务院高度重视，国际国内十分瞩目的一项旨在保护生态环境的巨大生态建设工程。这项工程对于保护我国生态环境、提高人民生活质量、实现可持续发展具有十分重大的意义。

（1）建立强有力的组织保障

天然林保护工程是一项影响面广、工作难度大、要求高的社会系统工程，必须建立强有力的组织领导机构。借鉴国内外科学的工程管理模式，按照机构改革的要求，建立起统一、高效、科学、务实的管理机构和运行机制。国家林业局在国务院的直接领导下，负责指导工程的实施。国家林业局组建的天然林保护工程管理中心（筹），具体承办国家天然林资源保护工作的有关事宜。各有关省（自治区）和森工（集团）公司及国有林业局在地方政府的直接领导下，成立天然林保护工程管理办公室，认真实施好这项工程。

（2）加大工程对内对外的宣传力度

天然林资源保护需要社会各方面的参与和配合，各地要利用各种宣传媒体加强对天然林保护工程的宣传力度，使各级领导干部和广大群众了解、参与、支持及监督天然林保护工程。要定期在新闻媒体上发布工程进展信息，接受监督。

（3）落实有关建设资金和相关的配套政策

资金的投入、政策的扶持是工程顺利实施的基本保证。要切实保护好国有林区的天然林资源，完成《实施方案》所确定的各项目标，必须本着中央与地方事权划分的原则，采取积极有效的措施，落实工程建设所需的各项资金。因此，要积极争取各方面对工程的资金投入。今年，在国家财力十分紧张的情况下，中央专门安排了一部分财政债券投资和财政资金，用来开展天然林保护工程，除中央应安排的各项资金投入外，地方和企业的配套资金也必须落实，否则就会影响工程的全面实施。

同时，要积极争取落实各方面的扶持和优惠政策，尤其是涉及林区职工转岗分流和国有林区离退休职工养老保险金的分摊比例的政策，落实生产经营局转变为营林事业局的管护事业费，落实转产项目的税收优惠政策和贷款贴息相关的配套政策，保证林区的社会稳定。

（4）加强对工程项目和资金的管理

天然林保护工程涉及资金量大、项目多，要保证资金和项目发挥最佳效益，就必须严格按照国家基本建设项目管理和审批程序，加强对项目的评估和咨询，选好工程建设项目，制订好工程建设方案，要严格项目的设计和施工管理。工程建设实行规范化管理，实行建设项目法人责任制。做到精心组织、精心施工。

对资金要单独设账，封闭运行，专款专用。新增资金要用于新的任务和工作，严禁用新资金还旧账，任何部门和任何人不得挪用、串用、挤占工程建设资金。要保证将有限的资金真正用到天然林保护工程上来，对资金的使用要有制约、检查和监督机制。

要加强对工程建设的检查、监督，对工程建设全过程进行监督管理。

（5）深化改革，建立现代企业制度

深化改革，将森林资源的管理从企业中分离出来，通过公有制的多种实现形式，加快林区多种资源开发。

（6）依靠科技进步、提高工程建设质量和效益

科技是第一生产力。天然林保护工程必须建立健全科技支撑体系、以加大工程的科技含量。一要成立国家级工程高级专家咨询委员会，对工程实施中带有前瞻性、战略性、全局性的重大问题，组织专家咨询与论证。二要充分利用全国已有的地、县、场三个层次的科技开发推广示范网络，大力推广 20～30 项实用技术和先进科技成果。三要组织科研工作者针对退化天然林生态系统的恢复、天然林生态系统可持续经营和国有林区生物多样性等方面开展科学研究与科技攻关，搞好工程技术储备。四要选择一些具有典型性、代表性的地区和单位建立国家级示范区，为全国顺利实施天然林保护工程提供理论依据和典型示范。各级地方政府也要建立示范区或示范点，以点带面，带动和辐射周边地区的天然林保护工程。五要开展国际国内合作交流，学习国内外天然林保护的先进经验、先进技术、先进管理方法。六要开展天然林保护工程科普宣传及公众教育活动。七要采取多种形式广泛吸收社会资金，积极争取国际合作项目和无偿援助资金，加快科技支撑体系建设。

（7）妥善做好离退休职工养老保险社会统筹工作

根据国务院有关规定，国有林区企业职工将全部实行省级养老保险社会统筹。鉴于木材产量调减后，企业收入将大幅度减少，无力交纳离退休职工养老保险统筹资金，需要各级财政给予必要的补助，减轻企业负担，为全面实施好天然林保护工程提供较宽松的环境。

三、工程进展与成果

天然林资源保护工程主要通过全面禁止长江上游、黄河上中游地区天然林的商品性采伐和大力调减东北及内蒙古等重点国有林区的木材产量，解决天然林资源的休养生息和恢复发展问题，实现林区生态建设与经济、社会的协调发展。

1. 工程进展

到2005年，天然林资源保护工程实施7年，累计完成荒山造林432.82万ha，新封山育林884.96万ha；森林管护面积每年保持在9000万ha左右；累计少采伐木材13 082.5万立方米（按工程范围内起始年份1997年3205.4万立方米测算），少消耗森林蓄积量25207.13万立方米；因木材停伐和减产造成的74万富余职工目前已经分流安置66万人，占应分流安置人员总数的89.19%；累计投入天然林资源保护工程各类建设资金448.94亿元，占规划投资总量的46.38%，其中国家投资420.12亿元，国家投资占天然林资源保护工程实际完成投资总量的93.58%。

通过对44个天然林保护工程样本县和30个样本森工企业开展的社会经济效益监测结果显示，工程区内森林资源持续增加，水土流失面积不断减少，生态治理初见成效。自1997年到2004年，44个样本县森林面积从485.34万ha增加到528.88万ha，其间增长了8.97%；水土流失面积从692.12万ha减少到570.78万ha，其间减少了17.53%。30个样本森工企业森林面积从676.72万ha增加到806.36万ha，其间增长了19.15%；森林蓄积呈现了先下降后增长的趋势，2004年比2003年增加了1368.83万立方米，增长了1.46%（郝育军，2005）。

2. 工程成果

（1）林区经营思想转变

工程区内林业经营方向由以木材生产为主向以森林保护和发展为主转变，森林资源恢复和增长速度加快。长江上游、黄河上中游地区13个省（区、市）到2000已全面停止了天然林的商品性采伐；东北及内蒙古等重点国有林区木材产量由1997年的1853万立方米调减到

2000 年的 1198 万立方米。工程省区每年森林资源净生长量达到 2.77 亿 m^3，占全国总生长量的 62%，活立木蓄积量 3 年增加 1.86 亿 m^3；总生长量与总消耗量之比由 1997 年的 1∶0.83 变为现在的1∶0.73。工程区内森林管护人员由 1998 年 5.5 万人增加到 2000 年的 14.7 万人，管护力量大大加强。通过大力造林和加大抚育管护力度，工程省区 3 年新增森林面积 9500 万亩，新增造林地面积 1.4 亿亩。2000 年国家林业局对 50 个县（局）的核查结果表明，超限额采伐县数占抽查县（局）数的比率由 1999 年的 59.3% 下降到 35%，所抽查县（局）的森林资源总消耗量已控制在限额之内，超限额采伐的现象基本得到了遏制。通过工程的实施，林业经营方向开始实行战略性调整，森林资源恢复和增长加快，生态优先、三大效益兼顾的林业经营思想正成为全社会的共识。

（2）林区产业结构调整

林区经济由“独木支撑”向调整结构、多种经营转变，部分地区呈现出良好的发展态势。随着以木材生产为主的经营格局的转变，许多地方充分利用林区丰富的自然资源，积极发展非林非木产业，多轮驱动、多业并举，实行综合开发利用，大力培育新的经济增长点，林业经济已开始走出“独木支撑”的困境。不少地方已跳出就林业搞林业的框框，呈现出强大的发展活力。企业实力大大增强，职工收入明显增加。黑龙江省清河林业局大力推行森林管护承包，开展多种经营，延长木材产业链，积极发展第三产业，全局社会总产值已从 1997 年的 1.5 亿元，增加到 2000 年的 2.4 亿元，职工年均收入由 1700 元增加到 4800 元。甘肃省小陇山林业实验局加强森林生态旅游基地建设，投资 1300 多万元，成立了麦积国家森林公园，搞好旅游配套的服务设施，2000 年旅游收入达到 400 多万元。

（3）生态建设步伐加快

植被建设由单纯造林向造管并举转变，生态建设步伐大大加快。近年来，许多省（区）抓住实施天保工程的机遇，植树造林速度明显加快，多种造林方式并举，多林种多树种结合，落实管护措施，使造林成效大大提高。短短几年时间，一座座荒山秃岭披上了绿装，有效遏制住了生态进一步恶化的趋势，减少了水土流失，环境状况明显改善。海南省天保工程造林采用了“公司+林场”的经营模式，由专门成立的绿屏公司提供造林资金、技术和管理，林场出土地、劳力，双方签订造林合同。特造林的质量和收益都以合同方式确定，明确责任，注重良种壮曲，精耕细作，加强幼林抚育管护，造林成活率全部达到95%以上，保存率达到99%，并落实了管护的责任主体。

（4）林区就业渠道拓宽

林区职工就业渠道由单纯依靠“大木头”向多元化转变。天保工程实施后，因减产停伐致使林区大批职工下岗，如何转移安置富余职工，增加职工收入，是工程实施面对的一个重大问题。各地充分利用区域优势和资源优势，大力开发旅游、种植、养殖、加工等多种产业，积极发展个体经济、民营经济等非公有制经济，多渠道增加职工收入。目前，林区职工的就业和收入渠道，已由过去单纯依靠“大木头”向多元化、多渠道方向转变，取得了较大的成效。到2000年年底，工程区从事多种经营的人数已达15万人。大兴安岭西林吉林业局因木材减产，职工下岗人数达3640人，占职工总人数的42%。面对巨大的就业压力，他们通过发展木材深加工、开发旅游、开展多种经营等形式，采取灵活有效的机制，已安置富余职工3500多人。2000年职工人均可支配收入达3875元，比1999年增长15.6%。

（5）林区企业制度转变

天然林保护工程推动了企业由传统的管理体制向建立现代企业制度转变，为企业发展注入了活力。天保工程的实施迫使森工企业转变以木材生产为中心的传统管理体制，同时也为森工企业加快建立现代企业制度提供了机遇。企业按照产权清晰、权责明确、政企分开、管理科学的原则，加大改革力度，进行资产重组，转换经营机制，实行市场化运作，逐步形成自主经营、自负盈亏、自我发展、自我约束的法人实体和市场运作主体，为企业发展注入了活力。吉林森工集团抓住实施天保工程的契机，从政企分开入手，彻底从政府管理职能中分离出来，以体制建设为重点，正在建立出资人制度；法人治理结构也基本完成，并通过实施上市融资和品牌战略，发挥了集团优势，壮大了企业经济。2001 年 1 月 4 日，集团在木材销售减少 10 万立方米，销售收入减少 7094 万元的情况下，实现营业收入 11 亿元，比 2000 年同期增长 8.31%，实现净利润 2048 万元，比 2000 年同期提高 54%，做到了减产增效。

第二节　退耕还林工程

1999 年，退耕还林工程进行试点。2000 年颁布的《中华人民共和国森林法实施条例》第二十二条规定：25 度以上的坡耕地应当按照当地人民政府制定的规划，逐步退耕，植树种草。退耕还林工程主要包含水土流失、风沙危害严重的重点地区。试点范围涉及长江上游的云南、贵州、四川、重庆、湖北和黄河上中游地区的山西、河南、陕西、甘肃等 12 个省区及新疆生产建设兵团。退耕还林从 1999 年试点以来，到 2002 年工程正式全面启动，其范围扩大到湖南、黑龙江、四川、陕西、甘肃等 25 个省区市和新疆生产建设兵团。1999 ~ 2006 年，中央累计投入 1303 亿元，共安排退耕地造林任务 926.4 万 hm^2、配套荒山荒地造林任务 1367.9 万 hm^2 和封山育林任务 133.3 万 hm^2（国家林业局退耕还林办公室，2007）。退耕还林工程的全面实施，是我国垦殖史上首次成功实现的重大转折，改写了“越垦越穷、越穷越垦”的历史，取得了显著的生态效益和一定的经济效益，并在解决“三农”问题和建设社会主义新农村中发挥了不可估量的作用。工程建设得到了各级政府和亿万农民的拥护及支持。目前，工程建设中还存在一些问题，特别是需要尽快完善政策，巩固工程建设成果，继续稳步推进工程建设，为构建和谐社会、建设社会主义新农村作出更大的贡献。

一、背景与目标

1990 年代后期，我国粮食有节余，加上财政能力的增强，为实施退耕还林工程创造了条件（王闰平等，2006）。

退耕还林工程增加了植被覆盖 3200 万公顷，其中，1470 万公顷是有坡耕地还林还草的（欧阳志云，2007），其余 1730 万公顷是配套的荒地造林。退耕还林的准则是西北地区坡度大于 15 度、其他地区坡度大于 25 度的坡耕地可以纳入退耕还林范围。退耕还林工程除了恢复生态环境外，还有扶贫和促进农村经济发展两个辅助目标（徐晋涛等，2002）。

1999 年，退耕还林工程在四川、陕西、甘肃开始试点；2000 年扩大到 17 个省，2002 年扩大到 25 个省，退耕还林工程的重点在西部（欧阳志云，2007；王闰平等，2006）。

二、补偿标准

退耕还林工程在长江上游和黄河中上游地区分别给农户每年补偿粮食 2250 公斤/公顷和 1500 公斤/公顷，或者分别为 3150 元/公顷和 2100 元/公顷。此外，每年补贴 300 元/公顷管理费，一次性补贴苗木 750 元/公顷（Feng Z，et al.，2005；徐晋涛等，2004）。补偿期限取决于还林还草类型：退耕还草补偿 2 年，退耕造果树等经济林补偿 5 年，退耕造生态林补偿 8 年（徐晋涛等，2004）。对退耕地免征税（Xu J，et al.，2006）。到 2005 年，退耕还林工程总完成投入 900 亿元。到 2010 年，退耕还林工程计划总投入达到 2200 亿元。

三、工程成效

退耕还林是我国生态建设方式的一次重大变革，钱粮直补到户，极大地调动了农民造林护林的积极性；实行县级自查、省级复查、国家核查的三级检查验收制度，将政策兑现与造林实绩挂钩；林权落实到户，实现了谁造谁有谁受益。这些政策的落实，有效地保证了地方政府和退耕农民保质保量地完成退耕还林任务。据国家林业局2006年造林实绩核查，2005年度退耕还林工程人工造林面积核实率为97.4%，核实面积合格率为93.2%；历年（即1999~2004年）退耕还林工程造林保存面积核实率为97.4%，核实面积合格率为92.7%（国家林业局退耕还林办公室，2007），退耕地造林质量普遍高于荒山荒地造林质量。基层干部群众说，退耕还林工程的实施从根本上改变了以前“年年造林不见林、年年种树不见树”的局面，取得了显著的成效。

与天然林保护工程相似，退耕还林工程的生态效应评价指标也都是易观测的指标，如退耕还林还草面积、植被覆盖率的变化、地表径流、土壤侵蚀量等。大尺度生态服务功能的变化，如洪水调蓄功能等，主要根据上述观测指标来估计。至2006年年底，退耕还林工程将900万公顷的耕地还林或还草，同时还将1170万公顷的荒地造林。仅在贵州省，2000~2005年，森林面积增加了95.2万公顷（杨时民，2006）。全国退耕还林总面积大于中央政府分配给各地区的份额（Xu J, et al., 2006）。

根据国家林业局统计，退耕还林区在实施前8年的森林覆盖率增加2%。退耕还林工程减少的地表径流和土壤侵蚀。如在湖南省，2000~2005年，土壤侵蚀降低了30%，地表径流减少了20%以上（李定一等，2006）。在湖北三峡工程库区的秭归县，2000年退耕还林3085公顷，占全县耕地面积的8.1%，每年减少土壤侵蚀54900吨；与未退耕的坡耕地比较，退耕5年后，地表径流减少75%~85%，土壤侵蚀量减少85%~96%（王珠娜等，2007）。

退耕还林工程的实施还有助于改善土壤的理化特性，保持土壤肥力，减少土壤营养物的流失和河道淤积。根据在陕西吴旗县的差沟小流域的监测，退耕还林5年后，土壤水分和土壤持水能力分别提高48%和55%（梁伟等，2006；刘芳等，2002）。

退耕还林工程比天然林保护工程具有更大的社会经济效益。由于天然林保护工程停止采伐木材，导致森工企业和林业工人经济收入的直接减少。与天然林保护工程不同，退耕还林有助于脱贫。退耕还林工程使全国300多万农户，1.2亿农民直接受益。在大多数地区，明显改善了参与退耕还林工程的农户的生活水平（Xu Z, et al., 2006）。受调查的绝大多数农户拥护退耕还林政策（徐晋涛等，2002；Hu C, et al., 2006）。

退耕还林工程还推动了大量的农户改变其收入结构，许多农户不只依赖于种植业。如在陕西的吴旗县，1998～2003年，退耕还林103700公顷，1.5万农户从单纯从事种植业改变为从事以建筑、交通、饮食等为主的产业（葛文光等，2006）。退耕还林工程还使大量的农民从农田中解放出来，产生了大量的农村剩余劳动力，并推动了农村劳动力向城市转移。如，2000～2005年，贵州劳动力迁移提高了48%（从2000年的220万人增加到2005年的310万人）。在江西的弋阳县，农民外出务工的收入比例从2000年1/3提高到2002年1/2（王红英等，2007）。

与天然林保护工程类似，退耕还林工程也给地方政府增加了财政负担。由于退耕还林地免税以及免征农业税，地方政府税收收入源减少（Xu J, et al., 2006）。中央政府只给地方政府部分补偿，并要求地方政府负担退耕还林工程的实施费用，如监测、粮食的运输等（刘燕等，2005）。地方政府的经济损失程度因地区而异，如在四川的康定县，地方政府收入1999～2001年减少28%，仅为1500万元（董捷，2003）。也有专家在进行综合评估后，对于退耕还林工程的整体成本效益、退耕户的长远生计以及工程生态效益的可持续性提出了质疑，并据此对退耕还林后续工作提出了具体的政策建议（中国科学院办公厅，2007；王毅等，2010）。

第三节　生态公益林保护工程

森林是陆地生态系统的主体，具有保持水土、防风固沙、涵养水源、改善环境、净化空气等巨大的生态效益，已举世公认。世界各国纷纷调整各自的发展战略，把以经营、培育和保护森林为主要对象的林业作为经济发展格局中具有举足轻重地位的公益事业，并被确定为优先发展和援助的领域。我国也于 2001 年建立了森林生态效益补助基金，专项用于重点公益林的保护和管理。

一、生态公益林建设

1. 生态公益林类型

生态公益林根据保护程度的不同将其划分为重点保护的生态公益林（简称重点公益林）和一般保护的生态公益林（一般公益林），并分别按照各自特点和规律确定其经营管理体制和发展模式，以充分发挥森林的多种功效。

（1）重点公益林

将大江大河源头、干流、一级支流及生态环境脆弱的二级支流中的第一层山脊以内的范围，大型水库、湖泊周围和高山陡坡、山脉顶脊部位及“破坏容易、恢复难”的森林划定为重点公益林。主要包括以水源涵养林和水土保持林等为主的防护林及以国防林、母树林、种子园、风景林为主的特种用途林。对重点生态公益林区实行禁伐，禁止对所有天然林及人工林的采伐。实行重点投入，集中治理区域内的水土流失，加快治理速度，优先安排坡耕地的还林建设，以封山育林为主，人工造林、人工促进天然更新多种方式相结合，加快宜林地的造林绿化进程。重点生态公益林管护要根据森林生态系统自身的生物学特性和在维持生态平衡中的作用，建立森林生态系统管护区，采取有效措施保持生态公益林系统的自然性和完整性。积极恢复和保护现有天然林资源，强化森林生态系统自身的调节能力，努力扩大生态公益林的防护能力，充分发挥其在自然环境中的平衡作用，不断减少自然灾害的危害，促进生态系统和生活环境的良性循环，以确保国土的长治久安和水利枢纽工程的长期效能。

（2）一般公益林

集生态需求与持续经营利用于一体的生态公益林划定为一般公益林，实施一般性保护。根据可采资源状况，进行适度的经营择伐及抚育伐，以促进林木生长及提高林分质量。一般生态公益林管护要采取生物资源管护实验区的管理方式，坚持因地制宜、用地养地、丰富物种、综合治理、稳产高效的建设方针，在加强森林资源保护管理的同时，积极开展科学研究、大力发展生物资源、合理进行森林多资源的开发利用，实现林业经济社会和生态环境的可持续发展。

2. 生态公益林重点保护体系

我国西南、西北、东北及内蒙古自治区的九大重点国有林区和海南省林区的天然林资源，集中分布于大江大河的源头和重要山脉的核心地带，占我国天然林资源总量的33%左右。这些森林是长江、黄河、澜沧江、松花江等大江大河的发源地，是三江平原、松嫩平原两大粮仓和呼伦贝尔草原牧业基地的天然屏障，是三峡水利枢纽工程等水利设施的天然蓄水库，是祁连山、阿尔泰山、天山地区农牧业生产和人民生活用水的源泉，是我国野生动植物繁衍栖息的重要场所和生物多样性保护重要的基因库。由此构成了我国生态公益林重点保护体系。

（1）长江中上游保护体系建设

主要是加强长江中上游及其发源地周围和主要山脉核心地带现有天然林资源的保护，积极营造水源涵养林和水土保持林，以涵养和改善长江中上游的水文状况，减缓地表径流，护岸固坡，防止水土流失。该体系建设的重点是保护好三峡库区及其上游的原始林和生态脆弱地区的天然林资源，同时加强营造林工程建设，增加林草植被，以减轻水土流失、泥沙淤积对水利工程的危害和威胁，充分发挥三峡水利枢纽工程等水利设施的长期效能。

（2）黄河中上游保护体系建设

主要是加强黄河中上游及其发源地周围现有天然林资源的保护，积极营造水源涵养林和水土保持林，以涵养和改善黄河中上游的水文状况，缩短黄河断流时间和减少断流次数，减缓地表径流，护岸固坡，防止水土流失。该体系建设的重点是保护好小浪底工程区及其上游的原始林和生态脆弱地区的天然林资源，同时加强营造林工程建设，增加林草植被，以减轻水土流失、断流、泥沙淤积对小浪底工程的危害和威胁，充分发挥小浪底水利枢纽工程等水利设施的长期效能。

（3）澜沧江、南盘江流域保护体系建设

主要是转变国有林区森工采伐企业的生产经营方向，停止天然林资源的采伐利用，并加以恢复和保护。大力营造水源涵养林和水土保持林，以改善澜沧江、元江、南盘江等江河流域发源地的水文状况，减少水土流失，防灾减灾。

（4）秦巴山脉核心地带保护体系建设

主要是保护好分布于黄河流域及秦岭山脉核心地带和巴颜喀拉山高山峡谷地带的天然林资源，大力营造水土保持林和水源涵养林。建设重点是在各支流的上游及沟头经营水源涵养林，在干流和支流两岸及陡峭的沟坡上经营护岸固坡林，以增强林草植被的蓄水保土功能，减缓雨水冲刷，减少泥沙含量，同时涵养水源，调节水的小循环，减少黄河断流次数和缩短断流天数。

（5）三江平原农业生产基地保护体系建设

该区域的森林主要分布在黑龙江、松花江、牡丹江等江河流域两岸及其发源地和小兴安岭、张广才岭、长白山等山脉的核心地带。其经营目标是在强化现有天然林保护的同时，积极营造水源涵养林和水土保持林，以调节地表径流，固土保肥，涵养水源，防止泥石流和山洪暴发，减少自然灾害的发生，提高粮食产量。

（6）松嫩平原农田保护体系建设

主要是指松花江、嫩江冲积平原周围的生态公益林建设，以改善区域生态环境，减少水土流失，保护耕地，抵御水涝、干旱、盐碱、干热风等自然灾害，提高粮食产量。

（7）呼伦贝尔草原基地保护体系建设

主要经营目标是呼伦贝尔草原牧场的水源涵养和防风固沙。加强森林资源的保护与发展，提高林草植被覆盖率，保护草原，遏制土地沙化和荒漠化扩展，是提高和恢复土地生产力，保障该地区牧业稳产高产的一项重要措施。

（8）天山、阿尔泰山水源保护体系建设

主要经营方向是保护和营造水源涵养林、水土保持林及防风固沙林，加强生态公益林建设，保障该地区农牧业生产和人民生活用水，改善生存环境，提高生活质量。

（9）海南省热带雨林保护体系建设

经营目标是保护、恢复和发展现有的热带林，提高林分质量，同时起到防治风蚀和涵养水源的作用。保护岛屿特有基因资源，控制水土流失，提高抵御自然灾害的能力，为生态旅游和科学实验创造条件。

二、森林生态效益补偿基金

2001 年，中央财政建立森林生态效益补助基金，专项用于重点公益林的保护和管理，试点范围包括河北、辽宁等 11 个省（区）。重点生态公益林是指生态地位极为重要或生态状况极为脆弱，对国土生态安全、生物多样性保护和经济社会可持续发展具有重要作用，以提供森林生态和社会服务产品为主要经营目的的重点防护林及特种用途林。重点生态公益林一般位于江河源头、自然保护区、湿地、水库等生态地位重要的区域。2004 年，中央森林生态效益补偿基金正式建立，其补偿基金数额由 1×10^9 元增加到 2×10^9 元，补偿面积由 0.13×10^8 公顷增加到 0.26×10^8 公顷，纳入补偿的范围由 11 个省区扩大到全国。

中央补偿基金平均补助标准为每年 75 元/公顷，其中 67.5 元用于补偿性支出，7.5 元用于森林防火等公共管护支出。补偿性支出用于重点公益林专职管护人员的劳务费或林农的补偿费，以及管护区内的补植苗木费、整地费和林木抚育费；公共管护支出用于按江河源头、自然保护区、湿地、水库等区域重点公益林的森林火灾预防与扑救、林业病虫害预防与救治、森林资源的定期监测支出。

第四节 湿地保护工程

湿地是重要的国土资源和自然资源，具有多种生态功能。湿地是指不问其为天然或人工，长久或暂时之沼泽地、泥炭地或水域地带，带有或静止或流动，或为淡水、半咸水或咸水水体者，包括低潮时水深不超过 6m 的水域。此外，湿地可以包括邻接湿地的河湖沿岸、沿海区域以及湿地范围的岛屿或低潮时水深超过 6m 的水域。所有季节性或常年积水地段，包括沼泽、泥炭地、湿草甸、湖泊、河流及泛洪平原、河口三角洲、滩涂、珊瑚礁、红树林、水库、池塘、水稻田以及低潮时水深浅于 6m 的海岸带等，均属湿地范畴。湿地是自然界最富生物多样性的生态景观和人类最重要的生存环境之一。它不仅为人类的生产、生活提供多种资源，而且具有巨大的环境功能和效益，在抵御洪水、调节径流、蓄洪防旱、控制污染、调节气候、控制土壤侵蚀、促淤造陆、美化环境等方面有其他系统不可替代的作用，被誉为“地球之肾”，受到全世界范围的广泛关注。

一、全国湿地保护工程概况

（一）全国湿地保护工程背景

1. 中国湿地现状

2004年年初完成的全国首次湿地资源调查显示，我国现有湿地面积3848万ha，居亚洲第一位，世界第四位。

调查显示，我国总面积3848万ha湿地中，天然湿地和库塘湿地面积分别为3620万ha、228万ha，分别占全国湿地总面积的94%和6%。在天然湿地中，沼泽湿地、湖泊湿地、河流湿地、沿海湿地面积分别为1370万ha、835万ha、820万ha、594万ha。我国湿地的生物多样性十分丰富，仅水禽就达271种之多，是世界珍稀濒危水禽保护的重点地区。

（1）沼泽湿地。中国的沼泽主要分布于东北的三江平原、大小兴安岭、若尔盖高原及海滨、湖滨、河流沿岸等。山区多木本沼泽，平原为草本沼泽。滨海地区的芦苇沼泽，主要分布在长江以北至鸭绿江口的淤泥质海岸，集中分布在河流入海的冲积三角洲地区。我国较大湖泊周围，一般都有宽窄不等的芦苇沼泽分布。另外，无论是外流河还是内流河，在中下游河段往往有芦苇沼泽分布。

（2）湖泊湿地。中国的湖泊具有多种多样的类型并显示出不同的区域特点。根据自然条件差异和资源利用、生态治理的区域特点，中国湖泊划分为五个自然区域。东部平原地区湖泊，主要指分布于长江及淮河中下游、黄河及海河下游和大运河沿岸的大小湖泊，该区湖泊水情变化显著，生物生产力较高，人类活动影响强烈。资源利用以调蓄滞洪、供水、水产业、围垦种植和航运为主。蒙新高原地区湖泊，因本区气候干旱，湖泊蒸发量超过湖水补给量，多为咸水湖和盐湖，资源利用以盐湖矿产为主。云贵高原地区湖泊，该区湖泊换水周期长，生态系统较脆弱，资源利用以灌溉、供水、航运、水产养殖、水电能源和旅游景观为主。青藏高原地区湖泊，本区为黄河、长江水系和雅鲁藏布江的河源区，湖泊补水以冰雪融水为主，湖水入不敷出，干化现象显著，近期多处于萎缩状态，该区以咸水湖和盐湖为主，资源利用以湖泊的盐、碱等矿产开发为主。东北平原地区与山区湖泊，本区湖泊汛期（6~9 月）入湖水量为全年水量的 70% ~80%，水位高涨；冬季水位低枯，封冻期长，资源利用以灌溉、水产为主，并兼有航运、发电和观光旅游之用。

（3）河流湿地。中国流域面积在 100km^2 以上的河流有 50000 多条，流域面积在 1000km^2 以上的河流约 1500 条。因受地形、气候影响，河流在地域上的分布很不均匀。绝大多数河流分布在东部气候湿润多雨的季风区，西北内陆气候干旱少雨，河流较少，并有大面积的无流区。从大兴安岭西麓起，沿东北、西南向，经阴山、贺兰山、祁连山、巴颜喀拉山、念青唐古拉山、冈底斯山，直到中国西端的国境，为中国外流河与内陆河的分界线。分界线以东以南，都是外流河，面积约占全国总面积的 65. 2%；分界线以西以北，除额尔齐斯河流入北冰洋外，均属内陆河，面积占全国总面积的 34. 8%。

（4）浅海、滩涂湿地。中国滨海湿地主要分布于沿海的 11 个省区和港澳台地区。海域沿岸有 1500 多条大中河流入海，形成浅海滩涂生态系统、河口湾生态系统、海岸湿地生态系统、红树林生态系统、珊瑚礁生态系统、海岛生态系统等六大类 30 多个类型。滨海湿地以杭州湾为界，分成杭州湾以北和杭州湾以南的两个部分。目前对浅海滩涂湿地开发利用的主要方式有：滩涂湿地围垦、海水养殖、盐业生产和油气资源开发等。

（5）人工湿地。中国的稻田广布亚热带与热带地区，淮河以南广大地区的稻田约占全国稻田总面积的 90%。近年来北方稻区不断发展，稻田面积有所扩大。全国现有大中型水库 2903 座，蓄水总量 1805 亿 m^3。另外，人工湿地还包括渠道、塘堰、精养鱼池等。

2. 中国湿地的特点

中国湿地类型多、绝对数量大、分布广、区域差异显著、生物多样性丰富。

类型多。按照湿地公约对湿地类型的划分，31 类天然湿地和 9 类人工湿地在中国均有分布。中国湿地的主要类型包括沼泽湿地、湖泊湿地、河流湿地、河口湿地、海岸滩涂、浅海水域、水库、池塘、稻田等自然湿地和人工湿地。

面积大。中国湿地面积位居亚洲第一位，世界第四位。

分布广。在中国境内，从寒温带到热带、从沿海到内陆、从平原到高原山区都有湿地分布，而且还表现为一个地区内有多种湿地类型和一种湿地类型分布于多个地区的特点，构成了丰富多样的组合类型。

区域差异显著。中国东部地区河流湿地多，东北部地区沼泽湿地多，而西部干旱地区湿地明显偏少；长江中下游地区和青藏高原湖泊湿地多，青藏高原和西北部干旱地区又多为咸水湖和盐湖；海南岛到福建北部的沿海地区分布着独特的红树林及亚热带和热带地区人工湿地。青藏高原具有世界海拔最高的大面积高原沼泽和湖群，形成了独特的生态环境。

生物多样性丰富。中国的湿地生境类型众多，其间生长着多种多样的生物物种，不仅物种数量多，而且有很多是中国所特有，具有重大的科研价值和经济价值。据初步统计，中国湿地植被约有 101 科，其中维管束植物约有 94 科，中国湿地的高等植物中属濒危种类的有 100 多种。中国海岸带湿地生物种类约有 8200 种，其中植物 5000 种，动物 3200 种。中国的内陆湿地高等植物约 1548 种、高等动物 1500 多种。中国有淡水鱼类 770 多种或亚种，其中包括许多洄游鱼类，它们借助湿地系统提供的特殊环境产卵繁殖。中国湿地的鸟类种类繁多，在亚洲 57 种濒危鸟类中，中国湿地内就有 31 种，占 54%；全世界雁鸭类有 166 种，中国湿地就有 50 种，占 33%；全世界鹤类有 15 种，中国仅记录到的就有9种。此外，还有许多是属于跨国迁徙的鸟类。在中国湿地中，有的是世界某些鸟类唯一的越冬地或迁徙的必经之地，如：在鄱阳湖越冬的白鹤占世界总数的95%以上。

（二）全国湿地保护工程总体规划

为了实现我国湿地保护的战略目标，2003年中国国务院批准了由国家林业局等10个部门共同编制的《全国湿地保护工程规划》（2004～2030年），2004年2月由中国国家林业局正式公布。该《规划》打破了部门界限、管理界限和地域界限，明确了到2030年，我国湿地保护工作的指导原则、主要任务、建设布局和重点工程，对指导开展中长期湿地保护工作具有重要意义。《规划》明确将依靠建立部门协调机制、加强湿地立法、提高公众湿地保护意识、加强湿地综合利用、加大湿地保护投入力度、加强湿地保护国际合作和建立湿地保护科技支撑体系，保证规划各项任务的落实。

1. 总体目标

到2030年，使全国湿地保护区达到713个，国际重要湿地达到80个，使90%以上天然湿地得到有效保护。完成湿地恢复工程140.4万ha，在全国范围内建成53个国家湿地保护与合理利用示范区。建立比较完善的湿地保护、管理与合理利用的法律、政策和监测科研体系。形成较为完整的湿地区保护、管理、建设体系，使我国成为湿地保护和管理的先进国家。从2004到2010的7年间，要划建湿地自然保护区90个，投资建设湿地保护区225个，其中重点建设国家级保护区45个，建设国际重要湿地30个，油田开发湿地保护示范区4处，富营养化湖泊生物治理3处；实施干旱区水资源调配和管理工程2项，湿地恢复71.5万ha，恢复野生动物栖息地38.3万ha；建立湿地可持续利用示范区23处，实施生态移民13769人；进行科研监测体系、宣传教育体系和保护管理体系建设。

2. 建设布局和分区重点

《全国湿地保护工程规划》将全国湿地保护按地域划分为东北湿地区、黄河中下游湿地区、长江中下游湿地区、滨海湿地区、东南华南湿地区、云贵高原湿地区、西北干旱湿地区以及青藏高寒湿地区，共计8个湿地保护类型区域。根据因地制宜、分区施策的原则，充分考虑各区主要特点和湿地保护面临的主要问题，在总体布局的基础上，对不同的湿地区设置了不同的建设重点。同时，依据生态效益优先、保护与利用结合、全面规划、因地制宜等建设原则，《规划》安排了湿地保护、湿地恢复、可持续利用示范、社区建设和能力建设等5个方面的重点建设工程。

（1）东北湿地区

位于黑龙江、吉林、辽宁及内蒙古东北部，以淡水沼泽和湖泊为主，总面积约750万ha。三江平原、松嫩平原、辽河下游平原，大小兴安岭山地、长白山山地等是我国淡水沼泽的集中分布区。该区域湿地面临的主要问题是过度开垦，使天然沼泽面积减少。该区建设重点为：全面监测评估该天然湿地丧失和湿地生态系统功能变化情况；通过湿地保护与恢复及生态农业等方面的示范工程，建立湿地保护和合理利用示范区，提供东北地区湿地生态系统恢复和合理利用模式；加强森林沼泽、灌丛沼泽的保护；建立和完善该区域湿地保护区网络，加强国际重要湿地的保护。

（2）黄河中下游湿地区

包括黄河中下游地区及海河流域，主要涉及北京、天津、河北、河南、山西、陕西和山东。该区天然湿地以河流为主，伴随分布着许多沼泽、洼淀、古河道、河间带、河口三角洲等湿地。该区湿地保护的主要问题是水资源缺乏。由于上游地区的截留，河流中下游地区严重缺水，黄河中下游主河道断流严重，海河流域的很多支流已断流多年，失去了湿地的意义。该区建设重点为：加强黄河干流水资源的管理及中游地区的湿地保护，利用南水北调工程尝试性地开展湿地恢复的示范，加强该区域湿地水资源保护和合理利用。

（3）长江中下游湿地区

包括长江中下游地区及淮河流域，是我国淡水湖泊分布最集中和最具有代表性的地区，主要涉及湖北、湖南、江西、江苏、安徽、上海和浙江7省（市）。该区水资源丰富，农业开发历史悠久，为我国重要的粮、棉、油和水产基地，是一个巨大的自然—人工复合湿地生态系统。湿地保护面临的最大问题是围垦等导致天然湿地面积减少，湿地功能减弱，水质污染严重，湿地生态环境退化。该区建设重点为：通过还湖、还泽、还滩及水土保持等措施，使长江中下游湖泊、湿地的面积逐渐恢复，改善湿地生态环境状况，使该区域丰富的湿地生物多样性得到有效保护。

（4）滨海湿地区

涉及我国东南滨海的11个省（区、市），包括杭州湾以北环渤海的黄河三角洲、辽河三角洲、大沽河、莱州湾、无棣滨海、马棚口、北大港、北塘、丹东、鸭绿江口和江苏滨海的盐城、南通、连云港等湿地，杭州湾以南的钱塘江口—杭州湾、晋江口—泉州湾、珠江口河口湾和北部湾等河口与海湾湿地。该区域湿地面临的主要问题是过度利用和浅海污染等，导致赤潮频发、红树林面积下降、海洋生物栖息繁殖地减少、生物多样性降低。建设重点为：评估开发活动对湿地的潜在影响和威胁，加强珍稀野生动物及其栖息地的保护，建立候鸟研究及环保基地；建立具有良性循环和生态经济价值的湿地开发利用示范区；以生态工程为技术依托，对退化海岸湿地生态系统进行综合整治、恢复与重建；调查和评估我国的红树林资源状况，通过建立示范基地，提供不同区域红树林资源保护和合理利用模式，逐步恢复我国的红树林资源。

（5）东南和南部湿地区

包括珠江流域绝大部分、东南及其诸岛河流流域、两广诸河流域的内陆湿地，主要为河流、水库等类型湿地。面临的主要问题是湿地泥沙淤积、水质污染严重，生物多样性减少。该区建设重点为：加强水源地保护和流域综合治理，在河流源头区域及重要湿地区域开展植被保护和恢复措施，防止水土流失，加强湿地自然保护区建设。

（6）云贵高原湿地区

包括云南、贵州以及川西高山区，湿地主要分布在云南、贵州、四川省的高山与高原冰（雪）蚀湖盆、高原断陷湖盆、河谷盆地及山麓缓坡等地区。面临的主要问题是一些靠近城市的高原湖泊有机污染严重，对湿地不合理开发导致湖泊水位下降，流域缺乏综合管理，湿地生态环境退化。该区建设重点为：加强流域综合管理，保护水资源和生物多样性，进行生态恢复示范，对高原富营养化湖泊进行综合治理；通过实施宣教和培训工程，提高湿地资源及生物多样性保护公众意识。

（7）西北干旱湿地区

本区湿地可分为两个分区：一是新疆高原干旱湿地区，主要分布在天山、阿尔泰山等北疆海拔1000m以上的山间盆地和谷地及山麓平原—冲积扇缘潜水溢出地带；二是内蒙古中西部和甘肃、宁夏的干旱湿地区，主要以黄河上游河流及沿岸湿地为主。该区湿地面临的最大问题是由于干旱和上游地区的截流导致湿地大面积萎缩和干涸，原有的一些重要湿地如罗布泊、居延海等早已消失，部分地区成为“尘暴”源，荒漠干旱区的生物多样性受到严重威胁。建设重点为：加强天然湿地的保护区建设和水资源的管理与协调，采取保护和恢复措施缓解西部干旱荒漠地区由于人为及自然因素导致的湿地环境恶化、湿地面积萎缩甚至消失的趋势。

（8）青藏高寒湿地区

分布于青海省、西藏自治区和四川省西部等，地势高亢、环境独特，高原散布着无数湖泊、沼泽，其中大部分分布在海拔3500～5500m之间。我国几条著名的江河均发源于本区，长江、黄河、怒江和雅鲁藏布江等河源区都是湿地集中分布区。面临的主要问题是区域生态环境脆弱，草场退化、荒漠化严重，湿地面积萎缩，湿地生态环境退化，功能减退。由于特殊的地理位置，该区湿地保护尤其是江河源区湿地的保护涉及长江、黄河和澜沧江中下游地区甚至全国的生态安全。该区建设重点为：加强保护区建设及植被恢复等措施，保护世界独一无二的青藏高原湿地。

二、工程进展与成果

（一）湿地保护工作日趋规范化和法制化

完善的政策和法制体系是有效保护湿地及实现湿地资源可持续利用的关键。建立行之有效的湿地管理经济政策体系对保护中国湿地和促进湿地资源的合理利用具有极为重要的意义。通过建立对威胁湿地生态系统活动的限制性政策和有利于湿地资源保护活动的鼓励性政策，协调湿地保护与区域经济发展，并通过建立和完善法制体系，依法对湿地及其资源进行保护和可持续利用，才能有效地发挥湿地的综合效益。当前我国湿地保护工作正日趋规范化和法制化，主要体现在以下几个方面。

（1）评估现行政策和现有法律法规对中国湿地保护现在、未来的作用；改革现有政策中制约、阻碍湿地保护与合理利用发展的内容；及时增补、修订法律法规中的不完善内容，制定国家湿地政策。

（2）在国土资源利用的整体经济运行机制下，逐步建立完善鼓励并引导人们保护与合理利用湿地、限制破坏湿地的经济政策体系。如：湿地开发和利用中的有价补偿利用及生态恢复管理的政策；将水资源与湿地保护有效结合的经济政策；提高占用天然湿地的成本；制定天然湿地开发的经济限制政策和人工湿地整理、开发的经济扶持政策；建立鼓励社会与个人集资捐款以及全社会参与保护湿地的机制等。

（3）制定鼓励节约利用湿地自然资源和在部门发展中优先注意保护湿地生物多样性的政策，在投资、信贷、项目立项、技术帮助等方面解决政策引导问题。

（4）制定湿地保护及可持续利用的全国性专门的法律法规。以法律法规的形式确定湿地开发利用的方针、原则和行为规范，明确各级、各行业的机构权限以及管理分工，规定管理程序、对违法行为的处理方法和程序等，为从事湿地保护与合理利用的管理者、利用者等提供基本的行为准则，并将湿地、水资源的综合管理、环境规划、生物多样性保护、国土利用规划、国际公约等与湿地立法协调一致。

（5）鼓励地方立法机构根据国家制定的法律、法规，建立并完善地方性法规、规章，同时注重发挥社会各界以及当地社区的民间保护习俗、乡规民约等的综合作用。

（6）加强执法人员培训，提高执法人员的素质；对执法的技术、手段加强研究。

（7）加强执法力度，严格执法，通过法律和经济手段，制裁过度和不合理地利用湿地资源的行为，打击破坏湿地资源的违法、犯罪活动；建立联合执法和执法监督的体制。

（二）重要湿地保护与恢复工作加速进行

1. 加快湿地自然保护区建设步伐

环境治理、生态改善，保护湿地需要大量资金投入。经过 20 多年的改革发展，国家的经济实力有了明显增长，公众对生态与环境保护的意识大大提高。中国已将湿地生态保护置于国家生态安全的高度来对待，2006 年投入 5 亿资金致力于湿地保护和自然保护区基本建设，中国的湿地生态保护与恢复正面临着难得的发展机遇。

2006 年，山西省政府通过了《山西省湿地保护工程规划》，恢复重要湿地，新建一批湿地自然保护区。到2010年，山西省将划建3个湿地自然保护区，10处省级重要湿地，60处湿地保护小区、湿地公园、湿地多用途管理区，使全省受保护的湿地面积占到全省湿地总面积的30%以上。另外，再重点投资建设湿地保护区3个，国家和省级重要湿地10个，湿地公园20处。建立湿地可持续利用示范区5处，退耕还草还湿2万ha，恢复水禽栖息地0.5万ha。

经国务院批准，江苏泗洪洪泽湖湿地自然保护区成为我国新建的22处国家级自然保护区之一，也是迄今为止全省唯一升格为“国家级”的淡水湿地自然保护区。洪泽湖湿地自然保护区位于泗洪县境内，总面积近5万ha，一直是整个洪泽湖地区湿地生态系统保存最为完整的区域。目前还是全省最大的淡水湿地型自然生态保护区。

到2006年年初，内蒙古已有33块湿地建立了湿地自然保护区，面积约244.8万ha，约占全区湿地面积的57.7%。目前，国家拨款4111万元在内蒙古进行4个湿地自然保护区项目的一期工程建设，总体上，湿地面积减少、功能下降的趋势正得到逐步控制。

在黑龙江，总投资达到3.3亿元的三江平原湿地保护项目于2006年年初正式启动。三江平原的156万ha湿地被列为全球性重要湿地，是全国最大的淡水湿地分布区。该湿地保护项目是湿地和森林资源可持续利用、促进生态与经济和谐发展的系统工程。该保护项目的总体目标是在13个市县和6个国家级、省级自然保护区实施流域管理。项目将利用亚洲开发行贷款营造速生丰产林84万亩；利用全球环境基金赠款在6个保护区开展水资源管理、自然保护区管理、替代生计示范、能力建设等项目，全面提高湿地保护区管护能力。

2. 湿地恢复与人工湿地建设工作普遍展开

2006年，黄河三角洲完成了大型湿地保护工程——大汶流十万亩湿地恢复工程。黄河三角洲大汶流10万亩湿地恢复工程总投资2000

万元，共动用土方 483 万立方米，建成 47km 防潮堤坝和一批引水泄水设施。湿地恢复工程的实施，使大汶流管理站辖区淡水湿地达到 15 万亩。黄河三角洲湿地是世界上暖温带保存最完整、最年轻的湿地生态系统，上世纪 90 年代以来，由于黄河来水来沙大量减少，有的年份甚至长时间断流，河口失去了淡水的滋润，使河口地区湿地及近海自然生态发生恶化，受淡水影响的湿生植被逐渐萎缩。山东省东营市对黄河三角洲湿地生态系统采取了持续的保护和挽救措施。自 1999 年水利部门对黄河水量进行统一调度以来，黄河已连续 7 年不断流。东营市多方筹集资金恢复黄河三角洲湿地，通过各项工程措施将黄河水引入自然保护区，使湿地生态系统得到一定程度的恢复。目前，保护区内野生植物达 393 种，鸟类数量增加到 283 种。

近几年，鄱阳湖湿地保护区“人鸟争食”现象严重，面积、功能和效益不断退化，保护难的问题凸显了出来。鄱阳湖是世界上最大的珍稀濒危迁徙水禽白鹤、东方白鹳和白琵鹭的越冬栖息地。但鄱阳湖保护区内一些县招商引资种植杨树，不仅破坏了湿地，还影响到越冬候鸟的栖息环境。另外，当地农民对湿地资源有较强的依赖性，大肆捕鱼，围湖建房、造田等情况严重。为此，国家拟定启动 50 亿元资金用于鄱阳湖的保护和开发，部分资金给予当地农民退田还湖补偿，准备把该湖建成江西的“三江源自然保护区”，集湿地保护、观光旅游和教育与科研等于一体。

2006 年，中国湖泊治理规模最大的人工湿地——云南九溪人工湿地一期工程开工建设。整个工程结束后日均处理污水将达到 20 万吨，届时，那些散发臭味的污水经过湿地循环处理将变成清澈的流水。玉溪境内的抚仙湖是全国第二大深水湖，星云湖是抚仙湖的上游湖泊，每年下泄水量约 3000 万方。现在，星云湖水质为 V 类，其下泄水量对 I 类水质的抚仙湖产生了严重威胁。为了尽早改变这种状况，玉溪市决定实施抚仙湖、星云湖综合治理出流改道工程。工程分为两个阶段：一期主要建设引水渠系工程、旁通泄水道工程和九溪人工湿地，二期扩大人工湿地引水规模。九溪人工湿地选址江川县九溪镇，总投资估算5795.17万元，计划工期60天。一期建设工程占地面积约272亩，建成13万m^2人工湿地，种植211.32亩植物，水处理规模为每天10万吨。二期工程占地183.83亩，水处理量也将达到每天10万吨。按照规划，整个工程完成后，将达到地表水III类水要求，最终实现保护抚仙湖，稀释星云湖污染水质，逐步改善其水环境，合理配置和补充玉溪市水资源的目的。

（三）城市湿地保护与建设备受关注

城市生态系统不完备和脆弱性的特点突出，随着社会经济快速发展，城市居民对生活质量的要求不断提高，湿地作为城市生态的“绿肾”，其生态、社会以及经济价值日益受到城市居民以及管理者的广泛重视。随着全国湿地保护工程的展开，中国城市湿地公园的保护和利用也将步入规范化时代。2005年，两部关于城市湿地管理与保护的规范性文件相继出台。

2005年2月，为加强城市湿地公园的保护和管理，维护生态平衡，营造优美舒适的人居环境，推动城市可持续发展，国家建设部颁布了《国家城市湿地公园管理办法（试行）》，对城市湿地公园的建设条件、程序、规划、保护、利用等作出明确规定，使城市湿地公园的管理有章可循。

2005年5月，《中国城市湿地公园保护纲要》在常熟形成，它是一部标志着中国城市湿地公园保护里程碑式的文件。《中国城市湿地公园保护纲要》的指导思想是以维护湿地系统生态平衡，保护湿地功能和生物多样性，促进城市可持续发展，实现人与自然的和谐为出发点，坚持“重在保护、生态优先、合理利用、良性发展”的方针，充分发挥湿地在改善城市生态环境、休闲、科学研究和科普教育等方面的效益。

第五节　草地保护工程

一、中国草地概况

（一）中国草地资源现状

1. 面积及分布

中国是草地资源大国，根据2011年中国环境状况公报，全国拥有各类天然草原近4亿ha，占国土总面积的41.7%，是全国面积最大的陆地生态系统和生态安全屏障。内蒙古、新疆、青海、西藏、四川、甘肃、云南、宁夏、河北、山西、黑龙江、吉林、辽宁等13个牧区省（自治区）共有草原面积3.37亿公顷，占全国草原总面积的85.8%；其他省份有草原面积0.56亿公顷，占全国草原总面积的14.2%。

中国天然草原主要分布于年降水量少于400mm的干旱、半干旱地区及东北西部和南方草山草坡区。全国草地的84.4%分布在西部，面积约3.31亿ha，牧区有草原19315.9万ha，半农半牧区有草原5852.6万ha，农区和林区有草原12114.8万ha，湖滨、河滩、海岸带有草地2000万ha，分别占全国草原总面积的49.2%、14.9%和30.8%、5.1%。北方草地近3亿ha，按行政区划以西藏自治区草地面积最大，达8200万ha，占本区土地总面积的68.1%，可利用草地面积7000万ha，占全国草地可利用面积的21.4%，人均占有30.1ha；其次是内蒙古自治区，草地面积7800万ha，占本区土地总面积的68.8%，可利用草地面积为6300万ha，占全国可利用草地面积的19.21%，人均占有2.84ha；第三位是新疆维吾尔自治区，草地面积5700万ha，占本区土地总面积的34.68%，可利用草地面积4800万

ha，占全国可利用草地面积的 14.51%，人均占有 2.93ha。草地面积在 1500 万 ha 以上的省、区尚有青海省、四川省、甘肃省和云南省。

中国草地类型分为 18 大类 38 亚类；牧草品种资源有天然饲用植物 1.5 万种，其中有详细记载的 6700 多种，草地类型之多和牧草品种资源之丰富都居世界首位。不同牧草能适应在各种严酷环境气候条件下繁育，是开发生物工程技术的宝贵基因库。同时，草地上还分布有丰富的野生经济植物、珍稀的野生动物、优良家畜品种和风能、太阳能以及自然风景，还有奇特的地质地貌景观资源和历史文化遗产、民族风情等旅游资源，以及丰富的矿藏和水资源，用以发展高科技高效益的综合经济潜力极大。20 世纪 80 年代以来，我国在草地管理和建设上建立了草地资源调查与动态监测、草地管护、草地立法、草地承包经营、牧草种子繁育与检验、飞播牧草、草地植保、草地类自然保护区、草地科研与教育、草业系统工程示范网等十大基础体系，为草地资源大规模开发打下了基础。

2. 草地面临的压力及其退化情况

由于社会历史的原因，中国草地可利用面积比例较低，优良草地面积小，草地品质偏低；天然草地面积大，人工草地比例过小；天然草地的面积逐步减少，质量不断下降；草地载畜力下降，普遍超载过牧，草地三化（退化、沙化、碱化）面积不断扩展。我国目前草地资源管理和开发建设的水平比发达国家落后半个世纪以上。

近年来，由于对草地的掠夺式开发，乱开滥垦、过度樵采和长期超载过牧，草地面积逐年缩小，草地质量逐渐下降。由于草地植被盖度降低，涵养水源、保持水土的能力减弱。根据 2003 年中国环境状况公报，中国 90% 的可利用天然草原有不同程度的退化，其中中度退化以上草地面积已占半数，严重退化草原近 1.8 亿 ha。全国退化草地的面积以每年 200 万 ha 的速度扩张，天然草原面积每年减少 65～70 万 ha，天然植物产草量近 30 年来下降 30%～50%。草原生态环境局部改善，整体恶化的趋势尚未得到扭转，草原质量不断下降。

由于不合理的利用，草原生态系统遭到了严重破坏，西北地区沙漠逐渐扩展，荒漠化日益严重，沙尘暴频繁发生。20 世纪 80 年代以来，北方主要草原分布区产草量平均下降幅度为 17.6%，下降幅度最大的荒漠草原达 40% 左右，典型草原的下降幅度在 20% 左右。产草量下降幅度较大的省区主要是内蒙古、宁夏、新疆、青海和甘肃，分别达 27.6%、25.3%、24.4%、24.6%、20.2%。

由于草地的生态平衡被破坏，2000 年，新疆、内蒙古、青海、甘肃、四川、陕西、宁夏、河北、辽宁、吉林、黑龙江、山西等十二省（自治区）普遍发生了草地鼠害和虫害，受影响的草地总面积为 4266.7 万 ha，其中，虫害面积为 1466.7 万 ha，鼠害面积为 2800 万 ha。2001 年，内蒙古地区的草地普遍遭受了严重的旱灾，大面积草原没有了植被而只剩下黄沙。草地退化、沙化、碱化还加重了全国性的风沙危害、水土流失、土地荒漠化的扩展，导致黄河断流、长江水患加深、沙尘暴愈演愈烈。50 年来，我国每年平均草地建设投入不到 0.45 元/ha，因而天然草地畜产品单位产量低，百亩草地产肉量只 25.5kg，产奶 26.8kg，毛 3kg，仅为相同气候带下美国的 1/27，新西兰的 1/82。草地是可更新资源，在管理失误下可以由好变坏，而在科学管理下也可以由坏变好。我国多年来在内蒙古、新疆、湖北、贵州等地的试点实践证明，大力加强草地科学管理、兴建人工草地，运用现代科技手段（包括信息技术和生物工程技术）发展知识密集型草业综合产业，完全能够在较短时间内使草地生产力赶上世界发达国家同类草地的生产水平，为西部生态环境建设起到重要作用。

（二）草地保护的重要意义

1. 草地具有维护生态环境的重要功能

草地面积大，分布范围广，生态幅度宽，具有多种植被类型，广布于平原和山地，即使在森林区也有草地共存，形成林中有草、无林有草格局，对环境保护更具广泛性。

草地的地面覆盖及其远大于地面植被数量的由细根组成的庞大根系，在水土保持、涵养水源方面具有特殊作用。草地涵养水源的能力是森林的0.5～3倍，固沙保土能力是森林的2～4倍。据西北水土保持所试验测定，草地拦蓄地表径流能力比森林高58.8%，减少含沙量能力比森林高88.5%。生长茂密的草地可减少坡面泥沙量的80%～90%。由此，草地对水源涵养与土壤保持功能较大，对于西部地区生态环境，尤其是对西北部干旱区环境水源涵养更具重要作用。以新疆为例，境内自产$794\times10^8m^3$地表径流量，全部形成于山地。而在山地植被中森林面积仅占2.43%，草地面积占97.57%，是新疆的主要水源涵养地，对处于干旱区核心生态要素地位的水资源具有最为重要的保护作用。加强山区草地保护势在必行。

草地植被具有降低地面风速和防风固沙功能。中国科学院兰州沙漠研究所在宁夏盐池县高沙窝测定，当裸地2m以上的空中风速为5.8m/s时，近地面5cm处风速下降至41%，地面蚀积量是$-422.6kg/667m^2$；而在茬高10～20cm的谷、草地上，当2m以上的空中风速为4.9m/s时，近地面5cm处风速下降至23%，地面蚀积量是$+255.3kg/667m^2$。中国科学院新疆地理研究所测定，当旷野距地面1m风速为6.3m/s时，骆驼刺草地距地面1m处风速仅为1.95m。草地对防风固沙和防止沙尘暴具有重要作用。

草地植被能吸收噪音，大幅度削弱噪音强度和具有净化空气、释放氧气的功效。茂密草地滞留尘土的能力比裸地高70倍，减尘作用很大。草地能减轻和消除一些有害气体的污染与危害。人工种草还可以增加土壤肥力，改善生态环境。

2. 天然草地过牧退化严重影响生态环境

随着社会经济发展，人口剧增，自然资源过度消耗，环境变坏，生态失衡，土地荒漠化日益严重，人类生存环境已成为当今世界关注的焦点。尽管国内外不同地区差异明显，但除澳大利亚以外，土地荒漠化都直接与农业活动有关。从全球看，土地退化的第一因素是过度放牧，第二是毁林，第三是滥垦与耕作措施不当，第四是干旱地区水蚀影响。我国三化（退化、沙化和盐碱化）草地面积已占全国草地总面积的50%以上（新疆草地已有85%以上、内蒙古草地已有80%出现不同程度退化），而且仍以每年200万ha的速度发展。若不采取重大措施进行有效治理，对生态环境的破坏将会越来越严重。

退化草地首先以地表生物量减少，覆盖度下降，草层变矮，地表枯枝落叶层减少，生草土层受到损害或毒害草增加为特征。随着退化程度加剧，会出现种群成分变化，发生群落结构改变，一年生杂草类数量增加，地表重度践踏，土壤结构进一步受到破坏。草被根系弱化，保土固沙能力降低，地表风蚀、水蚀侵害状况明显并日益严重。草地退化的后果是屏障作用破坏，生态灾害发生。一方面由于防止水土流失能力下降，天然草地遇到降水和积雪融化，地表水加快汇集增量下泄，泥沙含量增加，造成洪水灾害频繁、加剧。1999年长江流域发生的特大洪灾，主要原因是降水量大，但也与长江源头及上游地区草地植被退化，蓄水能力下降，水土流失严重有关。长江、黄河中上游流域面积$251.6\times10^4km^2$，其中草地面积$112.2\times10^4km^2$，占流域总面积的43.79%。天然草地植被退化程度决定了长江流域水土流失状况，对长江洪灾和黄河断流都具有重大影响。另一方面又因地表覆盖减少，地表践踏破坏造成起沙面积扩大，沙源数量增加，沙漠化速度加快，使天然草地防止沙尘暴的作用不断减弱。我国日趋严重的荒漠化，愈来愈频繁的沙尘暴以及洪水灾害加剧，蝗灾严重，都与草地退化有一定关系。新疆准噶尔盆地的古尔班通古特沙漠是作为冬场利用的，以白梭梭（*Haloxylon pesicum*）、沙蒿（*Artemisia arenaria*）、羽状三芒草（*Aristida pennata*）等荒漠植物为主的固定半固定沙丘区域，流动沙丘面积仅占3%。由于牲畜长期啃食与践踏，沙丘活化面积已增加到21%，流动沙丘面积达$9000km^2$。

近几十年来我国沙尘暴发生频繁，强度不断加剧，周期缩短，范围扩大。据统计，在全国范围内造成重大经济损失的特大沙尘暴在20世纪50年代发生过5次，60年代8次，70年代13次，到90年代激增到25次，并且涉及的范围越来越广，造成的损失愈来愈大。1993年5月5日席卷甘肃河西走廊东部、内蒙古西南部、宁夏北部的强沙尘暴造成的直接经济损失达5.4亿元。2002年3月18日傍晚到22日发生的特大沙尘暴席卷我国北方140万 km^2，新疆东部、内蒙古大部、甘肃西北部和中部、陕西北部、宁夏、河北北部、京津地区和东北南部出现了强沙尘暴天气；长江以北几乎所有地区都不同程度遭受了沙尘天气的影响，上海天气能见度下降70%。同时在21日席卷朝、韩、日三国，韩国数千所学校和幼稚园被迫关闭，70个航班被取消，对日本居民出行造成很大困难。另据日本《朝日新闻》4月9日报道：此次沙尘暴在10天后吹到美国西海岸，日本九州大学应用力学研究所和东京大学气候体系研究中心共同研究后宣布在日本观测到的黄沙的1/5到达了美国西海岸。我国草地大面积退化，尤其是新疆、内蒙古、宁夏、甘肃等西部干旱区草地严重退化，生态环境恶化是导致沙尘暴危害频繁发生的主要原因之一。

3. 草地保护对我国西部发展意义重大

生态环境的保护和建设是实施西部地区大开发的根本。只有大力改善生态环境，西部地区的丰富资源才能得到很好的开发和利用，也才能改善投资环境，引进资金、技术和人才，加快西部发展步伐。

西部地区12个省区市草地毛面积33 144.23 $\times 10^4$ha，占西部地区国土面积674.89 $\times 10^4 km^2$ 的49.11%。全国87%的少数民族，84%的草地，50%的畜牧在西部，牲畜业总产值占全国牧畜业总产值的28%，占西部农村经济社会总产值的22%，高于工业、低于种植业，位居第二，占牧区农业总产值的85%。西部已成为中国主要的草地畜牧业生产基地之一。发展畜牧业，对于维护生态平衡和保持良好的生存环境、保护利用草场资源、退耕还林还牧、再造秀美山川、振兴国民经济、促进民族地区发展、加快脱贫致富、缩小东西部差距均有不可替代的作用。由于西部草地自然条件恶劣、水肥资源不足、生态环境脆弱、生产力极其落后，而其主要原因则是草地灾害严重，草场退化强烈，严重影响着畜牧业经济的可持续发展。因此，增强草地抗灾及防灾能力，提高畜牧业生产水平，采取有效措施控制草地灾害的发生，对于逐步改善西部的生态环境和可持续发展具有十分重要的战略意义。

二、草地保护工程与相关规划

2000 年以来，全国先后启动了“京津风沙源治理”“天然草原保护工程”“退牧还草工程”“牧草种子基地建设”等项目和工程投资草原建设与保护经费达 37. 5 亿元。国家资金的大量投入，使全国各地草原保护与建设明显加快，局部生态环境恶化的趋势得到初步遏制。到 2003 年年底，内蒙古自治区全区草原禁牧、休牧面积分别达 1246 万 ha 和 1086 万 ha，实行划区轮牧面积达 457. 8 万 ha。

（一）相关规划与政策法规

“十五”生态建设和环境保护重点专项规划提出以草原保护为重点任务之一，带动我国生态建设和环境保护的全面展开。以北方牧区及青藏高原为重点的草原保护和建设，以内蒙古呼伦贝尔、锡林郭勒、鄂尔多斯，青海环湖、青南，甘肃甘南，西藏北部，四川甘孜、阿坝，新疆天山、阿勒泰等草原地区为重点，采取人工种草（灌）、飞播种草（灌）、围栏封育、划区轮牧和草地鼠虫害防治等措施，治理“三化”草地。建设节水灌溉配套设施，建立饲草饲料基地和牧草良种繁育体系，变草地粗放经营为集约经营。全面落实《草原法》和草地分户有偿承包责任制，调动广大牧民保护、建设和合理利用草场的积极性。建立草地动态监测体系和草原执法监理体系，切实禁止发菜采挖和贸易，制止毁草开荒，滥挖甘草、麻黄草等破坏植被的行为。同时，搞好南方草山、草坡的保护与建设。通过草地保护、建设和管理，提高牧业生产水平，实现草畜平衡和草场永续利用。

农业部根据《全国生态环境建设规划》编制了《全国草地生态环境建设规划》《西部天然草原植被恢复建设规划》和《全国已垦草原退耕还草规划》。“九五”期间，国家大力进行了草地建设和保护，每年人工种草、改良草场、飞播牧草近300万ha，围栏封育60多万ha。

2000年6月14日，国务院发布《关于禁止采集和销售发菜 制止滥挖甘草和麻黄草等有关问题的通知》。国家环境保护总局、监察部和农业部联合对宁夏、广东两省区进行了重点检查。

（二）退牧还草工程

1. 退牧还草工程概况

为了遏制我国由于长期过牧导致的草地退化势头，推进西部大开发，改善牧区生态环境，促进草原畜牧业和经济社会全面协调可持续发展，2002年，国家投资12亿元，在内蒙古、新疆、青海、甘肃、四川、宁夏、云南等省区和新疆生产建设兵团的96个重点县（旗、团场）启动了退牧还草工程。

退牧还草工程的目标原则是：（1）退牧还草工程是指通过围栏建设、补播改良以及禁牧、休牧、划区轮牧等措施，恢复草原植被，改善草原生态，提高草原生产力，促进草原生态与畜牧业协调发展而实施的一项草原基本建设工程项目。（2）各级农牧行政主管部门和工程项目建设单位应当加强草原资源保护利用及监督管理。通过工程项目的实施，进一步完善项目区草原家庭承包责任制，建立基本草原保护、草畜平衡和禁牧休牧轮牧制度；适时开展草原资源和工程效益的动态监测；搞好技术服务，积极开展饲草料贮备、畜种改良和畜群结构调整，提高出栏率和商品率，引导农牧民实现生产方式的转变；稳定和促进农牧民增加收入，使工程达到退得下、禁得住，恢复植被，改善生态的目标。（3）工程实施应坚持统筹规划，分类指导，先易后难，稳步推进。在生态脆弱区和草原退化严重的地区实行禁牧，中度和轻度退化区实行休牧，植被较好的草原实行划区轮牧；坚持依靠科技进步，提高禁牧休牧、划区轮牧、舍饲圈养的科技含量。推广普及牲畜舍饲圈养的先进适用技术，加快草原畜牧业生产方式的转变；坚持以县（市、旗、团场）为单位确定禁牧和休牧的区域，以村为基本建设单元，集中连片，形成规模；坚持以生态效益为主，经济效益和社会效益相结合。统筹人与自然的和谐发展，实现草原植被恢复与产业开发、农牧民增收的有机统一，促进经济社会全面协调可持续发展。（4）根据国务院西部办、国家发展与改革委、农业部、财政部、国家粮食局联合下发的《关于下达 2003 年退牧还草任务的通知》（国西办农［2003］8 号）的规定“退牧还草工程项目实行目标、任务、资金、粮食、责任落实到省，由省级人民政府对工程负总责”“各省区应将工程建设的目标、任务、责任分别落实到市、县、乡各级人民政府，建立地方各级政府责任制”。县级农牧部门负责具体实施。

退牧还草工程 2003 年开始实施，工程实施的目的是让退化的草原得到基本恢复，天然草场得到休养生息，从而达到草畜平衡，实现草原资源的永续利用，建立起与畜牧业可持续发展相适应的草原生态系统。

2. 退牧还草工程进展

退牧还草工程是指通过围栏建设、补播改良以及禁牧、休牧、划区轮牧等措施，恢复草原植被，改善草原生态，提高草原生产力，促进草原生态与畜牧业协调发展而实施的一项草原基本建设工程项目。据了解，截至 7 月底，2003 年退牧还草工程建设任务已经全面完成；2004 年工程建设任务到 8 月底可全面完成。

退牧还草工程自 2003 年实施以来，国家已投入中央资金 42.2 亿元，安排建设任务2.9亿亩。到2005年，退牧还草工程成效显著：宁夏已经累计退牧还草900多万亩，极大地改善了项目区的草原植被覆盖率和产草量，草原沙化趋势得到一定的遏制，干草原、荒漠草原、草原化荒漠的植被覆盖度分别增加了50%、20%、25%；内蒙古项目区草地平均覆盖率由禁牧、休牧以前的6%~30%提高到8%~42%，多数地区提高10个百分点以上，鄂尔多斯市可达到30个百分点；四川省项目区草原植被覆盖率从45%提高到58%，平均每亩年减少水土流失190kg，工程区内地上生物量比工程区外每亩增加近61kg；新疆阿勒泰地区荒漠草原植被覆盖度平均提高1.7个百分点，亩产鲜草提高2.4kg；甘肃禁牧区植被覆盖率平均提高5%~10%，休牧区平均提高5%~7%，牧草绝对高度平均提高10cm以上。

2005年7月，国务院西部办、国家发改委、农业部和国家粮食局等部门对退牧还草工程进行了联合检查。从检查结果看，工程建设进展顺利，工程质量符合设计要求，达到了预期的效果，取得了显著生态、经济和社会效益：项目区草原植被得到明显恢复，草原生态环境持续恶化的势头得到初步遏制；促进了草原畜牧业生产方式的转变，畜牧业综合生产能力明显提高；农牧民的生态保护和可持续发展意识明显增强，保护草原和参与工程建设的积极性显著提高。

3. 退牧还草工程经验及要求

退牧还草工程实施以来积累了丰富的经验：必须坚持生态优先的原则，促进草原生态建设与牧区经济社会的协调发展；必须坚持以人为本，充分调动广大农牧民参与工程建设的积极性；必须完善管理机制，不断提高工程建设的质量和效益；必须转变草原畜牧业生产方式，实现草原资源的永续利用；必须依靠科技进步，提高工程建设的科技含量；必须大力发展后续产业，巩固工程建设成果；必须加强组织领导，为工程实施提供强有力的组织保障。

为使退牧还草工程继续扎实深入实施，今后要进一步加强对实施退牧还草工程的组织领导。主要是切实加强工程的组织实施和监督管理，扎实做好项目前期工作，严格执行各项管理制度，加快工程建设进度，加强工程的监督检查，抓好工程竣工验收和后期管护工作；要严格实行各项草原保护制度，继续落实和完善草原家庭承包制，实行基本草原保护制度、草畜平衡制度、禁牧休牧轮牧制度，加大草原鼠虫害的防治力度；积极扶持和促进后续产业发展，在改善草原生态环境的同时，还要切实解决牧区经济发展和农牧民增收的问题，进一步加强对退牧还草工程的宣传，为退牧还草工程的实施创造良好的舆论氛围和社会环境。

（三）重大草地保护工程

2000 年，国家投资 2 亿元，在内蒙古、新疆等西部省区建立了 30 个天然草原植被保护与建设工程试点项目；国家投资 4 亿元在西部和北方省区建立了 5 个旱生牧草驯化及原种基地，18 个牧草种子繁育基地；国家投资 7 亿元建设环北京地区防沙治沙工程，包括造林、种草和水土保持。

2002 年，中央西部国债投资 8 亿元，用于天然草原植被恢复、草原围栏和牧草种子生产繁育基地建设。完成草原围栏 80. 8 万 ha，建设 29 万 ha 天然草原和 11 个草种基地。通过建设，项目区草原植被覆盖率普遍比建设前提高 10 ~ 20 个百分点，草原生产力明显提高，亩产草量普遍增加 100kg 左右。有效遏制了草原退化、减少了水土流失、提高了草原蓄水能力，项目区内草原原生态功能得到恢复和增强。

2003 年，重点实施了西部牧区天然草原退牧还草、天然草原植被恢复与建设等重大项目。中央西部国债投资 17. 5 亿元。其中，天然草原植被恢复建设 3 亿元，牧草种子生产繁育基地建设 2 亿元，退牧还草工程项目 12. 5 亿元。建成人工饲草料基地 99. 75 万亩，围栏改良 215. 52 万亩，棚圈 18. 635 万 m^2，鼠虫害治理 25. 2 万亩，种子扩繁田 21. 96 万亩，完成禁牧休牧围栏 1 亿亩。项目区的草原植被覆盖度普遍比建设前提高10～15个百分点，亩产草量普遍增加100kg左右，有效减少了水土流失。据四川省项目区测定，每亩减少水土流失190kg。

第六节　生态保护与恢复重大生态建设工程

林业是生态建设的主体，早在1978年，国务院决定在我国的西北、华北北部、东北西北部风沙和水土流失严重的地区建设防护林体系，即“三北”防护林体系。1986年，林业部（现国家林业局）又提出绿化太行山工程、沿海防护林体系工程、长江中上游防护林体系工程等十大林业生态工程。1998年11月，国务院通过《全国生态环境建设规划》。该规划将天然林等自然资源保护、植树种草、水土保持、防治荒漠化、草原建设、生态农业等均纳入生态环境建设的范畴；将全国生态环境建设分为八个类型区，将黄河上中游地区、长江上中游地区、风沙区和草原区作为1999～2010年生态建设的重点区域，并为重点区域制定了优先建设水土流失综合治理工程（表3－1）（张力小，2011）。

表3－1　《全国生态环境建设规划》重点区域与重点工程①

重点区域		重点工程
名称	范　围	
黄河上中游地区	晋、陕、蒙、甘、宁、青、豫的大部或部分地区	以黄土高原地区为重点，优先建设天然林保护工程、水土流失综合治理工程、重点水土流失区林业与草地治理工程、节水灌溉工程、以旱作农业为主的生态农业建设工程等。
长江上中游地区	嘉陵江、云南金沙江流域，洞庭湖、鄱阳湖、川西和三峡库区	优先建设水土流失综合治理工程，实施天然林资源保护工程，加快天然林区森工企业转产，停止天然林砍伐，大力开展营林造林，建设生态农业工程，推广水土保持耕作技术。

① 国务院，《国务院关于生态环境建设规划的通知》，1998。

续表

重点区域		重点工程
名称	范　围	
风沙区	东北西部、华北北部、西北大部干旱地区	与提高农牧业生产水平相结合，增加风沙区林草植被，生物措施、工程措施和农艺措施综合配套，优先建设“三北”防护林工程、防治荒漠化工程、水土流失综合治理工程、生态农业建设工程等。
草原区	蒙、新、青、川、甘、藏等地区，总面积约4亿公顷	优先建设内蒙古呼伦贝尔、锡林郭勒、鄂尔多斯，青海环湖、青南，甘肃甘南，四川甘孜、阿坝，新疆天山等重点地区的“三化”草地治理工程和草地鼠害防治工程等。

2000年12月，国务院印发了《全国生态环境保护纲要》，提出：到2030年，全国50%的县（市、区）实现秀美山川、自然生态系统良性循环，30%以上的城市达到生态城市和园林城市标准；到2050年，力争全国生态、环境得到全面改善，实现城乡环境清洁和自然生态系统良性循环，全国大部分地区实现秀美山川的宏伟目标[①]。

在《全国生态环境建设规划》和《全国生态环境保护纲要》的指导下，我国生态建设进入了一个全新的发展阶段，开展了一系列生态环境建设重点工程（表3－2）：首先国家林业局将原有的17项建设工程进行了系统整合，确立了林业六大重点工程（表3－3），并被整体纳入了“十五”国民经济和社会发展计划（黄清，2003）；水利部继续重点实施长江和黄河上中游在内的水土流失综合防治试点工程，农业部在继续完成退牧/耕还草以及草原生态建设，协调林业局和水利部完成林业生态建设及水土保持生态建设的同时，将生态建设与农业资源保护、面源污染治理相结合，在全国范围内开展了生态农业建设工程（傅玉祥，梁书升，2006）。2006年国家“十一五”规划纲要中列入国家经济和社会发展计划的重点工程有：天然林资源保护工程、防护林体系建设工程、湿地保护与修复工程、退耕还林还草工

① 国务院，《全国生态环境保护纲要》，2000。

程、退牧还草工程、野生动植物保护及自然保护区建设工程、京津风沙源治理工程、青海三江源自然保护区生态保护和建设工程、水土保持工程、石漠化地区综合治理工程（张力小，2011）。

表 3－2　各主要部门生态工程建设情况

部门名称	重点工程
林业局	“六大重点工程”：天然林资源保护工程、退耕还林工程、京津风沙源治理工程、“三北”及长江中下游地区重点防护林工程、野生动植物保护及自然保护区建设工程、重点地区速生丰产用材林基地建设工程。
水利部	黄河流域水土保持工程、长江流域水土保持工程、地方国债水土保持重点工程、晋陕蒙砒沙岩区沙棘生态工程，并逐步启动了首都水资源水土保持项目、黄土高原淤地坝、珠江上游石灰岩地区和东北黑土区水土流失综合防治试点工程（朱尔明，2006）。
农业部	协助国家林业局、水利部完成林业生态建设和水土保持生态建设的同时，退牧还草、草原建设、生态农业建设。

表 3－3　国家林业局六大生态工程汇总[①]

工程名称		建设期限	建设任务（万亩）	规划投入（亿元）
天然林资源保护工程		2000～2010	19097	968
“三北”、长江等防护林体系	三北防护林体系四期工程	2000～2010	14250	354
	长江防护林体系二期工程	2000～2010	10316	180
	沿海防护林体系建设二期工程	2000～2010	2040	39
	珠江防护林体系建设二期工程	2000～2010	3419	53
	太行山绿化二期工程	2000～2010	2194	36
	平原绿化二期工程	2000～2010	624	12
退耕还林		2000～2010	48000	3550
京津风沙源治理工程		2000～2010	11360	369
野生动植物保护工程		2000～2030	—	1356
重点地区速生丰产用材林建设工程		2000～2015	9270	10725

① 中国可持续发展林业战略研究项目组，2003。

中国的生态建设工程已经取得了巨大的成绩，举世瞩目。对于各项生态建设工程的综合生态效益，可以从森林面积、森林蓄积、森林覆盖率等参数了解。根据国家林业局历次森林资源清查结果（表3－4），可以看出：自1978年改革开放以来，我国的森林面积、森林蓄积和森林覆盖率一直持续上升，森林覆盖率由第二次森林资源清查的12%上升到了第七次森林资源清查的20.36%。

表3－4　历次森林资源清查结果主要指标

清查期	森林面积（万公顷）	森林蓄积（万立方米）	森林覆盖率（%）
第一次（1973～1976）	12186.00	865579.00	12.7
第二次（1977～1981）	11527.74	902795.33	12.0
第三次（1984～1988）	12465.28	914107.64	12.98
第四次（1989～1993）	13370.35	1013700.00	13.92
第五次（1994～1998）	15894.09	1126659.14	16.55
第六次（1999～2003）	17490.92	1245584.58	18.21
第七次（2004～2008）	19545.22	1372100.00	20.36

资料来源：国家林业局。

第七节　生态保护地体系建设

我国初步构建了生态保护地体系，已建立各类自然保护区、风景名胜区、森林公园、地质公园、自然文化遗产等多种类型的自然保护地（图3－1）。这些区域对于保障全国及区域的生态安全发挥核心作用。

（1）自然保护区

根据《中华人民共和国自然保护区管理条例》，自然保护区是指对有代表性的自然生态系统、珍稀濒危野生动植物物种的天然集中分布区，有特殊意义的自然遗迹等保护对象所在的陆地、陆地水体或者海域，依法划出一定面积予以特殊保护和管理的区域。根据保护对象的差异，可分为生态系统、野生生物和自然遗迹三种类型。

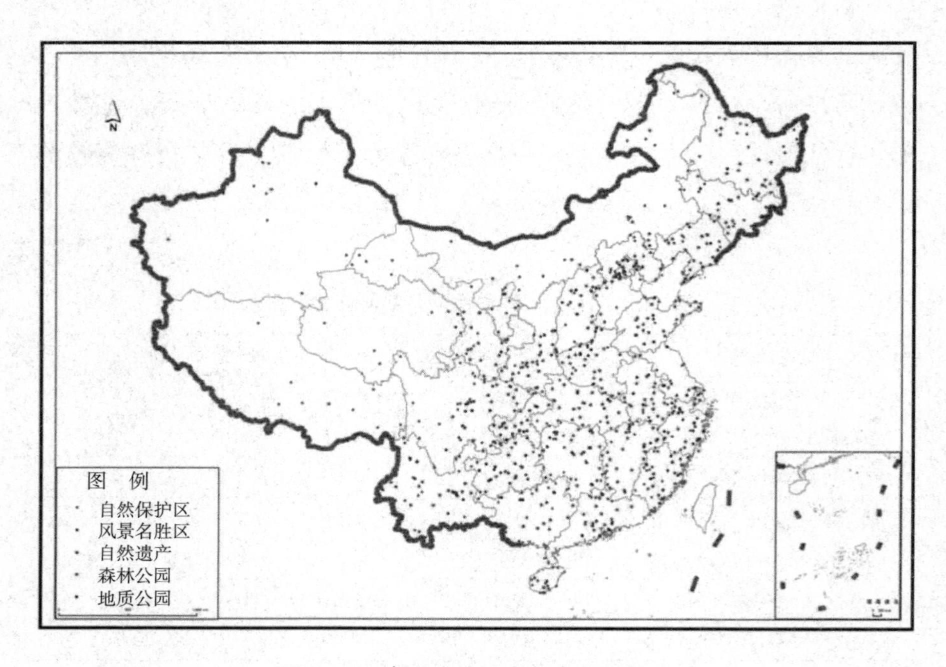

图 3－1　我国主要国家级自然保护地

自 1956 年以来，我国自然保护区数量和面积逐渐增加。数量上，自 1956 年中国科学院建立鼎湖山自然保护区以来，到 2011 年的 2640 个，面积 1.497 亿公顷（图 3－2）。

截至 2011 年年底，全国已建立各种类型、不同级别的自然保护区 2640 个，保护区总面积约 1.497 亿公顷，陆地自然保护区面积约占国土面积的 14.7%。其中，国家级自然保护区 335 个，面积 9320 万公顷（表 3－5）。自然保护区的建立使我国 90% 以上的珍稀濒危动植物种、典型生态系统得到了保护，全国 85% 以上的野生动物和植物在保护区内得到保护，对于维护国家生态安全、保障经济社会可持续发展发挥了重要作用。

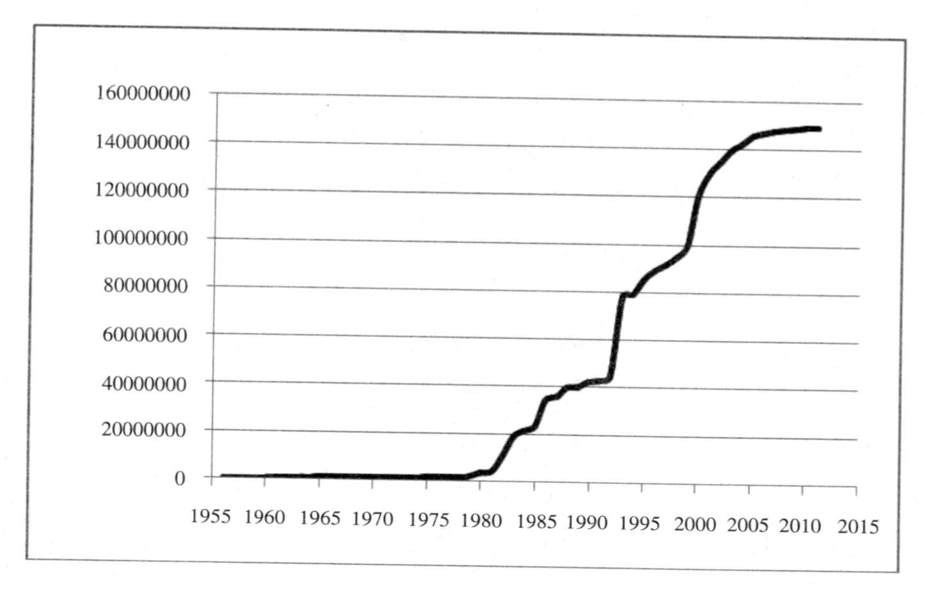

图 3－2 我国自然保护区增长情况统计表

表 3－5 全国自然保护区数量

主管部门	数 量	总面积（万 ha）
林业	1958	11604.5
环保	253	2252.8
农业	99	256.8
国土	71	131.8
水利	40	128.3
住建	10	9.83
海洋	103	510.24
其他	106	77.29
合 计	2640	14971.56

（2）风景名胜区

根据《风景名胜区条例》，风景名胜区是指具有观赏、文化或者科学价值，自然景观、人文景观比较集中，环境优美，可供人们游览或者进行科学、文化活动的区域，可划分为国家级风景名胜区和省级风景名胜区。其中，国家级风景名胜区，原称国家重点风景名胜区，是指经国务院批准设立，具有重要的观赏、文化或科学价值，景观独特，国内外著名，规模较大的风景名胜区。

自 1982 年起至今，国务院总共公布了 8 批、225 处国家级风景名胜区，占地约 10.2 万平方公里，涉及中国大陆地区除上海外的 30 个省（直辖市、自治区）。

（3）森林公园

我国的森林公园分为国家森林公园、省级森林公园和市、县级森林公园等三级。其中国家森林公园是指森林景观特别优美，人文景物比较集中，观赏、科学、文化价值高，地理位置特殊，具有一定的区域代表性，旅游服务设施齐全，有较高的知名度，可供人们游览、休息或进行科学、文化、教育活动的场所，由国家林业局作出准予设立的行政许可决定。

森林公园的景观主体是森林植被，多为自然状态或半自然状态的森林生态系统，常常拥有比较丰富的生物多样性，而且区域已由地方政府划出，给以特别的保护和管理，并主要用于开发以精神、教育、文化和娱乐为目的的旅游活动。截至 2011 年年底，我国已建立了 747 处国家森林公园，总面积为 11.7 万平方公里。

（4）地质公园

《地质遗迹保护管理规定》第八条明确指出：对具有国际、国内和区域性典型意义的地质遗迹，可建立国家级、省级、县级地质遗迹保护区、地质遗迹保护段、地质遗迹保护点或地质公园。国家地质公园是指具有国家级特殊地质科学意义、较高的美学观赏价值的地质遗迹为主体，并融合其他自然景观与人文景观而构成的一种独特的自然区域。

地质公园对保护地质遗迹、开展科学研究、普及科学知识、利用地质资源、发展地方经济以及地质工作服务社会经济等具有重大的意义。中国国家地质公园是以具有国家级特殊地质科学意义、较高的美学观赏价值的地质遗迹为主体，并融合其他自然景观与人文景观而构成的一种独特的自然区域。目前我国共批准 6 批 218 个国家地质公园，面积达8.6万平方公里。

（5）自然文化遗产

世界文化与自然遗产是指根据联合国教科文组织《保护世界文化和自然遗产公约》，列入《世界遗产名录》的我国文化自然遗产。我国于1985年加入该公约，至2011年6月，我国已有41处自然文化遗址和自然景观列入《世界遗产名录》，其中文化遗产26项，自然遗产8项，文化和自然双重遗产4项，文化景观3项。关于世界文化和自然遗产，各缔约国均承认，“本国领土内的文化和自然遗产的确定、保护、保存、展出和遗传后代，主要是有关国家的责任。该国将为此竭尽全力，最大限度地利用本国资源，必要时利用所能获得的国际援助和合作，特别是财政、艺术、科学及技术方面的援助和合作”。因此，作为缔约国之一，我国应对世界文化和自然遗产进行重点保护，并禁止对其的任何破坏性开发和利用。

此外，我国还建立了水产种质资源保护区、湿地公园、水利风景区、水源保护区等多种形式保护地。其中，国家水产种质资源保护区282处，国家湿地公园213处，国家水利风景区314处，全国重要饮用水水源地175处。这些保护地也是国土生态格局的重要组成部分。

第四章 构建国土生态安全格局

【提要】 优化国土开发格局，有效保护以提供生态产品及服务功能的区域和生态系统，通过规划生态用地、建设生态功能保护区，整合自然保护区、风景名胜区、森林公园、地质公园、自然文化遗产等不同类型的自然保护地，构建国家生态安全格局。

国土生态安全格局是指国家为了保障生态安全而规定的生态保护用地与布局。生态保护用地应具有重要生态服务功能、以提供生态产品和生态服务为主的区域。生态保护用地在保障国家或区域生态安全中发挥重要作用，是经济社会可持续发展的基础。生态保护用地可以分为两个类型：一是具有重要生态服务功能的区域。这些区域主要提供生态产品与生态服务，如水源涵养、地下水补给、土壤保持、生物多样性保护、固碳、自然景观的美学价值等。这些生态功能是经济社会发展的基础。生态破坏与生态系统退化将导致这些生态功能的退化，引起区域生态承载力的下降。二是具有重要生态防护功能区域。即，预防和减缓自然灾害的功能，洪水调蓄、防风固沙、石漠化预防、地质灾害防护、道路和河流防护、海岸带防护。这些区域通常具有较大的生态风险，生态系统脆弱，一旦受到破坏容易导致重大生态环境问题或者自然灾害，危及区域乃至国家生态环境质量和生态安全。

国家需要运用法律和政策等手段，根据国土的自然禀赋和开发历史，合理规划与布局城市以及经济建设用地、农业用地和生态保护用地，优化国土开发格局，以保证生态保护用地能持续提供保障国家生态安全的生态产品与服务。

第一节　我国经济社会发展与生态功能空间特征

由于自然环境与自然资源禀赋的不同，我国人口与经济发展在空间上表现出巨大的差异。一些区域自然环境优越，人口承载力高，在长期的发展历史中，人口集中，人口密度大。一些区域区位条件好，有利于经济发展，尤其近 20 多年来，经济快速发展，成为我国的经济发达地区，是我国国民生产总值主要贡献地区，即经济财富主要生产地。还有一些区域，在水源涵养、土壤保持、生物多样性保护、洪水调蓄、防风固沙等方面发挥重要的生态功能，是生态财富的主要生产地。

长期以来，由于在经济建设与资源开发中忽视生态环境保护观念，在人口和经济密集区，资源过度开发，环境污染严重，生态承载力退化，导致社会经济发展与生态环境保护之间的矛盾尖锐。我国三大城市群区域，京津地区、长江三角洲地区、珠江三角洲地区是我国最重要的经济财富生产区，也是我国发展与环境矛盾最突出的地区，大气、水、土壤污染严重，人居环境恶化，生态产品与服务功能严重依赖周边地区。同时，在生态财富主要生产地区，由于不了解或忽视生态产品与生态服务功能对经济社会的支撑作用，不合理开发森林、草地、湿地，导致生态系统破坏与生态系统服务功能退化，水土流失、石漠化、沙漠化、沙尘暴、生态地质灾害等生态环境问题不断加剧，严重威胁经济社会发展和人们生命财产的安全。因此，优化国土开发格局，在经济财富生产地区，应提高资源效率，改善人居环境，恢复生态承载力。在生态财富生产地区，应加强生态系统保护与恢复，增强生态系统提供产品与服务的能力，保障区域与国家生态安全。

一、人口分布及其生态基础

1. 我国人口分布格局

我国人口呈现出东南多、西北少的分布格局，人口主要分布在东部各省，西部特别是西北广大地区人烟稀少，人口密度大致从东南到西北逐渐降低（图 4－1）。在东部，人口主要分布在沿海平原地区，人口密集区在黄淮海平原、四川盆地、长江三角洲、珠江三角洲等地，人口密度均超过 300 人 · km^{-2}；在西部，人口密度极低，大部分地区的人口密度在 50 人 · km^{-2} 以下，西藏自治区、青海省部分区县则不足 1 人 · km^{-2}。

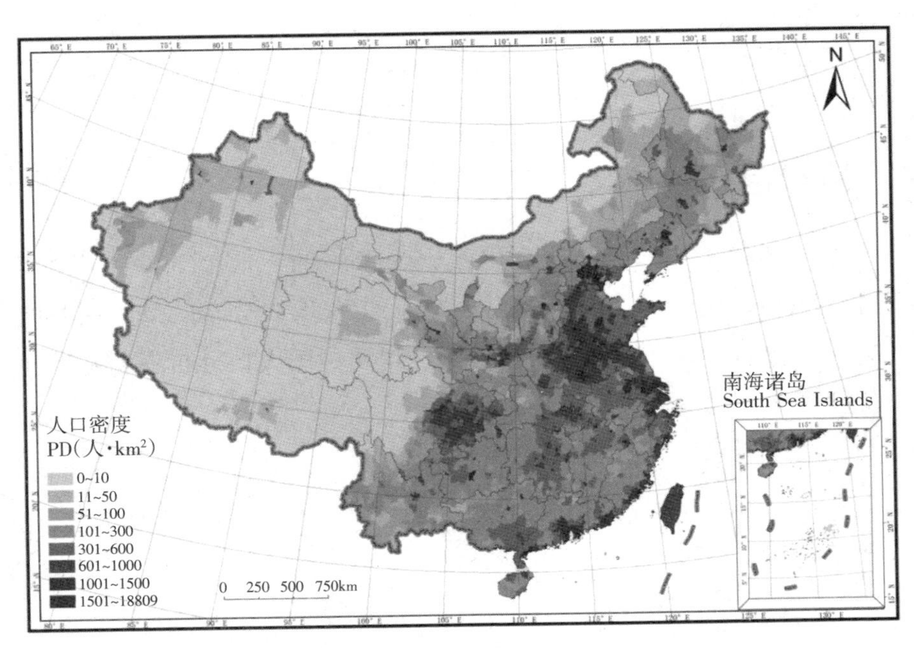

图 4－1　2008 年中国各区县人口密度分布图

在低人口密度级别（<50 人·km^{-2}、50～100 人·km^{-2}），区县数量百分比呈现出由东部到中部再到西部逐渐升高的趋势。在西部地区，人口密度在 100 人·km^{-2}以下的区县比例约 50%，中部地区为 15%，东部地区仅占 6%；在中等人口密度级别（100～300 人·km^{-2}），中部地区区县数量百分比最高；不同地区高等人口密度级别（>300 人·km^{-2}）的区县数量比例从大到小依次为东部地区（70%）、中部地区（50%）、西部地区（不足 20%）（表 4－1）。

表 4－1　中国东、中、西部的人口分布情况

人口密度（人·km^{-2}）	东部地区		中部地区		西部地区	
	区县个数	百分比	区县个数	百分比	区县个数	百分比
<50	7	1.1	32	4.6	313	32.7
50～100	32	5.1	71	10.1	145	15.1
100～300	165	26.0	254	36.1	311	32.5
300～600	189	29.8	199	28.3	116	12.1
600～1000	172	27.1	101	14.4	55	5.7
>1000	69	10.9	46	6.5	18	1.9
总　数	634	100	703	100	958	100

2. 中国人口分布的集聚程度

全国 80% 的人口分布在全国面积约 25% 的土地上，60% 土地面积上的人口比例仅 5% 左右（图 4－2）。中国人口分布的洛伦兹曲线的弯曲程度很大，与对角线偏离较大，说明中国人口分布不均衡程度非常严重。

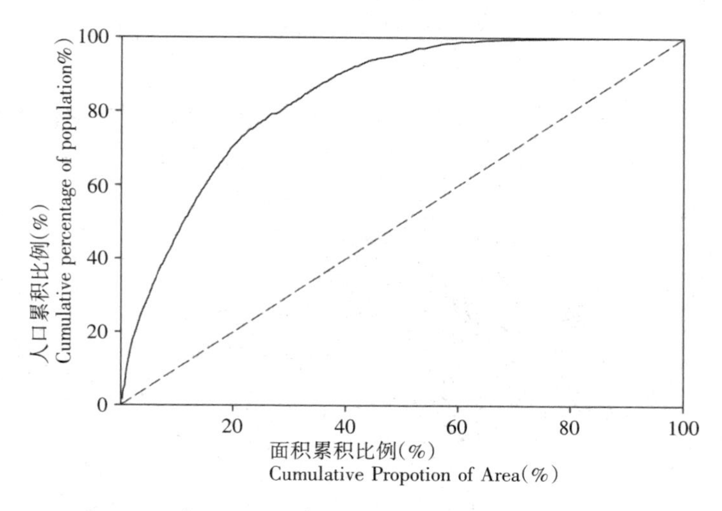

图 4-2　中国人口分布洛伦兹曲线（2008 年人口数据）

3. 中国人口分布的空间及相关分析

我国人口空间分布在县域水平上有很强的正自相关性，呈现出显著的空间集聚特征，即人口密度高值区与高值区相邻，低值区与低值区相邻。

在县域水平上，人口密度的空间关联可分为 4 个类型：高高关联（HH，即人口密度高于全国均值的县之间相互包围）、低低关联（LL，即人口密度低于全国均值的县之间相互包围）、高低关联（HL，即人口密度高于均值的县被人口密度低于均值的县所包围）和低高关联（LH，即人口密度低于均值的县被人口密度高于均值的县所包围）。我国人口分布呈现出十分明显的空间集聚现象，且在 4 种空间关联关系中，以正空间关联（包括 HH 和 LL）为主要的关联形式。高高关联主要分布在沿海地区，尤以华北平原、长江下游平原、珠江三角洲较集中；低低关联则大致沿胡焕庸线西侧分布，新疆中部也有少量分布；高低关联和低高关联只有零星分布（图 4-3）。

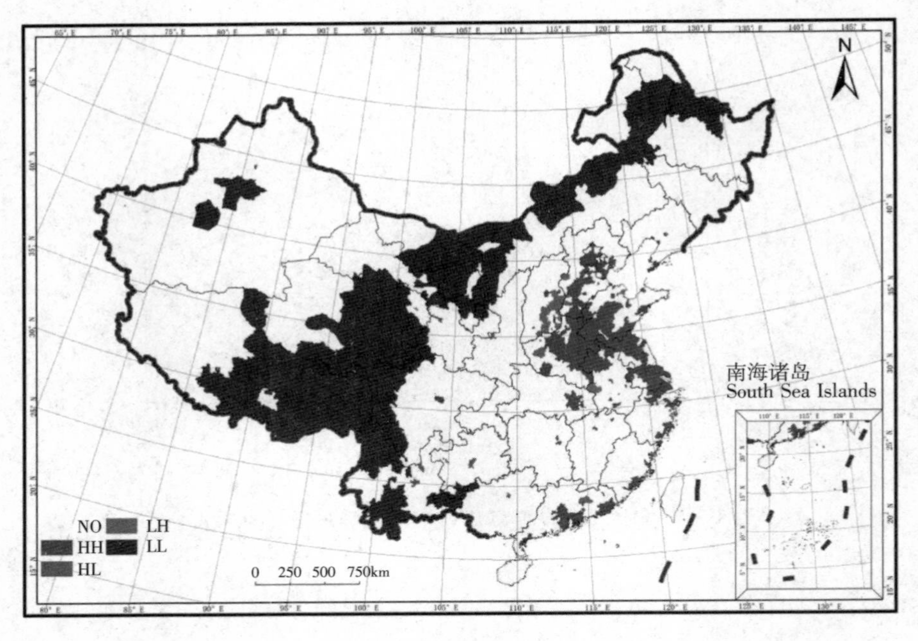

图 4－3　全国区县单元人口密度的空间关联分布

HH：高高关联；HL：高低关联；LL：低低关联；LH：低高关联；NO：无关联。

4. 人口分布与自然因素组合的关系

自然地理区划是依据自然地理要素以区内相似、区间相异的原则进行分区。对自然地理区划中自然区内的人口进行统计分析（表 4－2）发现，各自然区人口分布情况存在很大的不同，体现了自然因素组合对人口分布的综合作用。依据人口密度的不同，将各自然区分为 3 类。

（1）人口密度 >300 人·km^{-2}，包括华中、华南湿润亚热带地区（320.50 人·km^{-2}）和华北湿润、半湿润暖温带地区（411.32 人·km^{-2}）。该类自然区在占全国约 35% 的土地上居住了全国约 85% 的人口，人口密度极高。区内优良的自然环境充分支持了人口的生存发展。

（2）人口密度 >50 人·km^{-2}，包括东北湿润、半湿润温带地区

(82.77 人 · km^{-2}) 和华南热带湿润地区 (187.12 人 · km^{-2})。该类自然区人口比例、土地面积比例相近，一定程度上说明该类自然区人地关系较协调，区内自然地理环境适于人类居住。

(3) 人口密度 <50 人 · km^{-2}，包括内蒙古温带草原地区 (34.54 人 · km^{-2})、西北温带及暖温带荒漠地区 (12.07 人 · km^{-2}) 和青藏高原地区 (人口密度为 6.09 人 · km^{-2})。此类自然区人口密度不足 50 人 · km^{-2}，尤以青藏高原地区为甚，人口密度 <10 人 · km^{-2}。该类自然区面积占国土面积比例 >50%，人口比例却不足 5%，区内自然环境极其恶劣，不适宜人类居住。

表 4-2　自然地理区划中各自然区的人口分布情况

自然区	面积比例	人口比例	人口密度 (人 · km^{-2})
A. 东北湿润、半湿润温带地区	9.7	5.7	82.77
B. 内蒙古温带草原地区	7.7	1.9	34.54
C. 华中、华南湿润亚热带地区	23.9	54.1	320.50
D. 华北湿润、半湿润暖温带地区	11.0	31.9	411.32
E. 华南热带湿润地区	3.0	3.9	187.12
F. 西北温带及暖温带荒漠地区	17.6	1.5	12.07
G. 青藏高原地区	27.2	1.2	6.09

5. 人口分布与各生态地理要素的关系

我国人口密度除与温度变异、日照变异的相关关系不显著外，与其他因素都有极显著的相关关系 (表 4-3)。其中，人口密度与河网密度、年均温度、年均降水量、NPP、≥5℃积温、降水量变异、相对湿度、温暖指数呈极显著的正相关关系，即随各因素的增大，人口密度有增加的趋势；而人口密度与相对高差、平均高程、日照时数、地表粗糙度、距海岸线距离则呈显著的负相关关系，其中，人口密度与相对高差的负相关关系最强。

表 4－3　人口密度与各生态地理要素的相关分析

	年均温度	温度变异	年均降水	降水变率	年均日照时数	日照时数变率	净初级生产力	≥5℃积温
R	0.269**	－0.032	0.101**	0.100**	－0.106**	0.029	0.088**	0.242**
Sig.	0.000	0.128	0.000	0.000	0.000	0.162	0.000	0.000
	干燥度	相对湿度	温暖指数	河网密度	平均高程	相对高差	地表粗糙度	距海岸线距离
R	－0.026	0.155**	0.258**	0.216**	－0.298**	－0.315**	－0.277**	－0.238**
Sig.	0.210	0.000	0.000	0.000	0.000	0.000	0.000	0.000

** $P < 0.01$

以人口密度为因变量，以与人口密度相关关系显著的 13 个自然因素为自变量，进行统计分析，进入最终模型的变量有如下 7 个因素：年均温度、降水量变率、温暖指数、河网密度、相对高差、地表粗糙度、净初级生产力。这 7 个因素可视为影响我国人口分布的显著因素。

二、经济发展区域差异

我国经济总体上呈东部密集、西部稀疏，平原和盆地密集、高原和山区稀疏的空间分布格局（图 4－4）。从全国 GDP 分布的洛伦兹曲线和基尼系数（图 4－5）可以看出，我国经济发展的区域不均衡性十分严重，呈高度聚集的特征。以 2010 年县级 GDP 为例，当面积累积百分比达到 30% 时，GDP 的累积百分比达到 89%，即我国近 90% 的 GDP 产自于 30% 的土地。当面积累积百分比达到 50% 的时候，GDP 累积百分比增加到 98%，这意味着剩余占全国一半的土地面积上仅产出全国 2% 左右的 GDP。可见，中国 GDP 的集聚和稀疏差异十分显著。

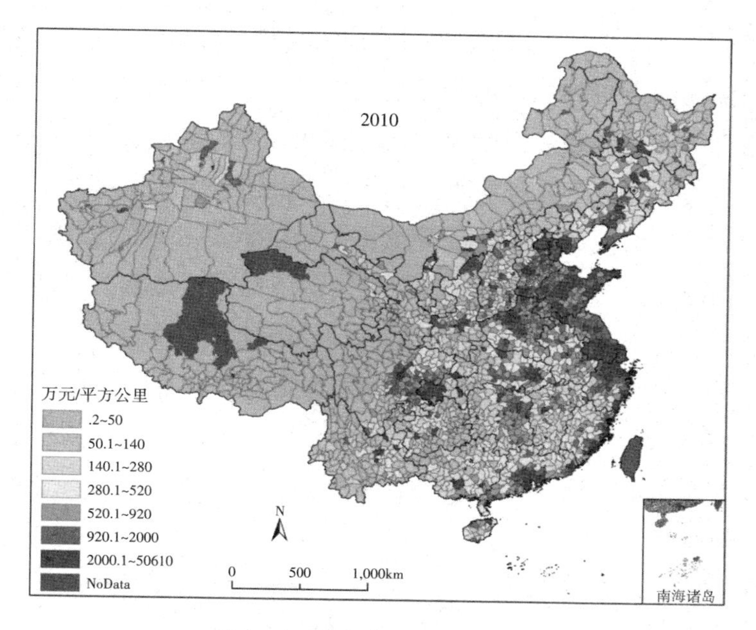

图 4-4　2010 年全国 GDP 分布

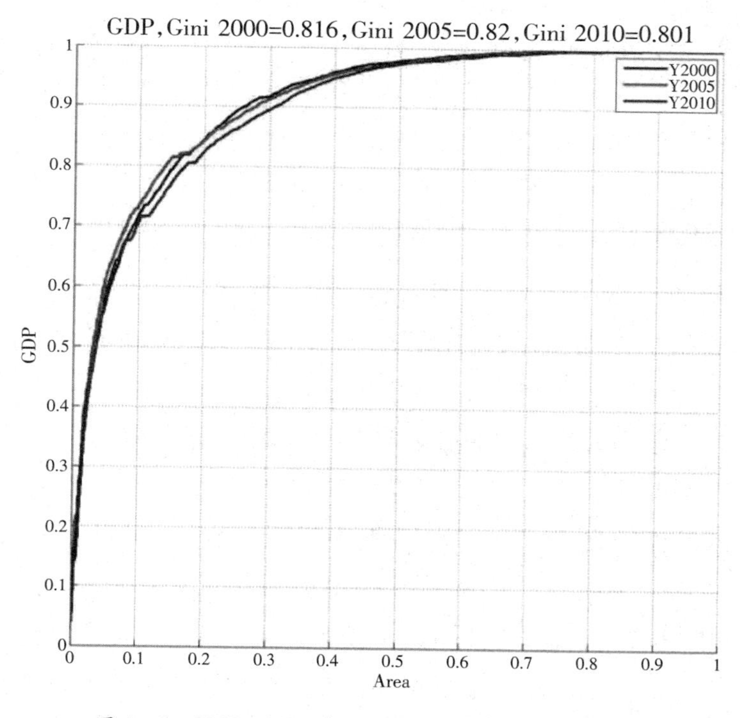

图 4-5　2000~2010 年全国 GDP 分布的洛伦兹曲线

GDP 高度聚集于我国的重点经济区和城市群地区。目前，我国共有经国务院批复的或即将批复的重点经济区或城市群地区 22 个。这些重点经济区和城市群地区原本也是我国经济的高度密集区。据统计，长江三角洲、珠江三角洲、京津冀都市圈、中原城市群、关中天水经济区、沈阳经济区、长株潭城市群、武汉城市群、成渝经济区、太原城市群、呼包银榆经济区、福建厦漳泉都市群等重点经济区和城市群地区国土面积占全国的 12. 2%，但承载着全国 34. 9% 的人口和 59. 6% 的 GDP（2008 年），人口和经济的聚集效应凸显。特别是长江三角洲、珠江三角洲和京津冀都市圈地区，国土面积占全国的 3. 6%，但承载着全国 14. 06% 的人口和 37. 8% 的 GDP（2008 年），是我国经济高度密集区。

西北地区、青藏高原、西南地区除成渝经济区外 GDP 密度普遍较低，除少数重点城市外，其他地区经济发展滞后。

分产业看，我国第一产业高度聚集于华北平原、长江中下游平原、辽河平原、松嫩平原、四川盆地、珠江三角洲平原等地区，特别是华北平原区是我国第一产业的高度集中连片区。第二产业产值的空间分布格局与人口和 GDP 的分布格局相似，但空间分布的不均衡性更加明显。2010 年，以县级行政区为基本单元的第二产业增加值—国土面积洛伦茨曲线显示当面积累积百分比达到 30% 时，第二产业增加值的累积百分比达到 92%，聚集效应更加显著。与 GDP 空间分布相似，第二产业增加值主要高度聚集于我国东部的主要城市群地区，西部除成渝经济区、关中—天水经济区、呼包银榆经济区、北部湾经济区等区域经济中心外，其他地区第二产业增加值密度很小。

三、生态系统服务功能空间格局

生态系统服务功能空间格局是指各类生态系统的生态服务功能以及对区域生态安全作用与重要性及其空间分布。与区域和国家生态安全密切相关的生态服务功能评价包括土壤保持、生物多样性保护、水源涵养、防风固沙、洪水调蓄等功能。

1. 土壤保持功能

全国土壤保持功能大体呈东南高、西北低的空间格局，重要区域主要分布在黄土高原、三峡库区、金沙江干热河谷、西南石漠化地区、西藏东南部等区域以及大兴安岭东南地区、江南红壤丘陵区、四川盆地东部和周边地区、阴山山脉西部地区、横断山地区、西藏东南部和新疆的天山山脉西段、北麓及塔里木河南段。

2. 生物多样性

不同地区保护生物多样性的价值取决于濒危珍稀动植物的分布以及典型和代表性的生态系统分布。我国生物多样性保护重要区域主要包括西双版纳、海南岛中部山区、川西高山峡谷地区、藏东南地区、横断山脉中部、滇西北地区、武陵山地区、十万大山地区、大兴安岭北部、祁连山南部地区、江苏北部沿海滩涂湿地、洞庭湖和鄱阳湖湿地等地区以及小兴安岭北部、三江平原、长白山、浙闽山地、秦巴山区、南岭地区、三江源地区。

3. 水源涵养

重要水源涵养区是指我国重要河流源头和重要水源补给区，主要包括黑龙江、松花江源头区，东、西辽河源头区，滦河源头区，淮河源头区，珠江（东江、西江、北江）源头区，渭河、汉江和嘉陵江源头区，长江—黄河—澜沧江三江源区，黑河和疏勒河源头区，塔里木河源头区，雅鲁藏布江源头区以及南水北调源头区及密云水库上游等重要水源涵养区域。

4. 防风固沙

全国防风固沙重要区主要分布在内蒙古浑善达克沙地、呼伦贝尔西部、科尔沁沙地、毛乌素沙地、河西走廊和阿拉善高原西部、黑河下游、柴达木盆地东部、准噶尔盆地周边、塔里木河流域以及京津风沙源区和西藏“一江两河”（雅鲁藏布江、拉萨河、年楚河）等地区以及严重沙漠化区域，如鄂尔多斯高原、东北平原、华北平原北部等地区。

5. 洪水调蓄

气候、地形等自然条件的差异导致不同地区间水分循环和水文特征明显不同，由此形成了我国湖泊湿地洪水调蓄功能的区域差异。按湖区分析，东部平原湖区湖泊可调蓄水量最高，约占全国总量的44.17%；蒙新高原湖区湖泊可调蓄水量约为102.48亿 m^3，占总量的6.94%；云贵高原湖区湖泊可调蓄水量最低，仅11.87亿 m^3，比例约为0.80%；青藏高原地区仅次于东部平原，可调蓄水量约占全国总量的43.61%；东北平原与山区湖泊可调蓄水量为65.99亿 m^3，约为全国总量的4.47%。根据生态系统洪水调蓄功能与我国人口和经济分布特征，影响我国生态安全的洪水调蓄功能区主要分布在长江中下游洞庭湖、鄱阳湖、江汉平原湖泊湿地、淮河中下游湖泊湿地以及松嫩平原湿地等地区。

6. 重要生态功能区

综合上述水源涵养、土壤保持、防风固沙、生物多样性保护和洪水调蓄5类生态服务功能的空间分布，全国具有重要生态服务功能的国土面积约436万 km^2，占全国国土面积的45.4%。进一步分析具有人口和城市分布、农业发展与产业发展的区域分布及重要生态功能的生态系统的空间关系，可以在全国确定50个生态系统服务功能重要区域（表4－4）。

表4－4　全国重要生态功能区域

序号	生态功能重要区名称	生物多样性	水源涵养	土壤保持	防风固沙	洪水调蓄
1	大小兴安岭水源涵养重要区	+	＋＋	+		
2	辽河上游水源涵养重要区		＋＋	+		
3	京津水源地水源涵养重要区		＋＋			
4	祁连山山地水源涵养重要区	+	＋＋	+		
5	天山山地水源涵养重要区		＋＋			
6	阿尔泰水源涵养重要功能区		＋＋			
7	桐柏山淮河源水源涵养重要区		＋＋	+		
8	大别山水源涵养重要区		＋＋	+		
9	秦巴山地水源涵养重要区	＋＋	＋＋	+		
10	丹江口库区水源保护重要区		＋＋	+		
11	若尔盖水源涵养重要区		＋＋		+	
12	甘南水源涵养重要区		＋＋			
13	三江源水源涵养重要功能区	+	＋＋			
14	江西东江源水源涵养重要区		＋＋	+		
15	珠江源水源涵养重要区		＋＋	+		
16	南岭山地水源涵养重要区	+	＋＋	+		
17	太行山地土壤保持重要区	+	+	＋＋		
18	黄土高原丘陵沟壑区土壤保持重要区			＋＋		
19	三峡库区水源涵养重要区	＋＋	＋＋	+		＋＋
20	西南喀斯特地区土壤保持重要区			＋＋		
21	川滇干热河谷土壤保持重要区			＋＋		
22	科尔沁沙地防风固沙重要区				＋＋	
23	呼伦贝尔草原防风固沙重要功能区				＋＋	
24	阴山北麓—浑善达克沙地防风固沙重要区				＋＋	
25	毛乌素沙地防风固沙重要区				＋＋	

续表

序号	生态功能重要区名称	生物多样性	水源涵养	土壤保持	防风固沙	洪水调蓄
26	阿尔金草原荒漠防风固沙重要功能区				+ +	
27	黑河中下游防风固沙重要区				+ +	
28	塔里木河流域防风固沙重要区				+ +	
29	三江平原湿地生物多样性保护重要区	+ +				+
30	长白山山地生物多样性保护重要区	+ +	+			
31	辽河三角洲湿地生物多样性保护重要区	+ +				
32	黄河三角洲湿地生物多样性保护重要区	+ +				
33	伊犁—天山山地西段生物多样性保护重要区	+ +	+			
34	苏北滩涂湿地生物多样性保护重要区	+ +				
35	岷山—邛崃山生物多样性保护重要区	+ +	+	+		
36	北羌塘高寒荒漠草原生物多样性保护重要区	+ +			+	
37	浙闽赣交界山地生物多样性保护重要区	+ +	+	+		
38	武陵山山地生物多样性保护重要区	+ +	+ +	+ +		
39	横断山生物多样性保护重要区	+ +		+		
40	藏东南山地热带雨林季雨林生物多样性保护重要区	+ +	+	+		
41	桂西南石灰岩地区生物多样性保护重要区	+ +	+	+		
42	西双版纳热带雨林季雨林生物多样性保护重要区	+ +				
43	海南岛中部山地生物多样性保护重要区	+ +	+ +	+		
44	东南沿海红树林生物多样性保护重要区	+ +				
45	松嫩平原湿地洪水调蓄重要区	+ +		+		+ +
46	洞庭湖区洪水调蓄重要区	+ +				+ +
47	鄱阳湖湿地洪水调蓄重要区	+ +				+ +
48	淮河中下游洪水调蓄重要区					+ +
49	安徽沿江湿地洪水调蓄重要区	+ +				+ +
50	长江荆江段洪水调蓄重要区	+ +				+ +

表注：“+ +”表示该项功能极重要；“+”表示重要

第二节　落实主体功能区划，促进国土的合理开发

由于自然环境的差异，我国不同区域具有不同的经济社会功能和生态功能。从我国的人口和经济区域分布特征来看，全国80%的人口分布在全国25%的国土上，近90%的GDP产自于30%的国土，而且人口与GDP的分布高度重合。全国45.4%的国土具有重要的生态功能（欧阳志云，2007）。为了构建高效、协调、可持续的国土空间开发格局，促进我国经济社会的可持续发展，国务院2010年颁布了《全国主体功能区规划》。落实主体功能区规划，从宏观布局上协调发展与生态保护的关系，为构建国家生态安全格局奠定基础。

一、主体功能区内涵

根据国务院《全国主体功能区规划》，将我国国土空间按开发方式划分为优化开发区域、重点开发区域、限制开发区域和禁止开发区域。按开发内容，将我国国土划分为城市化地区、农产品主产区和重点生态功能区（专栏一）。

专栏一

主体功能区：

优化开发区域、重点开发区域、限制开发区域和禁止开发区域，是基于不同区域的资源环境承载能力、现有开发强度和未来发展潜力，以是否适宜或如何进行大规模高强度工业化城镇化开发为基准划分的。

城市化地区、农产品主产区和重点生态功能区，是以提供主体产品的类型为基准划分的。城市化地区是以提供工业品和服务产品为主体功能的地区，也提供农产品和生态产品；农产品主产区是以提供农产品为主体功能的地区，也提供生态产品、

服务产品和部分工业品；重点生态功能区是以提供生态产品为主体功能的地区，也提供一定的农产品、服务产品和工业品。

优化开发区域是经济比较发达、人口比较密集、开发强度较高、资源环境问题更加突出，从而应该优化进行工业化城镇化开发的城市化地区。

重点开发区域是有一定经济基础、资源环境承载能力较强、发展潜力较大、集聚人口和经济的条件较好，从而应该重点进行工业化城镇化开发的城市化地区。优化开发和重点开发区域都属于城市化地区，开发内容总体上相同，开发强度和开发方式不同。

限制开发区域分为两类：一类是农产品主产区，即耕地较多、农业发展条件较好，尽管也适宜工业化城镇化开发，但从保障国家农产品安全以及中华民族永续发展的需要出发，必须把增强农业综合生产能力作为发展的首要任务，从而应该限制进行大规模高强度工业化城镇化开发的地区；一类是重点生态功能区，即生态系统脆弱或生态功能重要，资源环境承载能力较低，不具备大规模高强度工业化城镇化开发的条件，必须把增强生态产品生产能力作为首要任务，从而应该限制进行大规模高强度工业化城镇化开发的地区。

禁止开发区域是依法设立的各级各类自然文化资源保护区域，以及其他禁止进行工业化城镇化开发、需要特殊保护的重点生态功能区。国家层面禁止开发区域，包括国家级自然保护区、世界文化自然遗产、国家级风景名胜区、国家森林公园和国家地质公园。省级层面的禁止开发区域，包括省级及以下各级各类自然文化资源保护区域、重要水源地以及其他省级人民政府根据需要确定的禁止开发区域。

资料来源：《全国主体功能区规划》，中华人民共和国国务院，2010。

二、主体功能区的划分

根据主体功能区规划目标与原则，在国家层面，将我国划分为优化开发区域3个，重点开发区域18个，限制开发区中农业主产区域7个，重点生态功能区域24个，禁止开发区域1443个（表4－5）。

表 4－5　国家主体功能区的划分*

功能区类型		区域数量	规划区域
优化开发区域		3	环渤海地区、长江三角洲地区、珠江三角洲地区
重点开发区域		18	冀中南地区、太原城市群、呼包鄂榆地区、哈长地区、东陇海地区、江淮地区、海峡西岸经济区、中原经济区、长江中游地区、北部湾地区、成渝地区、黔中地区、滇中地区、藏中南地区、关中—天水地区、兰州—西宁地区、宁夏沿黄经济区、天山北坡地区
限制开发区域	农业主产区	7	东北平原主产区、黄淮海平原主产区、长江流域主产区、汾渭平原主产区、河套灌区主产区、华南主产区、甘肃新疆主产区
	重点生态功能区	24	大小兴安岭森林生态功能区、长白山森林生态功能区、阿尔泰山地森林草原生态功能区、三江源草原草甸湿地生态功能区、甘南黄河重要水源补给生态功能区、祁连山冰川与水源涵养生态功能区、南岭山地森林及生物多样性、黄土高原丘陵沟壑水土保持生态功能区、大别山水土保持生态功能区、桂黔滇喀斯特石漠化防治生态功能区、三峡库区水土保持生态功能区、塔里木河荒漠化防治生态功能区、阿尔金草原荒漠化防治生态功能区、呼伦贝尔草原草甸生态功能区、科尔沁草原生态功能区、浑善达克沙漠化防治生态功能区、阴山北麓草原生态功能区、川滇森林及生物多样性生态功能区、藏东南高原边缘森林生态功能区、藏西北羌塘高原荒漠生态功能区、三江平原湿地生态功能区、海南岛中部山区热带雨林生态功能区
禁止开发区域		1443	国家级自然保护区、世界文化自然遗产、国家级风景名胜区、国家森林公园、国家地质公园

* 根据《全国主体功能区规划》（中华人民共和国国务院，2010）综合

三、落实主体功能区规划，从宏观布局上协调发展与生态保护的关系

按照主体功能区规划，推动产业布局的调整和生态环境保护措施的落实。在优化开发区域，坚持保护优先，优化产业结构和布局，大

力发展高新技术，加快传统产业技术升级，实行严格的建设项目环境准入制度，率先完成排污总量削减任务，做到增产减污，切实解决一批突出的环境问题，努力改善环境质量。由于优化开发区是我国经济社会相对发达的地区，开发历史长，生态破坏严重，要高度重视优化开发区的生态恢复，以增强生态功能，保障生态安全。

在重点开发区域，坚持环境与经济协调发展，科学合理利用环境承载力，推进工业化和城镇化。应开展生态用地规划，在空间和总量上保障生态用地。

在限制开发区域，坚持保护为主，合理选择发展方向，积极发展特色优势产业，加快建设重点生态功能保护区，确保生态功能的恢复与保育，逐步恢复生态平衡。

在禁止开发区域，坚持强制性保护，依据法律法规和相关规划严格监管，严禁不符合主体功能定位的开发活动，遏制人为因素对自然生态的干扰和破坏。

第三节　重要生态功能区管理对策与措施

重要生态功能区对经济社会发展提供生态支撑作用，为了保障生态系统产品与服务的持续供给，应加强重要生态功能区的管理，针对不同类型的生态功能区，建立面向生态服务功能的管理政策与措施。

一、生物多样性保护类型生态功能区

1. 面临的主要生态环境问题

此类生态功能保护区面临的主要生态环境问题是，人口膨胀以及农业和城市扩张，交通、水电水利建设，使大面积的天然森林、草原、湿地等自然栖息地遭到破坏。栖息地破碎化、岛屿化严重，导致

大量野生物种濒临灭绝；乱采滥伐、滥捕盗猎，生物资源过度利用；外来物种入侵。

2. 生态保护与建设的目标与对策

（1）严格禁止或控制威胁生物多样性的开发活动。禁止在生物多样性功能保护区开展破坏生态环境的经济与社会活动，对区内威胁生物多样性保护的企业进行关闭或搬迁，基本消除人类活动对生物多样性的干扰和威胁。严格禁止大型基础设施建设，若确实不可避免需利用工程技术降低其对生物多样性保育的影响。严格控制水电开发。西部干旱生态大区重点关注高耗水产业的整顿，青藏高寒生态大区重点审查矿山开采等对地表破坏严重的产业，东部季风生态大区以废水、废气、废渣排放作为主要指标来衡量产业对保育区生物多样性的威胁。

（2）严格控制区内生物资源的利用方式和数量，避免人类对濒危生物的直接获取，减缓人类与野生动植物对生物资源利用的冲突。西部干旱生态大区和青藏高寒生态大区要严厉打击盗砍滥伐和偷猎盗猎行为，严格控制畜牧业对生物资源的破坏。东部季风生态大区除需重视以上措施外还需严格管理对水生资源的捕获。例如合理安排并严格执行禁渔期等措施。

（3）加强自然保护区建设和管理，建立科学的自然保护区体系。

青藏高寒生态大区和西部干旱生态大区生物多样性丰富，生态环境脆弱，人类活动影响相对较小，应以功能区为基本单元，完善自然保护区体系规划和建设，通过增加自然保护区面积方式来提高生物多样性保护效果。东部季风生态大区人口密度较高，土地开发强度大，区内自然保护区建设重点在完善自然保护区群规划，完善保护区间生物廊道建设，增加保育区间的生态廊道连通性，提高保护效果。

（4）加强区内生物廊道的恢复。对区内交通、水电站等严重威胁生物多样性保护的人工设施进行生物多样性保护影响评价，在关键区域恢复生物廊道。如建设跨越道路的生物通道，在水电站切断河流处修建鱼类洄游通道。

（5）加快区内生态恢复和建设，提高生物多样性生境完整性，增加其对自然灾害的抵抗力。生态恢复和建设的具体措施应与功能区所在地域及所保护的生物多样性对象紧密联系。例如区内植被恢复就必须遵循所在区域的自然条件。在东部季风生态大区，由于水热条件充足，主要以恢复森林植被类型为主；西部干旱生态大区保育区由于降水条件不支持森林生长，因此恢复植被类型应选择草地为主，树木应选择耐旱性较高，耗水率较低的树种。而在青藏高寒生态大区以草地恢复为主，尽量避免人类活动的干扰。由于区域的差异性，不同生态系统类型的功能区保护不同的生物多样性对象，其生态恢复和建设方式也应有所差异。

（6）加强功能区内及周边区域的生态环境监测，特别是对一些对生物多样性保护起关键作用的地域要进行系统的监测，及时掌握区内及周边生态环境变化及其对生物多样性的影响。生态环境监测的内容应根据功能区所在地理位置和保护主要对象而制定。例如水生生态系统类型的区域，监测内容应主要集中在水量和水质变化及其对生态环境的影响上，并制定相应的应对措施；以森林生态系统为主的功能区则需要增加森林病虫害和森林火灾等相关监测内容。随着全球变化对生态系统的影响越来越显著，在一些环境变化影响敏感的功能区应重视监测全球变化对区内生态环境的影响。

（7）控制外来物种入侵。首先对区内外来物种入侵风险进行评价，对风险较高区域进行特别监测。根据生态系统类型与地理差异建立相应的潜在入侵物种名单，在生态建设与恢复过程中禁止使用外来物种。加强对进出功能区的人员以及物资的检查与管理，避免引进外来物种。

（8）加强生态补偿。首先要建立全国性的生态功能区生态补偿机制，中央政府对全国生物多样性保护功能区进行统一的生态补偿。其次，各保育区需根据自身特征与国际以及国内外企业建立生物多样性保护补偿机制。此外，生物多样性保育区往往具有极大的生态服务功能，如水源涵养、水土保持等。可对保育区与其生态服务使用者间建立多种形式的生态补偿。青藏高寒生态大区可主要选择水源涵养和水土保持服务，西部干旱生态大区可选择防风固沙服务，东部季风生态大区可选择水源涵养和洪水调蓄服务。

二、水源涵养生态功能区

1. 主要生态环境问题

水源涵养功能保护区的主要生态环境问题是：人类活动干扰强度大；自然生态系统结构单一，生态功能衰退；森林资源过度砍伐、过度放牧等导致植被破坏、土地沙化、水土流失严重；湿地面积减少；冰川后退，雪线上升。

2. 生态保护与建设的目标和对策

水源涵养生态功能保护区是指具有径流补给和保持、提高水源涵养与调节能力的区域，如江河源头、冰川、部分湿地等，对保障区域水安全具有极重要的作用。该区生态保护与建设的目标是提高水源涵养能力，保障区域人类社会经济活动和生态系统正常运转对水资源的需求。水源涵养保育区分布广泛，具有较大的区域差异和不同重要性等级，生态保护和建设对策需综合考虑：

（1）严格控制区内人类活动内容及强度。禁止对水源影响较大的经济建设和经济开发活动，已经存在的对水源污染较重的企业需进行搬迁。对缺水严重的西部干旱生态大区产业影响除考虑水质外，还需考虑企业对水量的影响，关闭或逐步淘汰高耗水产业。对于区内的农业活动首先要按照国家相关规定对需要退耕的耕地进行退耕，对一些水源涵养关键区建议强制退耕，鼓励其他农田退耕恢复自然植被；其次严格控制未退耕农田及农业活动的耕作方式和强度，加快节水农业项目的实施，鼓励发展节水农业；发展绿色农业，减少农药、化肥的施用量，大力实施粪污无害化处理再利用工程。对不合理的农业布局和农业生产活动进行调整。

（2）加强区内生态保护，有效保护森林、草地和湿地等生态系统以及冰川、雪原，有效管护具有水源涵养功能的植被，增加水源涵养功能。一方面通过封山育林、退耕还林还草、禁牧等生态工程增加森林、草地、湿地等自然生态系统面积；另一方面提高自然生态体系水源涵养功能。对水源涵养功能较低的生态系统进行改造，合理选择树种以及优化林—灌—草配置以提高其水源涵养功能。区内的保护与管理要充分尊重自然规律，根据保育区所在地理位置，以有利于水源涵养为主要目标选择当地适宜的自然植被类型，植被恢复物种应选择本地物种。东部季风生态大区以恢复森林为主，同时需考虑南北差异，选择地带性自然植被。例如桉树林具有高耗水特性，不适宜作为植被恢复类型。西部干旱生态大区以恢复草地生态系统为主，选择高耐旱物种。青藏高寒生态大区可根据其地理条件选择适宜的恢复植被类型。适宜于森林生长的保育区以恢复森林为主，海拔较高森林难以生长的保育区以恢复草地为主，选择高耐寒物种。

（3）加强生态监测。通过实地调查和遥感技术相结合的方式，监测水源涵养区的植被覆盖、水量和水质的变化情况，保障区域水源涵养功能。应加强对冰川雪线动态的监测，根据冰川的类型以及所处的地理区域预测气候变化下的敏感性，提前做好冰川雪线不同变动情景下功能区内生态保护与建设的应对措施。

三、土壤保持生态功能区

1. 主要生态环境问题

此类型功能区的主要生态环境问题是：不合理的土地利用，特别是陡坡开垦以及交通、矿业开发、城镇建设、森林破坏、过度放牧等人为活动，导致地表植被退化，水土流失和石漠化危害严重。

2. 生态保护与建设的目标和对策

土壤保持功能保护区往往地理条件较差，地形起伏较大，这也使得这些区域经济发展缓慢，当地居民经济来源仍然依赖于传统的农业耕作方式，而这往往又加剧了水土流失。该类型区生态保护与建设的目标为增加区域植被覆盖，降低区域水土流失。主要的生态保护和建设对策有：

（1）调整产业结构，转变经济增长方式。由于土壤保持功能区多位于偏远山区，自给自足的小农经济占主导地位，产业结构单调、生产力水平低、经营规模小，农业粮食生产在经济收入中占据绝大部分比重。而由于自然条件限制以及缺乏先进的耕作方式和技术，传统的耕作方式不利于保育区水土保持。因此，生态建设的首要任务是改变目前以农业耕作为主的经济增长方式，转而发展多种农业经营方式，根据自然环境差异宜林则林、宜草则草。大力发展有利于水土保持的特色产业，依靠丰富的土特农产品，建起农产品加工厂、农业专业合作组织，走农业产业化发展之路。

（2）严格执行退耕还林还草等生态工程，开展小流域综合治理。由于生态条件较差，生态敏感性较高，长期不合理的开发已经产生严重水土流失现象。虽然国家投入大量物力财力进行水土保持综合治理，但目前这些区域的生态环境问题仍然严重，区域生态环境仍需进一步建设。这些区域需继续严格执行退耕还林还草等生态工程，增加植被覆盖率，通过自然恢复实现水土保持的目标。开展小流域综合治理等生态工程，综合考虑区内生态、社会和经济，实现保育区协调可持续发展。

（3）开展生态建设，恢复和重建退化植被。尊重自然规律，根据区域所在的地理条件，有选择地恢复和重建退化的森林或草地。在必要时辅之以工程措施，加快自然恢复和重建的速度。

四、防风固沙生态功能区

1. 主要生态环境问题

存在的主要生态环境问题是：由于草地开垦、过度放牧、水资源不合理开发和过度利用，水资源严重短缺、植被退化，土地沙化。

2. 生态保护与建设的目标和对策

由于此类型的功能区主要位于西部干旱生态大区，其保护与建设目标为恢复退化植被，控制土地沙化。生态保护和建设对策主要有：

（1）保护现有植被，建设防风固沙林草带。沙地植被是维护荒漠生态系统的一个主体，破坏容易恢复难，因此要把保护荒漠植被放在第一位，不然所有的治理、植树造林等最后都将功亏一篑。大沙漠里胡杨林的固土作用十分明显，树龄达几百年、几千年。红柳、梭梭、榆树、柠条、沙棘等也是上佳抗沙树种，必须保护。在极重要防风固沙保育区，特别是沙化土地周边建立大型防风固沙林草带，降低沙尘区对其他生态系统的影响。防风固沙林草地物种应选择当地耐旱、根系发达的植物。

（2）合理处置生态保护与经济发展的关系。草原是此类型区的主要生态系统类型，因此此类型区的生态建设应重视如何合理利用和保护草原。草地的利用要实行以产草量确定载畜量，以达到草畜平衡；对草场沙化、退化地区，实行以牧为主，封禁沙化退化土地。

（3）加强流域规划和综合管理，合理利用水资源。水资源是防风固沙功能区重要的生态因子，合理规划流域有限水资源空间分配将对保育区生态恢复和建设结果产生重要影响。保育区水资源利用必须从整个流域角度着手合理分配流域上下游用水量，确保流域关键地区有足够的水资源来维持固沙植被的生存。

五、洪水调蓄生态功能区

1. 主要生态环境问题

洪水调蓄重要生态功能保护区主要生态环境问题是：流域水土流失加剧，湖泊泥沙淤积严重，湖泊容积减小，调蓄能力下降；围垦造成沿江沿河的重要湖泊、湿地日趋萎缩；工业废水、生活污水、农田退水大量排放导致地表水质受到严重污染；血吸虫和其他流行性疾病的传播，危害人民身体健康。

2. 生态保护与建设的目标和对策

此类型的功能区全部处于东部季风生态大区，主要集中分布在东北和长江中下游地区。生态保护与建设以增加河湖洪水调蓄能力、改善水环境为主要目标，其生态保护与建设的对策有：

（1）严禁在洪水调蓄生态用地围垦湖泊、湿地，加快退田还湖，增加调蓄量。

（2）控制水污染，改善水环境，区内严禁新建、改建、扩建生产或者储存有毒、易爆等严重污染品和危险品的建设项目。利用生物与工程技术净化水质，改善水环境。

（3）发展避洪经济，处理好蓄洪与经济的矛盾。区内土地利用、开发和各项建设必须符合防洪的要求。

第四节 完善各类自然保护地的管理

为了保护生物多样性，合理利用自然景观，我国许多部门根据部门的职责范围，建立了各种类型的保护地。我国建立了自然保护区、风景名胜区、森林公园、地质公园、自然文化遗产、湿地公园、水利风景区、水源保护区、水产种质资源保护区等各种类型的自然保护区域，共同构成了自然保护地体系，是我国生态安全格局最重要的组成部分，在保障国家生态安全中发挥了重要作用。但在建设和管理中，仍然面临很多问题，影响保护效果和对国家生态安全的支撑作用。

一、加强不同保护地类型之间的协调

由于受不同类型保护地性质和管理目标以及部门利益的影响，同一个区域，有不同保护类型，尤其是自然保护区和风景名胜区的重叠，自然保护区与森林公园的重叠，风景名胜区与森林公园的重叠等。出现一个区域多个部门管理，一个单位多个牌子的现象，影响保护成效，往往导致需要严格保护的区域被开发利用。

国家要加强统筹，根据生态系统对区域和国家生态安全保障中的作用，以及保护地类型的性质、保护严格性的等级，协调自然保护区、风景名胜区、森林公园、湿地公园、地质公园等规划与建设的关系。要坚持保护优先，优先建设以保护为主要目的的保护地类型，优先发展自然保护区，在不影响生态功能的前提下，可以发展与建设以利用生态资源和生态服务功能的保护地类型，如风景名胜区、地质公园等。完善国家保护地体系，提高国家生态安全保障能力。

二、自然保护区

加强对全国自然保护区建设的规划，完善国家自然保护区体系，根据《中华人民共和国自然保护区条例》及其他有关政策与法规对自然保护区进行生态保护及管理。

（1）合理布局自然保护区分布，扭转当前自然保护区分布与生物多样性分布格局不一致的问题，加强东部生物多样性集中分布区的自然保护区建设。以生物多样性保护功能区或者国家制定的优先区为基本单元，推进自然保护区群的规划与建设，加强隔离自然保护区的连通性。

（2）对核心区、缓冲区、实验区实施差异化管理，严禁在核心区与缓冲区进行任何生产建设活动。在实验区，除必要的科学实验以及符合自然保护区规划的旅游、种植业和畜牧业等活动外，严禁其他生产建设活动。通过适当集中等方式促进自然保护区内人口的转移，核心区应逐步实现无人居住；缓冲区和实验区也应较大幅度减少人口，以减轻对自然保护区内保护对象的影响。

（3）加强自然保护区管理能力建设。加强自然保护区的管理基础设施建设、管理机制、管理能力建设，提高自然保护区的管理有效性，充分发挥已建自然保护区在国家生态安全中的作用。此外，根据自然保护区保护对象的不同实施差异化管理，例如湿地类型的保护区要考虑水域面积的变化与鸟类迁徙的特性进行动态管理。

（4）继续加强自然保护区能力建设和制度建设。应要求每个国家级自然保护区制定该自然保护区的管理条例，由省人大及以上立法机构批准。加快自然保护区立法，理顺管理体制，各级政府应承担相应的人员管理和资金保障责任。国家级自然保护区工作应纳入中央财政预算，进一步提高我国生物多样性保护的能力。

三、风景名胜区

在以自然景观为主体的风景名胜区的建设和管理中，要保护和维持其自然性，保护与提高生态支持及生态调节功能，预防与禁止为了开发景观资源，破坏与损害生态服务功能。

（1）对风景名胜区内的特级、一级、二级与三级保护区实施差异化管理，严禁游人进入特级保护区，一级保护区内不得修建宾馆设施，禁止机动交通工具进入。

（2）不得破坏或随意改变区内一切景物和自然环境，控制人工景观建设。

（3）根据资源状况和环境容量对旅游规模进行有效控制以减轻对区内植被及其他野生动植物的影响。

四、森林公园

依据《中华人民共和国森林法》《中华人民共和国森林法实施条例》《中华人民共和国野生植物保护条例》《森林公园管理办法》等相关法律法规对森林公园规划进行管理。

（1）加强森林公园在生态安全保障中的作用，将提供生态系统调节功能作为森林公园的主要目标。

（2）对森林公园内的不同分区实施差异化管理，资源保护区严格限制游憩活动的开展，仅供观测研究和进行科学试验。

（3）禁止进行采石、取土、开矿、放牧以及非抚育和更新性采伐等活动，不得随意占用、征用和转让林地。

（4）根据资源状况和环境容量控制旅游规模，减轻对区内植被与野生动植物的影响。

五、地质公园

依据《世界地质公园网络工作指南》及其他有关规定对国家地质公园进行管理。

（1）对地质公园内的不同分区实施差异化管理，其中特级保护区不允许观光游客进入，只允许经过批准的科研、管理人员进入开展保护和科研活动；一级保护区要控制游客数量，严禁机动交通工具进入。

（2）区内不得设立任何建筑设施，对除必要的保护设施和附属设施外，禁止其他生产建设活动。

（3）禁止进行采石、取土、开矿、放牧、砍伐等人类活动，减轻对保护对象的影响。

六、自然文化遗产

要正确理解建立世界文化遗产保护地的目的，严格控制借申报世界自然文化遗产之名，行开发自然资源和破坏生态功能之实。依据《保护世界文化和自然遗产公约》《实施世界遗产公约操作指南》及其他有关规定对世界自然文化遗产进行管理。加强对遗产原真性的保护，保持遗产在艺术、历史、社会和科学方面的特殊价值。加强对遗产完整性的保护，保持遗产未被人扰动过的原始状态。

此外，水产种质资源保护区、湿地公园、水利风景区、水源保护区等其他类型的保护地，都根据相应的法律规定实施严格管理，确保相应生态功能得到有效保护。

第五章 生态脆弱区空间特征与恢复对策

【提要】 由于自然环境的差异，我国不同地区对人类活动的响应程度与方式也有明显的差异。威胁我国生态安全的主要生态环境问题，水土流失、沙漠化、石漠化、酸雨、土地盐碱化等具有鲜明的区域特征。根据气候、地理特征及生态环境问题等的空间差异，我国可划分为27个生态脆弱区。生态脆弱区分区可为实施分区管理策略、提高生态保护与恢复成效提供科学基础。

由于气候和地理的原因，我国生态环境非常脆弱，形成了干旱区、半干旱区、青藏高原区、黄土高原区、西南山地区和西南岩溶区等生态脆弱区。我国生态脆弱区分布广、面积大、类型多样，区域差异显著，对人类活动敏感，容易形成重大生态环境问题，是我国经济社会发展最落后的区域，国家级贫困县主要分布区。在一定程度上生态脆弱区的生态服务功能与生态环境问题决定了我国的生态安全。科学划分生态脆弱区是预防与整治生态环境问题、保障生态安全的科学基础。

生态脆弱区作为自然界与人类社会长期互作所形成的环境区域，

不同的脆弱区显然存在气候、地理、人文等方面的异质性，发育了具有区域特色的生态系统类型，所以也表现出不同的生态环境敏感性和生态环境问题，正是这些差异为脆弱生态环境的分类治理提供了依据。本章对生态脆弱区的单元划分、空间格局、形成原因及基本特征进行简要介绍，以便对脆弱生态环境有一个整体认识，也为进一步分析脆弱区生态系统特征并提出生态恢复策略与技术措施奠定基础。

第一节　生态脆弱区分区

一、生态敏感性空间特征

生态敏感性是指一定区域发生生态环境问题的可能性和程度，用来反映人类活动可能造成的生态环境后果，即在人类活动干扰下，生态系统发生退化、形成生态环境问题的程度。生态敏感性评价的目的在于明确区域可能发生的主要生态问题类型与可能性大小。生态极敏感地区通常是生态脆弱区，对人类活动的干扰非常敏感，容易发生严重的生态环境问题。如黄土高原区，由于土壤组成以粉砂粒为主，胶结疏松、孔隙度大、分散率高，土粒在水中极易分散悬浮，土块遇水后迅速崩解，一遇强降雨，极易发生水土流失，成为我国，乃至全球水土流失最严重的区域。在西南山地区，山高谷深，坡度陡峭，广泛存在雨影区和干旱河谷，干燥指数高，土壤发育程度低，植被发育和恢复难度大，遇强降雨容易形成滑坡、泥石流等地质灾害，是我国人与自然冲突最尖锐的地区之一。在西部干旱区，由于降水稀少、年度变率大、植被稀疏、生态承载力低、过度放牧，易导致沙漠化，是我国沙尘暴的重要源区。威胁我国生态安全的主要区域性生态环境问题有水土流失、沙漠化、石漠化、酸雨、盐渍化等。根据各类生态环境问题的形成机制和主要影响因素，分析各地域单元的生态敏感性特征，按敏感程度划分为极敏感、高度敏感、中度敏感、轻度敏感以及一般地区五个级别。

（1）水土流失敏感性：我国土壤侵蚀敏感性主要受地形、降水量、土壤质地和植被的影响。全国极敏感区域主要分布在黄土高原、西南山区、太行山区、汉江源头山区、大青山、念青唐古拉山脉、横断山脉河谷地区等。高度敏感区主要分布西南地区以及燕山、努鲁儿虎山、大兴安岭东部，横断山脉、川西、滇西、秦巴山地以及贵州、广西、湖南、江西等的丘陵和山区，天山山脉、昆仑山脉局部零星地区。

（2）沙漠化敏感性：我国沙漠化敏感性主要受干燥度、大风日数、土壤质地和植被覆盖的影响，沙漠化敏感区域主要集中分布在降水量稀少、蒸发量大的西北干旱及半干旱地区。其中，沙漠化极敏感区域主要是沙漠地区周边绿洲和沙地，包括准噶尔盆地边缘、塔克拉玛干沙漠沿塔里木河、和田河、车尔臣河地区、吐鲁番盆地、巴丹吉林沙漠、腾格里沙漠周边绿洲，柴达木盆地北部以及科尔沁沙地、浑善达克沙地、毛乌素沙地、宁夏平原等地，另外藏北高原、三江源地区、黄河古道等有零星分布。沙漠化高度敏感区域包括新疆天山南脉至塔里木河冲洪积平原，如伽师、疏勒、温宿、轮台等地，古尔班通古特沙漠南部乌苏—阜康平原地区，疏勒河北部、柴达木盆地南部、呼伦贝尔高原、河套平原、阴山山脉以北以及科尔沁沙地以北广大地区。中度敏感区主要分布在大兴安岭至科尔沁沙地过渡低丘、平原带，阴山山脉以南、青海湖以北大通河流域、四川若尔盖等地区。

（3）盐渍化敏感性：我国盐渍化敏感性主要受降水量与蒸发量比、地形、地下水矿化度的影响。我国土地盐渍化极敏感区，除滨海半湿润地区的盐渍土外，大致分布在沿淮河—秦岭—巴颜喀拉山—唐古拉山—喜马拉雅山一线以北广阔的半干旱、干旱地区，主要分布区包括塔里木盆地周边、和田河谷、准噶尔盆地周边、柴达木盆地、吐鲁番盆地等闭流盆地、罗布泊、疏勒河下游、黑河下游、河套平原西部、阴山以北浑善达克沙地以西、呼伦贝尔东部、西辽河河谷平原、三江平原以及环渤海、江苏沿海滨海低平原等地区。高度敏感区集中分布在准噶尔盆地东南部、哈密地区、北山洪积平原、河西走廊北部、阿拉善洪积平原区、宁夏平原、河套平原东部、海河平原、阴山以北河谷区域、东南沿海地区、东北平原河谷地区以及青藏高原内零星地区。

（4）石漠化敏感性：我国石漠化敏感性主要受石灰岩分布和降水量影响。石漠化极敏感区集中分布在贵州西部、南部区域，包括遵义、贵阳、毕节南部、安顺以南、六盘水、黔南州、铜仁等地区，百色、崇左、南宁交界处，桂林、贺州、四川西南峡谷山地大渡河下游及金沙江下游地区等地也有成片分布；高度敏感区多与极敏感区交织分布，主要在贵州西部、中部和南部，广西西部和东部，四川西南及东北部，云南东部、湖南中西部、广东北部等地有零星分布。

（5）冻融侵蚀敏感性：我国冻融侵蚀敏感性主要年平均气温和地形的影响。冻融侵蚀极敏感区主要分布在青藏高原西南部，海拔普遍高于4500m，且坡度大多在30°以上，主要包括阿里、冈底斯山脉以南的巴青、比如、丁青三县交界处以及甘孜、色达、炉霍交界处，九龙、松潘、康定、金川等局部零星地区；高度敏感区集中分布在阿尔泰山、天山、祁连山脉北部、昆仑山脉北部、横断山脉以及大兴安岭高海拔地区。

（6）酸雨敏感性：我国酸雨敏感区主要分布在南方地区，主要受土壤、水分盈亏、生态系统类型的影响。酸雨极敏感区主要分布区包括四川南部、重庆、贵州、湖南、湖北、广西、江西、江苏、浙江、福建、广东和安徽南部等省市；高度敏感区主要分布在四川西部、云南南部、广西宜山。

二、生态脆弱区类型

科学划分生态脆弱区是脆弱生态环境分类整治的前提，是一项重要的基础工作。生态脆弱区区划，是在区域主要生态环境问题分析和生态系统敏感性评价的基础上，将全国划分为不同生态脆弱类型的区域。根据土壤侵蚀敏感性、石漠化敏感性、石漠化敏感性、酸雨敏感性、土壤盐渍化敏感性等空间分布特征以及生态环境问题的区域特征，全国可划分为27个生态脆弱区（表5－1）。

生态脆弱区作为自然界与人类社会长期互作所形成的环境区域，不同的脆弱区显然存在气候、地理、人文等方面的异质性，发育了具有区域特色的生态系统类型，所以也表现出不同的生态环境敏感性和生态环境问题，正是这些差异为脆弱生态环境的分类治理提供了依据。下面对生态脆弱区的单元划分、空间格局、形成原因及基本特征进行简要介绍，以便对脆弱生态环境有一个整体认识，也为进一步分析脆弱区生态系统特征并提出生态恢复策略与技术措施奠定基础。

表5－1　中国生态脆弱区分区及其主要生态环境问题

编号	生态脆弱区名称	生态敏感性特征与主要生态环境问题
	西北干旱与半干旱地区	
1	内蒙古高原中东部沙漠化生态脆弱区	草地退化，沙漠化
2	内蒙古高原中部沙漠化盐渍化生态脆弱区	草地退化，沙漠化，盐渍化
3	内蒙古高原西部荒漠戈壁生态脆弱区	草地退化，沙漠化
4	黄土高原水土流失生态脆弱区	植被退化，水土流失
5	祁连山冻融侵蚀生态脆弱区	植被退化，冻融侵蚀
6	柴达木盆地荒漠生态脆弱区	沙化
7	阿尔泰山—准噶尔西部沙漠化水土流失生态脆弱区	水土流失，沙化
8	准噶尔盆地荒漠戈壁生态脆弱区	绿洲退化
9	天山山地冻融侵蚀生态脆弱区	冻融侵蚀
10	塔里木盆地—东疆荒漠戈壁生态脆弱区	绿洲退化
11	昆仑山—阿尔金山高寒荒漠生态脆弱区	草地退化，沙化
	青藏高原地区	
12	江河源区高寒草甸草原生态脆弱区	草地退化，沙化
13	羌塘高原高寒荒漠生态脆弱区	草地退化，沙化
14	藏南山地水土流失生态脆弱区	水土流失敏感性高

续表

编号	生态脆弱区名称	生态敏感性特征与主要生态环境问题
	东部季风湿润地区	
15	大小兴安岭冻融侵蚀生态脆弱区	冻融侵蚀敏感性高
16	东北平原盐渍化生态脆弱区	草原退化，盐渍化，湿地退化
17	长白山植被退化生态区	植被退化，水土流失
18	燕山—太行山水土流失生态脆弱区	水土流失，植被退化
19	黄淮海平原盐渍化生态脆弱区	盐渍化
20	秦岭—大别山植被退化生态区	植被退化，水土流失
21	西南山地水土流失生态脆弱区	水土流失，地质灾害
22	西南喀斯特石漠化生态脆弱区	植被退化，石漠化
23	四川盆地水土流失酸雨生态脆弱区	水土流失，酸雨
24	三峡库区水土流失生态脆弱区	水土流失，面源污染
25	长江中下游平原湿地退化生态区	酸雨，湿地退化，面源污染
26	湘赣山地丘陵水土流失酸雨生态脆弱区	水土流失，酸雨
27	东南沿海丘陵酸雨生态脆弱区	酸雨，水土流失

三、生态脆弱区成因

生态环境是由各种生物与非生物因素所构成的整体，包括植物、动物、微生物、土壤、气候、水文、地质、地形、地貌等。生态环境一方面为人类和其他生物提供栖息场所，另一方面又是人类生产活动的对象。脆弱生态区的形成演变有其内在的物质基础，这种内在组成决定了生态环境的脆弱特性。人类活动诱发并加速了脆弱过程的发生。因此，生态环境脆弱的成因可以从内在自然因素和外部人为因素两方面进行分析（赵跃龙等，1998）。

1. 自然因素

自然因素包括地质构造、地形地貌、气候状况、地表组成物质、植被类型等，是生态环境构成的物质基础，也是生态脆弱性的根本来源。

（1）地质构造：断裂作用改变了地貌格局和地表形态，从而导致生态环境的急剧变化，进一步促进脆弱生态环境的形成。我国地质构造的一个显著特点是断裂构造十分发育，尤其是西南横断山脉，为地质灾害高发区，生态环境极其脆弱。

（2）地形地貌：地形地貌对生态环境变化有重要影响。山地和丘陵由于坡度的存在，尤其是大于25°的陡坡地区，植被一旦破坏，极易发生水土流失、滑坡、崩塌、泥石流等自然灾害。我国是一个多山的国家，山区占国土面积的2/3，加之人类活动频繁，因此容易造成脆弱生态环境的形成与演化。

（3）气候状况：光、热、水等因子的数量、变率和匹配关系对生态环境的脆弱性有着明显的影响。降水和热量的组合状况，基本上决定了生态系统的发育。干旱半干旱地区，由于降水稀少，植物生长受到限制，土地裸露易于沙化。高寒地区，主要是因为热量不足，导致出现寒漠化脆弱生态环境。此外，降水太多，或者季节分配不均，暴雨集中，山区容易发生滑坡、崩塌、泥石流，平原低洼地区则易形成洪涝灾害。

（4）地表组成物质：土壤是植物生长的基本条件。地表土壤厚度的多少是衡量生态环境是否恶化及其恶化程度的重要标志。土层浅薄、质地粗松、有质量含量少、结构不良、抗蚀抗冲性能差的土壤，不仅容易遭受侵蚀，在侵蚀后也极易发生沙化、荒漠化、石漠化等土地退化现象。我国西北地区是松散物质的重要源地，也是风蚀、水蚀十分严重的地区。

（5）植被类型：植被是生态系统的核心，反映生态环境的稳定状况。森林植被由于组成复杂、结构完整，生态调节功能强，生态系统稳定性较高，而干旱草原和荒漠草原的植被结构简单，覆盖度低，地表裸露严重，生态系统稳定性差，易受外界干扰而失去平衡。我国东部森林植被发育较好，生态环境状况也明显好于西北荒漠区。

2. 人为因素

人为因素是指人类对资源环境的开发利用。人类的生存发展离不开资源环境，同时又受到资源环境的数量、质量和分布的制约。如果人类活动与资源环境承载力相协调，生态环境则处于良性演替过程，能够长期支持人类的需求；但是对资源环境的开发利用超过了其承载力，生态平衡被破坏，生态环境发生逆向演替，导致形成脆弱生态环境，并最终危及人类自身安全。人类不合理利用资源的方式包括过度垦殖、滥砍滥伐、工农业污染等。

（1）过度垦殖：因地制宜是合理开发利用土地资源最重要的原则。然而在各种利益的驱动下，毁林（草）开荒、围湖（海）造田等现象时有发生，严重破坏生态系统的稳定性，导致生态环境趋向脆弱。我国干旱半干旱地区、江河三角洲地区、沼泽及湖泊湿地是土地过度垦殖比较集中的区域。此外，农田重用轻养、城市过度扩张也是对土地过度垦殖的表现，产生如东北黑土地退化、城市灾害频发等后果。

（2）过度放牧：随着人口增长、社会经济发展，对畜牧产品的需求量越来越大，同时受片面追求短期经济利益的影响，单位面积草场的载畜量不断增加，草场超载状况愈演愈烈。过度放牧现象在我国北方牧区十分普遍，过度放牧使得草地不能够休养生息，逐渐退化。由于草地主要分布在干旱半干旱地区，草地退化容易引起风蚀，导致荒漠化、沙漠化的发展。

（3）滥砍滥伐：滥砍滥伐不仅破坏森林资源，而且加大了雨水对地表的冲蚀能力，是造成区域水土流失和洪涝灾害的主要原因之一。滥砍滥伐主要受经济利益驱使或受生活所迫，前者是指盗伐、过伐林木，大规模砍伐森林，危害极大；后者则是发生在贫困地区的普遍现象，人口多、经济落后，农村生活燃料不足，靠大量樵采补充。

（4）不合理灌溉：不合理灌溉是指灌溉系统不完善或者采用大水

漫灌等不科学的灌溉方法，致使土壤表面积累大量盐分，发生盐渍化。华北平原、东北平原及西北干旱半干旱地区的灌溉农业区，由于长期的不合理灌溉，土地盐渍化状况严重。不合理的灌溉方式还浪费了宝贵的水资源，加重了区域水资源短缺的危机。

（5）工农业污染：工业排放的“三废”以及农业生产过量施用农用化学品所产生的污染。由于能源消费以煤炭为主、污水处理率低等原因，我国 SO_2、烟尘、COD 排放量大，空气污染、水污染十分严重。20 世纪 80 年代以后随着化肥、农药、农膜的大量使用，造成土壤中有害物质残留增加，农业面源污染加重，并导致地下水环境质量严重下降，农村居民的生产、生活受到影响。

第二节 青藏高原生态脆弱区特征与恢复对策

青藏高原是我国最大的高原，也是全球平均海拔最高的高原。高寒区低温、干旱、高海拔的严酷环境，加上土地沙化、过度放牧以及风蚀、水蚀、冻融侵蚀等复合侵蚀严重，对生物生长、生物多样性保护十分不利，生态系统结构简单，服务功能弱。

一、祁连山冻融侵蚀生态脆弱区

主体地貌为中高山、宽谷和河谷平原，由一系列西北—东南走向的山岭与宽谷组成，具典型大陆性气候特征，一般低山属荒漠气候，年均温度 6℃，年降水量 150mm；中山下部属半干旱草原气候，年均温度 2～5℃，年降水量 250～300mm；中山上部为半湿润森林草原气候，年均温度 0～1℃，年降水量 400～500mm；亚高山和高山属寒冷湿润气候，年均温度 －5℃，年降水量约 800mm。山地东部气候较湿润，西部较干燥，部分地区年降水量仅 50mm。土壤类型有灰钙土、栗钙土、黑钙土、棕钙土、灰褐土、草毡土、寒漠土、灰棕漠土等。

1. 生态系统特征

祁连山地植被垂直结构明显，东西部南北坡不尽相同。东段：北坡植被垂直带谱自下而上为荒漠（草原化荒漠亚带）—山地草原—山地森林草原—高山灌丛草甸—高山亚冰雪稀疏植被，南坡为草原—山地森林草原—高山灌丛草甸—高山亚冰雪稀疏植被；西段：北坡为荒漠—山地草原—高山草原—高山亚冰雪稀疏植被，南坡为荒漠—高山草原（荒漠草原亚带）—高山亚冰雪稀疏植被。

森林面积少，由青海云杉、祁连圆柏、桦木、山杨等少数树种构成。灌丛、稀疏植被有一定分布，植物种类有金露梅、吉他柳、毛枝山居柳、剑叶锦鸡儿、多种杜鹃、水母雪莲、风毛菊、红景天、垂头菊等。草地分布较广，主要是长芒草、短花针茅、西北针茅、紫花针茅等。草甸面积最大，包括小嵩草、矮嵩草、西藏嵩草、贝氏嵩草等类型。此外，还有荒漠植物唐古特红景天、合头草、嵩叶猪毛菜、驼绒藜等。农业生产一年一熟，种植青稞、春小麦、马铃薯、油菜、豌豆等作物。

2. 主要生态环境问题

由于人类不合理活动对山地森林、草原生态系统造成的破坏，林草植被呈现不同程度的退化；尤其近年来，山羊养殖的发展，加剧灌丛和草地的退化，水源涵养能力下降，水土流失加重；人口增加、毁林开垦、耕地扩大，林线上升；林区放牧，林牧、农牧、农林等矛盾突出；发源于祁连山的内陆河出山径流量比 1950 年代初期约减少 16%；非法盗捕猎隼，生物多样性受到破坏。

3. 生态保护措施与发展方向

加强土地管理，明确林、草、耕地的权属；封山育林育草，加强水源涵养林建设，禁止陡坡开垦，退耕还林还草；禁止林地放牧；禁止非法盗捕猎隼；严格控制山羊放养和数量，实施舍饲养殖；实施生态移民，减轻对生态环境的压力；严格水利设施管理，新上水利水电工程必须经过全面的科学论证。

二、柴达木盆地荒漠生态脆弱区

柴达木盆地为封闭的内陆断陷盆地，地势西北高东南低，海拔2600～4000m。地貌类型分洪积、湖积、风积地貌和干燥剥蚀山地，具有从盆地边缘到中心呈现高山、沉积、戈壁、沙漠、湖泊等环带状地貌特征。气候具有典型高原大陆性荒漠气候特征，风沙大、年温差小而日温差大，太阳辐射强、日照时间长，多年平均降雨量区域变化大，在15～200mm，年均蒸发量1000mm以上。土壤有棕漠土、灰棕漠土、盐土、棕钙土、栗钙土。

1. 生态系统特征

植被类型以荒漠、草甸为主，灌丛、草地、稀疏植被、垫状植被分布较少，森林稀有。森林树种有祁连圆柏、胡杨、青海云杉等。灌丛有水柏枝、小叶金露梅、毛枝山居柳等。草地群落物种组成主要是紫花针茅、短花针茅、沙生针茅、芨芨草、冷蒿、冰草、驼绒藜等。稀疏植被主要由水母雪莲、风毛菊构成。垫状植被为藏亚菊、蚤缀、垫状点地梅。荒漠、草甸分布广、面积大、类型多，荒漠植物有驼绒藜、白刺、柽柳、梭梭、盐爪爪、合头草、膜果麻黄、驼绒藜、蒿叶猪毛菜、小叶金露梅、唐古特红景天等；草甸类型有赖草草甸、芦苇沼泽草甸、嵩草草甸、沙生风毛菊矮风毛菊草甸等。农业面积小，主要种植春小麦、豌豆、油菜、枸杞、苹果等。此外还有大面积的无植被地带和湿地。

区内野生动、植物资源较为丰富，有国家一级保护物种藏野驴、野牦牛、藏羚羊、白唇鹿、雪豹、黑颈鹤、胡兀鹫、玉带海雕、中华秋沙鸭等，国家二级保护物种鹅喉羚、藏原羚、岩羊、盘羊、棕熊、石貂、马麝、赤狐、沙狐、豺、兔狲、藏雪鸡等。

2. 主要生态环境问题

天然林地樵采过度，天然草场退化严重；水源减少，河湖萎缩；沙漠化、盐渍化、水土流失加剧。自然生态系统脆弱，沙漠化、盐渍化敏感性高。

3. 生态保护措施与发展方向

加强天然林和草地的保护，加强绿洲区防护林建设，封沙育草和限牧育草，推广舍饲畜牧业，遏止沙漠化扩大趋势；禁采禁伐禁猎，保护生物多样性；保护水资源，制定水资源开发利用规划，优先保证盆地生态需水；大力发展节水灌溉，有效控制土壤次生盐渍化；加强监控开发建设活动对生态环境的影响和破坏。

三、昆仑山—阿尔金山高寒荒漠生态脆弱区

地貌单元包括帕米尔高原、喀喇昆仑山、昆仑山、阿尔金山等，平均海拔3000～5000m，地势高亢、远离海洋，气候以寒冷、干旱、太阳辐射强、昼夜温差大、冷季漫长、无霜期短和气候变化剧烈为特征，是典型的高寒、干旱大陆性气候。土壤类型有山漠土、莎嘎土、巴嘎土、寒漠土等。

1. 生态系统特征

严酷的气候特征和特殊的地形条件，决定了该区植物种类非常贫乏。近期调查资料显示，中昆仑山北坡有野生种子植物 398 种，阿尔金山自然保护区及其毗邻地区有 241 种。优势植物群落类型主要有温性半灌木—小半灌木荒漠、高寒小半灌木荒漠、高寒丛生禾草草原和温性半灌木—小半灌木—丛生禾草荒漠草原。

温性荒漠和荒漠草原，主要分布在山地外缘和中低山带，高寒荒漠和草原则集中分布在内部山原及外部高海拔山地，植被垂直带结构简化不完整，表现出典型的高寒、干旱大陆性高原山地气候的带谱特点。帕米尔高原，山地荒漠垂直带上升很高，其上经山地荒漠草原垂直带与高寒荒漠山地植被垂直带衔接，山地植被垂直带谱中，缺少山地草原和针叶林，被以嵩草群落为特征的高寒草甸所替代。西昆仑山植被垂直带结构相对完整，自下而上是山地荒漠—山地荒漠草原—山地典型草原，在海拔 3000 ~ 3600m 的局部阴湿地带有片段云杉林，与山地草原结合，构成局部山地森林草原景观。中昆仑山植被垂直带自下而上是山地荒漠—山地荒漠草原—山地典型草原—高寒草原—高寒草甸，在山地内部海拔 4000 ~ 5300m 分布有高原湖盆，高寒荒漠植被发育，但不构成典型显著的垂直带谱。东昆仑山北坡植被垂直带谱较简单，自下而上是山地荒漠—山地荒漠草原—山地典型草原—高寒草原，高寒荒漠和高寒荒漠草原多分布于高原湖盆，垂直地带性景观不显著。阿尔金山植被垂直带谱极简单，且山地荒漠植被垂直带上升很高，自下而上为山地荒漠—高寒荒漠草原—高寒草原。

区域主要植物种类有紫花针茅、短花针茅、垫状驼绒藜、粉花蒿、蒿叶猪毛菜、合头草、风毛菊、红景天、垂头菊、青藏苔草、西藏雪莲花、西藏扁芒菊、羊茅、盐爪爪、嵩草、沙生针茅、膜果麻黄、昆仑针茅、假羊茅、藏亚菊、冰草、蚤缀、雪岭云杉等。

2. 主要生态环境问题

本区以巨大隆升的高原、山地为背景，干旱寒冷的严酷气候为特征，干旱生态系统有较好发育，人类活动干扰较轻，是高原野生珍稀动物的乐园和地貌景观特殊且保存相对完好的生态环境区域，为生物多样性极敏感、土地沙漠化高度敏感区，是生物多样性保护、沙漠化控制、水源涵养等重要地区。部分地段天然草场利用过度，载畜量大，草场退化严重、荒漠化加剧；非法采矿对生态环境破坏严重；藏羚羊等蹄类动物被猎杀的现象时有发生。

3. 生态保护措施与发展方向

加大自然保护区管理力度；加强对天然植被的保护，在草地植被退化严重的区域实施封山育草、限牧育草，恢复草地植被；严格禁采禁伐禁猎；打击取缔乱采金矿、乱挖玉石等非法开采活动，加强对矿产资源的保护和监管力度，依法保护矿区环境免受破坏。

四、江河源区高寒草甸草原生态脆弱区

江河源区具有典型的青藏高原腹地地貌特征，地势总体西南高、东北低，西南部平均海拔5000m左右，东北部玛曲降至3000m左右。主要山地从南到北依次为唐古拉山、巴颜喀拉山、阿尼玛卿山、鄂拉山、西倾山等，本区为长江、黄河、澜沧江和怒江的发源地。气候属高原亚寒带、亚温带，土壤类型有草毡土、黑毡土、莎嘎土等。

1. 生态系统特征

植被以高寒草甸为主，其他类型有森林、灌丛、草地等。森林植被呈小片状分布，主要树种有祁连圆柏、大果圆柏、密枝圆柏、青海

云杉、川西云杉、紫果云杉、鳞皮冷杉、白桦、山杨等；灌丛物种包括金露梅、毛枝山居柳、积石山柳、头花杜鹃、百里香杜鹃、箭叶锦鸡儿、绣线菊、鲜卑花、雪层杜鹃等；草原类型主要为高山苔草草原、紫花针茅草原、大紫花针茅草原、芨芨草针茅草原、青海固沙草短花针茅草原、长芒草赖草猪毛蒿草原等；高海拔地区为水母雪莲、风毛菊、红景天、垂头菊、垫状点地梅等组成的高山垫状植被和高山流石坡稀疏植被。草甸类型繁多，包括高山嵩草草甸、高山嵩草矮嵩草草甸、高山嵩草紫花针茅草原化草甸、高山嵩草圆穗蓼草甸、高山嵩草异针茅台草原化草甸、线叶嵩草草甸、线叶嵩草紫花针茅台草原化草甸、线叶嵩草珠芽蓼圆穗蓼草甸、矮嵩草草甸、藏嵩草沼泽草甸、青海早熟禾扇穗茅草甸、粗喙苔草圆穗茅草甸、沙生风毛菊矮毛菊草甸、垂穗披碱草草甸等。北部共和盆地周围植被类型主要为芨芨草草原、青海固沙草短花针茅草原及短花针茅草原、疏花针茅草原、芨芨草针茅草原、沙生针茅草原等，圆头沙蒿沙漠、蒿叶猪毛菜砾漠、川青锦鸡儿灌丛、细枝盐爪爪盐漠、马蔺草甸及白刺盐爪爪盐漠等。

2. 主要生态环境问题

山地森林砍伐严重，森林面积缩小；草场放牧强度较大，鼠虫害猖獗，导致草地植被退化严重，草场沙化进程加快，“黑土滩”蔓延面积扩大，盐碱化及水土流失加剧；湿地旱化、湖泊萎缩；部分区域垦殖现象严重；林草植被呈现不同程度退化，野生动物数量锐减，水源涵养和生物多样性保护功能受到严重威胁。生物多样性及生境、土壤侵蚀、沙漠化敏感性高，水源涵养、土壤保持、沙漠化控制、生物多样性保护功能极为重要。

3. 生态保护措施与发展方向

加快自然保护区建设，核心区开展生态移民并禁牧；缓冲区实施阶段性禁牧或严格的限牧措施，恢复草地植被；保护森林、灌木群落，充分发挥其水源涵养和水土保持作用，维持生态平衡；零星农耕地全面退耕还草；实行以草定畜、限牧育草政策，加大草原建设投入力度，开展舍饲养殖；加强小城镇建设和区域基础设施建设，大力扶持和培育生态旅游、设施畜牧业、畜牧业后续产业、有机产品开发、中藏药保护性开采和种植等生态型产业发展，使地区经济结构实现从单一草地畜牧业向生态型、多元化的转变。

五、羌塘高原高寒荒漠生态脆弱区

地貌类型主要为山地、高原盆地和宽谷，地势东部南北高中间低，西部北高南低，山地、盆地和宽谷交错分布，地形复杂，内陆高原湖泊发育。河流以内流、季节性为主，汇入湖盆的大多短浅，湖泊星罗棋布，面积在 $2km^2$ 以上的有400多个，小于 $2km^2$ 的难以计数。气候属高原寒带、亚寒带与温带干旱类型。土壤为莎嘎土、高山漠土、寒漠土、盐土。

1. 生态系统特征

东部羌塘高原主要植被类型是高山草原，在海拔5100m以下广泛分布，主要建群种是紫花针茅、羽柱针茅、羊茅、西藏嵩草等，黑阿公路沿线湖盆以南，伴生有固沙草、三角草等，以北消失；再向北青藏苔草明显增加，与紫花针茅共同成为植物群落的建群种。植被垂直分带简单，在海拔5100m以上的山地是以青藏苔草为主的群落，接近5500m的山地则为高山稀疏植被。高原东部高寒草甸草原分布面积较广，冈底斯山—念青唐古拉山北坡有退化高山草甸，有些洼地或湖泊有沼泽草甸。野生动物资源独特且丰富，主要有黑颈鹤、藏羚羊等重点保护动物和荒漠草原珍稀特有物种。

西部阿里山地4600m以下地带性植被为亚高山荒漠化草原，局部有亚高山落叶灌丛，荒漠化草原的主要类型是沙生针茅和驼绒藜群落，落叶灌丛主要种类组成为藏边蔷薇、鼠李、小檗、柱腺茶藨等；4600m以上为山地垂直植被，包括高山灌丛（变色锦鸡儿群落）、高山草原（紫花针茅群落）、高山草甸和冰缘植被；低湿地植被常见类型有秀丽水柏枝灌丛、沙棘灌丛和嵩草沼泽化草甸。

2. 主要生态环境问题

由于自然条件恶劣、生态环境脆弱，抗干扰能力差，沙漠化、盐渍化敏感性程度高，高山区冻融侵蚀严重；部分地区矿山开采、公路建设及过度放牧和樵采，草地、灌丛退化严重，荒漠化现象突出；偷猎活动造成野生动物大量减少。

3. 生态保护措施与发展方向

以保护藏羚羊等野生动物为主的生物多样性保护和荒漠化控制为基本目标。通过加大自然保护区的保护力度，改善野生保护动物的生境，提高种群数量；海拔5000m以上的高山草甸和高山流石滩及6000m以上的冰雪区应作为水源涵养重点保护；农牧业开发要适度，合理布局农业和牧业，严格实施退牧还草政策，恢复和重建草地植被；加大资源开发的生态保护监管力度，限制新增矿山开发项目。

六、藏南山地水土流失生态脆弱区

地貌类型主要由山地、河谷、盆地组成，高大山地多，雪山连绵、冰川广布，地表水主要是雅鲁藏布江及其支流，高原湖盆广泛分布。气候属高原温带和亚温带，土壤有巴嘎土、草毡土、莎嘎土、寒漠土、黑毡土等类型。

1. 生态系统特征

植被类型以高寒草原、草甸、灌丛为主要特征。雅鲁藏布江上游河谷平原及山坡上广泛分布紫花针茅草原，河谷沙地上为藏白蒿、固沙草草原，山麓洪积平原为西藏蒿草原，山麓地带灌丛主要为变色锦鸡儿灌丛植被，沿江低洼湿地则为大蒿草沼泽化草甸，此外，冈底斯山南侧有嵩草草甸；野生动物丰富，有藏羚羊、岩羊、野驴、藏狐等。雅鲁藏布江中游植被自河谷向上为：河岸或洪积扇前缘为沼泽或沼泽草甸；洪积扇为西藏狼牙刺灌丛，常见灌木为锦鸡儿、小檗、绣线菊等；海拔4100～4500m为白草、针茅、蒿属草原；4500～5000m为嵩草、针茅、苔草、嵩属草甸草原；5000m以上则为高山垫状植被；高山冰缘植被常见种为风毛菊、水母雪莲、圆齿红景天、乌双龙胆等。东北部拉萨河流域，介于藏北高寒草原草甸区与藏东南森林区之间，以亚高山灌丛草原为主体，包括砂生槐灌丛、白草草原、丝颖针茅草原及绢毛蔷薇灌丛、拉萨小檗灌丛等，局部有适生树种形成的块状疏林和“林卡”。

2. 主要生态环境问题

河谷盆地人口密度相对较大，草地过牧、鼠害严重，导致植被破坏和草场退化，风蚀、沙化严重；耕地开垦面积大，经济发展对区域生态系统的压力大，农田水蚀、风蚀严重；部分地区山地灾害、洪灾较频繁。此外，水土流失、沙漠化、地质灾害敏感性高。

3. 生态保护措施与发展方向

特别注意保护冰缘稀疏植被脆弱生态系统；尽快建立重要生物多样性保护区和特殊景观自然保护区；加强高山草甸保护与恢复，加大退牧还草力度，增强水源涵养能力和控制荒漠化；适度发展牧业，山地草场采取封育、轮牧、休牧，对严重退化、沙化草地退牧还草；加强基本农田保护区建设，完善农田防护林网，促进区域农业经济发展。

第三节 干旱半干旱地区生态脆弱区特征与恢复对策

西北干旱半干旱地区生态脆弱区是我国最干旱的区域，降水稀少，水资源严重短缺。土地沙漠化、盐渍化现象突出，是我国生态环境最脆弱的地区之一。与这种干旱、半干旱环境相适应，形成了典型的干旱生态系统类型。

一、内蒙古高原中东部沙漠化生态脆弱区

地貌单元包括大兴安岭西麓、呼伦贝尔高原、锡林郭勒高原、阴山山地、土默特平原、鄂尔多斯高原东部、燕山山地西北缘和坝上高原。沙地分布范围广，从南到北依次为毛乌素沙地、库布齐沙地东段、浑善达克沙地、乌珠穆沁沙地和呼伦贝尔沙地。过渡性气候特征明显，东部为半湿润气候区，向西、南逐渐过渡为半干旱气候。年降水量200~500mm，地区差异大，从东向西逐渐减少，降雨多集中在7~9月。土壤类型主要是栗钙土、风沙土、黑钙土、草甸土和绿洲土。

1. 生态系统特征

自然植被由东向西逐渐从大兴安岭落叶阔叶林过渡为草甸草原、典型草原。大兴安岭西麓低山丘陵区主要森林生态系统，以岛状的白桦林为特征，并有部分针阔混交林与沙地樟子松林，丘顶及阳坡中上部为线叶菊、日阴菅草原，其余大面积的缓坡漫岗均为中生杂类草所组成的五花草塘。燕山山地以华北植物区系为主，属暖温型落叶阔叶林带，树种主要是油松、白桦、山杨、蒙古栎、大青杨、香杨、色木槭、椴。阴山山地野生植物种类很多，内蒙古大多数地带性代表植物均在此出现，蕨类植被、被子植物和裸子植物都有分布，并拥有青藏高原特有植被——蒿草群落；林木组成有白桦林、蒙椴、辽东栎等，人工林多为杨树、落叶松、榆树、樟子松、云杉等；山地灌丛植被有虎榛子灌丛、铁杆蒿群系；北部低山丘陵区为半干旱草原类型，主要建群种有锦鸡儿、克氏针茅、羊草，伴生种有糙隐子草、冰草、狼毒、芨芨草、百里香和冷蒿等旱生植物。草甸草原主要为线叶菊、贝加尔针茅草甸草原和羊草、贝加尔针茅草甸草原。典型草原基本群落类型是大针茅草原、克氏针茅草原、羊草草原等。大针茅草原是本区地带性植被的主要代表群系；克氏针茅草原是本区草原植被的基本类型，它比大针茅草原的旱生性强，分布也较普遍；羊草则生长于水分条件相对较好的地段；此外，局部地段还分布着线叶菊、隐子草、冷蒿、羊茅草原和沙生冰草草原以及低湿地盐化草甸；浑善达克沙地在生态系统组成上以榆树疏林灌丛草原为主体，并有柳灌丛；鄂尔多斯高原东部主要植物群系为针茅群系、百里香群系、锦鸡儿群系、臭柏群系和油蒿群系。

2. 主要生态环境问题

自然生态系统在生物多样性维持、水土保持、水源涵养、阻挡漠北风沙南侵等方面具有重要的生态服务功能。由于受人为扰动较大，森林受到多次采伐破坏，成破碎状态，局部地段原生植被破坏严重。林缘草甸、草甸草原和典型草原区，由于开垦面积大和过度放牧，造成植被退化，原生草地群落组成发生改变，生态系统结构不稳定，功能衰退；过度放牧引起草原退化、沙化、草场质量下降为其主要的生态问题，引发沙尘暴等生态灾害；沙地植被破坏严重，造成沙丘活化、沙带扩展；农牧矛盾比较突出，农田开垦面积较大，缺少必要的农田防护措施等，致使农田水土流失、土地沙化严重，耕地生产力下降，农田土壤次生盐渍化和土地板结；矿山开采造成原生植被破坏。

3. 生态保护措施与发展方向

加大对天然林和灌草植被保护的力度，在破坏严重的地段，辅以一定的人工生态建设，促进植被恢复；鼓励发展林副产品加工项目（如中草药、食用菌）和舍饲为主的林缘草地畜牧业；建立合理的放牧制度，实施轮牧、限制放牧、休牧制度；选择有条件的地段，建设改良草场和粮料基地，发展舍饲畜牧业；采取设置沙障，封育、飞播等措施稳定沙漠，建立沙地植被生态功能保护区，严禁樵采和沙地过度放牧，保护沙地植被；在不适宜农作的地区实施退耕还林还草工程。

二、内蒙古高原中部沙漠化盐渍化生态脆弱区

地貌类型多样，有高原、山地、干燥剥蚀低山丘陵、戈壁、沙漠、河谷、冲洪积平原、台地、盆地和黄土丘陵台地、残丘。山地包括狼山、桌子山、贺兰山、罗山等；沙漠区包括腾格里沙漠、乌兰布和沙漠、雅玛雷克沙漠，以及浑善达克沙地西部、库布齐沙地西段、毛乌素沙地东部；平原包括河套平原、宁夏平原、河西走廊山前倾斜平原等，大部分地区地势平坦、起伏不大；西部干燥剥蚀低山丘陵、砾质平原或高平原戈壁占有较大面积。气候属典型中温带大陆性气候，干旱、风大、沙多，年均气温 2 ~ 14℃，年均降水量 75 ~ 250mm。

土壤主要有棕钙土、风沙土、灰漠土、灰钙土、绿洲土等。

1. 生态系统特征

东部以草原向荒漠过渡的荒漠化草原为特征，植被旱生化、灌丛化突出。乔木树种主要有胡杨、云杉、油松、山杨等，灌草包括柠条、沙柳、绵刺、四合木、珍珠柴、半日花、沙冬青、高山柳、鬼箭锦鸡儿、石生针茅、短花针茅、戈壁针茅、沙生针茅、无芒隐子草、冷蒿、藏锦鸡儿、盐爪爪、猫头刺、白沙蒿、虫实、猪毛蒿、雾冰藜、三芒草、沙蓬、狗尾草、猪毛菜、细叶鸢尾、驼绒藜、蒺藜、蒙古韭、霸王、冠芒草、小针茅、碱韭、沙珍棘豆、油蒿、干草、地锦等。其中，绵刺、四合木、半日花、沙冬青等是东阿拉善—西鄂尔多斯的特有种，为国家重点保护的珍稀濒危植物。

西部为草原化荒漠，生境严酷，生产力很低，植被稀疏、不能郁闭，许多沙漠戈壁几乎完全裸露。沙漠区自然植被以草原化荒漠与荒漠草原为主，局部区域分布有隐域性植被低湿地植被类型；阿拉善东部及狼山—阴山以北草原化荒漠区以草原化荒漠裸岩景观、平原砾质、高平原灌木、低山丘陵灌木草原化荒漠景观为主，植被主要有藏锦鸡儿、红砂、绵刺、珍珠柴以及四合木、沙冬青、半日花等；河西走廊草原化荒漠中有红砂、驼绒黎、泡泡刺、芦苇、芨芨草和柽柳灌丛等，也有胡杨林，绿洲因地势低洼零星分布着沼泽和草甸。

2. 主要生态环境问题

本区沙漠化极敏感，是我国沙尘暴重要源头之一。由于自然因素以及樵采、采挖苁蓉、砍伐梭梭林、过度放牧等人为活动的影响，造成荒漠植被严重破坏，出现严重的土地沙化、沙漠活化、水土流失、植被破坏和退化、生物多样性减少等生态环境问题，造成沙尘暴频繁发生。平原灌溉农区，农田土壤次生盐渍化普遍；重用轻养，化肥、农药、农膜大量投入，土壤污染较重，肥力下降。此外，农田林网密度低，草场严重退化，风沙灾害严重。此外，绿洲地区水资源日趋紧张，随着生产、生活用水不断增加及农业灌溉耗水增多，地表水资源减少、地下水过度开采，对绿洲安全构成威胁。

3. 生态保护措施与发展方向

严禁草场过牧和大面积樵采，实施退牧还草，保护现有植被；在流动沙丘及严重退化区，禁止人为活动，围封沙漠、实施禁牧，并采取设置沙障、封育、飞播等措施稳定沙漠，控制沙漠扩大；对剥蚀山地和戈壁荒漠，严防过度樵采，围封退牧、保护现有植被；绿洲区合理使用水资源，调整农业结构，发展节水农业，在绿洲边缘区植树种草、恢复植被，防止风沙进一步侵入绿洲；植树造林以梭梭、红柳、沙柳、沙枣树等当地物种为主，维护沙漠生态系统平衡和稳定。

三、内蒙古高原西部荒漠戈壁生态脆弱区

地貌类型为干燥剥蚀的中低山、丘陵、平原，风蚀洼地、戈壁、流动半流动沙丘，河流冲积的三角洲平原、构造和残留的湖盆洼地等，除少数山地外，地形起伏不大。地貌单元包括北山山地、河西走廊西段、黑河中下游绿洲、巴丹吉林沙漠和阿拉善高原西部戈壁等。气候属中温带干旱、极干旱类型，大部分地区年降雨量不足100mm，蒸发量高达2700～3900mm，年均气温4～8℃。土壤主要是灰棕漠土、风沙土、棕钙土、栗钙土、草甸土。

1. 生态系统特征

大部分地区生态环境十分恶劣，生物生产力很低，植被稀疏，不能郁闭，许多沙漠与戈壁几乎完全裸露，石缝间偶见合头藜、短叶假

木贼等灌木和小灌木，主要荒漠植被是红砂荒漠、合头草荒漠、泡泡刺荒漠、膜果麻黄荒漠、蒙古沙拐枣荒漠、短叶假木贼荒漠、无叶假木贼荒漠、西伯利亚白刺荒漠、珍珠柴荒漠、绵刺荒漠、梭梭荒漠、霸王荒漠等。泉水出露处形成小片草甸，组成植物为芦苇、拂子茅、芨芨草、西伯利亚白刺等，盐土上分布着细枝盐爪爪、里海盐爪爪等。黑河流域的荒漠绿洲，在湿润的冲积平原和湖泊洼地，生长着茂密的盐生和旱生乔木、灌木和草本植被，植物种类有胡杨、沙拐枣、柽柳、芦苇、芨芨草、苦豆子、甘草等。部分地区分布较大面积的梭梭林，药用植物有肉苁蓉、锁阳、甘草、苦豆子、麻黄、沙冬青、蒲公英等，阿拉善黄鹌菜和戈壁黄芪为本区特有种，国家级保护野生植物有梭梭、肉苁蓉、沙冬青和绵刺等。

2. 主要生态环境问题

由于处于极端干旱与大风地区，生境极为严酷，土地沙化极敏感，一旦地表形态遭受破坏，就会形成沙尘暴源头。此外，因干旱、滥砍、过度放牧造成荒漠草场退化，梭梭林面积减少，与之共生的肉苁蓉资源面临枯竭。

3. 生态保护措施与发展方向

采取绝对保护措施，严禁人为樵采、挖掘和放牧等破坏植被的活动，利用自然恢复方法，实施重点区域植被保护与恢复建设工程，防止沙化，维持生态环境现状；对于放牧骆驼限制载畜量，保护戈壁植物；控制人口增长，不适合人类生存的区域，采取移民措施；加强河、湖、地下水资源的统一管理和调配，绿洲内农田解决好灌排问题，防止盐渍化，同时调整农业结构，减少高耗水作物面积；禁止矿产无序开发，保护生物多样性和生态防护功能。

四、阿尔泰山—准噶尔西部沙漠化水土流失生态脆弱区

地貌单元包括阿尔泰山、乌伦古河以北山前平原、北塔山、萨吾尔山、赛米斯台山、塔尔巴哈台山南坡、乌尔喀什尔山、巴尔鲁克山、加依尔山、玛依力山等准噶尔西部山地以及坐落其间的谷盆地。气候冷凉，属中温带干旱半干旱区，年均温度 -5℃，山麓和低山带年降水量 250 ~ 300mm，中山带 500 ~ 800mm。土壤有栗钙土、棕钙土、黑毡土、草毡土、黑钙土、风沙土。

1. 生态系统特征

阿尔泰山地植被垂直分化明显，自下而上更迭顺序是山地荒漠草原—山地草原和灌木草原—山地泰加林草甸—高寒草甸—高山稀疏植被。植物种类有西伯利亚落叶松、云杉、羊茅、针茅、白尖苔草、白茎绢蒿、博乐绢蒿、芨芨草、绢毛蔷薇、芦苇、沙生针茅、驼绒藜、苔草、雪莲花、厚叶美花草、早熟禾、新疆针茅、假木贼等。受西来湿气流影响，阿尔泰山南坡从西向东干旱化增强，植被垂直带的海拔高度、带谱结构和其他生态学特点也发生相应变化。阿尔泰山南麓显域地境上，荒漠草原呈不连续条带状分布，为水平地带性植被，是欧亚草原的组成部分。准噶尔西部山地海拔高度或相对高度均较低，植被垂直带结构简化而不完整，高寒草甸和森林几乎完全消失，而山地草原在各山地植被垂直带结构中占据显著地位。在山间谷盆地中，主要为小半灌木蒿类荒漠，额敏河谷则发育着大片隐域性草甸植被。

2. 生态保护措施与发展方向

森林与牧草资源丰富，是新疆重要的林牧业基地。农业为一年一熟耕作制，农作物主要是春小麦、糜子、马铃薯、甜菜、油菜、胡

麻。在不利的自然条件中，冬春季节时常出现暴风雪并伴随强降温天气，对畜牧业和交通威胁很大，应提高抗灾、保畜、护路能力；在开发利用丰富的矿产资源时，尽量减轻对周围环境的破坏。

五、准噶尔盆地荒漠戈壁生态脆弱区

准噶尔盆地三面为山地，是一个近似三角形的内陆荒漠盆地，地势从东南向西北倾斜。北部准噶尔为第三纪沉积地层的丘陵台地，受西北风强烈吹蚀，呈现若干剥蚀碟状洼地和砾石质戈壁景观；盆地中心为古尔班通古特大沙漠；沙漠南缘多为平坦开阔的盐化冲积平原；盆地南部的洪积—冲积倾斜平原下，有黄土状壤土覆盖，是绿洲农业分布的地带，其上半部为洪积砾石戈壁。大沙漠西部与东部山麓，也是洪积砾石戈壁。

干旱内陆盆地所具有的景观环带状分布模式，决定了盆地中植被及其生态系统的分布格局。其中南面的天山是荒漠盆地的天然屏障，其冰川积雪和较充沛的降水更是盆地中人工绿洲和许多天然植被的生命线。准噶尔盆地中的植物区系成分约500种，植被的建群种和优势种以藜科植物为首。植物的生活型组成中，超旱生的小半乔木梭梭柴和白梭梭，在荒漠植被景观建造中占有重要地位，而超旱生的半灌木和小半灌木则最占优势。灌木相对较少，多年生与一年生草类也不占重要地位，但短命植物有一定发育，在荒漠植被中可构成特殊的层片。准噶尔荒漠盆地中的植被，随地貌、土壤及其相联系的潜水与盐分特点呈有规律的分布。其中，地带性植被主要由梭梭柴群落、琵琶柴群落、小蓬群落、盐生假木贼和短叶假木贼群落及蒿类群落组成。隐域环境中发育的植物群落主要为多汁盐柴类荒漠群落、柽柳灌丛、胡杨疏林及芦苇、芨芨草等盐化草甸群落。

准噶尔盆地油气资源丰富，乌鲁木齐以西的天山北麓一带，农业绿洲发达，小城镇发展迅速，北疆铁路贯穿其间，交通十分方便，这里是天山北麓经济带，是最有活力的区域，对新疆社会经济发展具有举足轻重的地位。该区有多种珍稀濒危动植物，应加强保护力度；对寒潮、倒春寒和沙化、盐渍化等不利自然条件，提高预防能力和治理水平。绿洲地区宜发展节水高效农业，平原草地退化严重，应禁牧或休牧。

六、天山山地冻融侵蚀生态脆弱区

天山山脉把新疆天然地分隔成南疆和北疆两个在气候上差异明显的区域。天山北坡中山带年降水量高达 800mm 以上，而南坡气候干燥少雨，降水量最低处年均不足 100mm。大气降水和冰川融水，汇聚成众多河流，注入盆地，成为平原绿洲的生命线。土壤有棕钙土、栗钙土、灰漠土、棕漠土、草毡土、灰钙土、黑钙土等。

植被以山地草原和针叶林为代表。天山生物资源丰富，种子植物多达 2500 种，是我国荒漠地区植物种类最丰富的山地。针叶林建群种主要是雪岭云杉、西伯利亚落叶松，森林蓄积量大，在新疆森林总蓄积量中占有重要地位。天山北坡山地，迎向湿气流，气候湿润，中生植被发育，最典型的植被类型是山地森林和草甸，植被垂直带谱完整。南坡山地背向湿气流，降水减少，植被垂直带谱简化，山地草原在垂直带谱中占有显著地位。草地类型多样，牧草种类丰富，为畜牧业发展提供了物质基础，植被的垂直分布又为家畜转场轮牧创造了四季放牧场所。存在珍稀孑遗阔叶树种和残遗野果林，是新疆生物多样性保护的重要地区。本区还有旅游、中草药和矿产资源，可进一步开发利用。

天山北麓地区是新疆大开发战略中的重点开发区，在当地经济结构中处于核心地位。在经济快速发展过程中，不合理的开发利用对生态系统产生了一系列负效应，使非常脆弱的干旱荒漠生态系统受到严重干扰和破坏，天然植被退化、土地荒漠化和湖泊萎缩等生态环境问题日渐突出，直接威胁农业绿洲与生态系统的稳定性。需要加强对天然植被、绿洲湿地的保护，严禁滥伐滥采，过牧区实施退牧还草，发展绿洲节水农业，规范矿产开发，协调各业发展与生态保护之间的关系。

七、塔里木盆地—东疆荒漠戈壁生态脆弱区

周边为天山、昆仑山、阿尔金山和北山山地，是一个大型的封闭盆地区。地貌单元包括塔里木盆地、吐鲁番盆地、哈密盆地及周边戈壁、库鲁克塔格低山丘陵山地、库木塔格沙漠等，海拔800～1300m。气候属暖温带极干旱类型，年降水量不足100mm。土壤类型有风沙土、棕漠土、草甸土和盐土等。

塔里木盆地是我国最大和最干旱的内陆荒漠盆地，盆地中心是塔克拉玛干大沙漠。在沙漠北缘自西向东延伸的塔里木河，干流全长1321km，是我国最大的内陆河，沿岸植被茂密，形成绿色长廊，发育在这里的荒漠河岸林也是我国及世界上分布最集中、面积最大的胡杨林带。盆地植被稀疏，植物区系十分贫乏，仅有野生种子植物200种，地貌格局和地质土壤分带特点控制着水分和盐分的地域分配，决定了塔里木盆地中的植被呈环带状模式的分布格局：山麓沙卵砾质洪积平原戈壁带分布着地带性的稀疏灌木和半灌木荒漠植被；大河下游的干三角洲或冲积细土平原分布着古老的灌溉绿洲；盐化冲积平原分布着隐域性的灌丛、胡杨林、盐生草甸与盐生荒漠植被；盆地中心绝大部分是无植被的裸露沙丘或沙丘链；盆地东南部的罗布泊低地是塔里木盆地的积盐中心，由盐沼、盐壳和稀疏盐土组成。盆地各河流冲洪积平原为农业绿洲分布区，属典型的灌溉农业，园艺业历史悠久，植棉业发达。另外，塔里木盆地是我国生物多样性保护的重要地区。重大生态环境问题包括风沙灾害、盐碱危害、胡杨林和甘草分布面积大幅度减少、塔里木河下游断流、罗布泊和台特玛湖干涸等。

库鲁克塔格低山丘陵是塔里木盆地和吐鲁番、哈密盆地的分界线，为准平原化的低山丘陵山地，除矿业开发人员外基本上是人迹罕至的干旱荒漠地域。气候异常干旱，降水稀少，蒸发强烈，无地表径

流，由大气降水补给的地下水主要分布在大小洼地内的基岩裂隙中，形成基岩裂隙地下水，水量极小、水质矿化度高不宜饮用，为极端干旱的贫水区。植被稀少，仅汇水洼地内有少量柽柳、白刺、琵琶柴和盐爪爪等植物生长。

吐鲁番、哈密盆地及其周边戈壁荒漠地区位于新疆东部，该区属大陆性极端干旱气候，独特的自然条件造成干旱酷热和多大风的自然环境，地表最高温度可达70～80℃，降水稀少，只有50mm左右，除小面积的人工绿洲外，均为广阔的砾漠、土漠、石漠裸地。主要利用坎儿井开发地下水，发展人工绿洲。

第四节　东部季风区生态脆弱区特征与恢复对策

东部季风区生态脆弱区主要包括黄土高原、四川盆地、云贵高原、横断山区以及第三级阶梯的沿海平原和丘陵地区。该区主要的生态问题有水土流失、石漠化、酸雨等。

一、大小兴安岭冻融侵蚀生态脆弱区

大、小兴安岭地处我国东北，原始森林茂密，森林覆盖率70%以上，是国内最大的林区，也是黑龙江、松花江、嫩江等的源头和水源涵养区，维护着东北亚地区的生态安全。同时，作为我国重要商品粮和畜牧业生产基地的天然屏障，对调节东北、华北地区气候也具有无可替代的保障功能。地貌类型是中山、低山、丘陵、台地和山间盆地。气候方面，除大兴安岭北部属寒温带外，其他地区属中温带，年均温度在0℃以下，年均降水量500～700mm。土壤以暗棕壤、寒棕壤、黑钙土等为主，暗棕壤分布在大兴安岭东坡和小兴安岭，寒棕壤位于大兴安岭北段山地上部，黑钙土主要在大兴安岭中南段山地的东西两侧。

1. 大兴安岭冻融侵蚀生态脆弱亚区

大兴安岭北起黑龙江畔，南至西拉木伦河上游谷地，东北—西南走向，北段较宽南段较窄，是内蒙古高原与松辽平原的分水岭。海拔1100～1400m，最高峰超过2000m。气候冷湿，山脉北段是我国东部最冷的地方，有大面积的多年冻土区。夏季受海洋季风影响，东坡降水多，西坡干旱，是森林和草原的分界线。

（1）生态系统特征

大兴安岭植被以寒温带、温带种类为主，主要类型有寒温带针叶林、温带落叶阔叶林、温带灌丛以及温带草原、草甸等。其中森林、草甸、湿地多分布于中北部，灌丛、草原集中在南部。农业植被比例较低，大部分位于中南部地区，一年一熟，主要种植春小麦、大豆、玉米、高粱、甜菜、亚麻、向日葵、马铃薯、包心菜、苹果、李、杏等。珍稀生物种类有钻天柳、黄芪、草苁蓉、黑嘴松鸡、紫貂、原麝、貂熊等。

寒温带针叶林：分布在大兴安岭北部，兴安落叶松为主要建群种，占绝对优势。除兴安落叶松外，还有白桦、山杨、樟子松、偃松、鱼鳞云杉、红皮云杉、臭冷杉、蒙古栎、黑桦、钻天杨、甜杨、水曲柳等，形成混交林或纯林。

温带落叶阔叶林：大兴安岭中南段大部分属于温带落叶阔叶林带，兴安岭落叶松的成分大大减少，树种以蒙古栎、白桦、山杨为主，其中蒙古栎主要分布在东坡，西坡多为白桦和山杨。此外，零星分布有榆树、油松、小叶杨、黑杨、大果榆等。

温带灌丛：落叶灌木，中北部为榛子灌丛与山荆子、稠李灌丛，南部有山杏灌丛、绣线菊灌丛、小叶锦鸡儿灌丛、虎榛子灌丛，以虎榛子灌丛、山杏灌丛、榛子灌丛为优势。

温带草原：草原是大兴安岭南段的主要植被类型，建群种为羊草、丛生禾草、线叶菊、禾草、大针茅、贝加尔针茅、白莲蒿、糙隐子草、长芒草、杂类草等。

温带草甸：草甸在大兴安岭中北部占有相当大的比重，主要建群种有野古草、大油芒、小叶章、苔草、小白花地榆、金莲花、禾草、柴桦、沼柳、小糠草、野大麦、拂子茅、短柄草、无芒雀麦、野青茅、地榆、裂叶蒿、日荫苔草等。

沼泽湿地：大兴安岭中北部有大面积的沼泽湿地，植物种类主要是塔头苔草、小叶章、泥炭藓、杜香等，有些地方混生有兴安落叶松、地榆、禾草、拂子茅、柴桦、沼柳等。

（2）主要生态环境问题

大兴安岭是东北地区的生态屏障，然而过度开发已造成生态环境恶化，森林服务功能严重衰退。当前主要生态环境问题是森林质量下降、土壤被侵蚀、采矿破坏生态环境等。

森林质量下降、资源衰减，生态环境恶化。长期以来，林区生产重采伐、轻培育，森林更新赶不上砍伐速度，导致资源量减少、质量下降，生物多样性受到威胁。1987 年特大森林火灾更加剧了这种状况。尽管 2000 年开始实施天然林保护工程，超采破坏现象得到了遏制，但是森林质量不高、整体功能不强仍没有得到根本改观。

北部高寒区冻融侵蚀，南部森林草原带水土流失。大兴安岭北部是我国冻土主要分布区之一，受人类活动、气候变暖等因素影响，冻融侵蚀现象较突出。大兴安岭南部为森林草原过渡区，人为干扰强烈，植被遭到破坏，水土流失问题严重。

林区矿产开采破坏生态环境。大兴安岭地区矿产丰富，是我国三大重点成矿带之一。由于自然条件严酷，开发矿产毁坏的植被很难恢复，还会造成环境污染，引发其他次生灾害，使生态环境恶化，生态系统更加脆弱。

（3）生态保护措施与发展方向

实施天然林保护工程，扩大自然保护区面积，保护生物多样性，提高森林质量和森林覆盖率，促进生态环境向良性循环发展；停止商业采伐，林业生产转向以抚育为主，加快恢复和提升森林生态系统的服务功能，建设国家生态安全保障区。

减少人类活动干扰，保护冻土生态环境，维持冻土区寒温带针叶林生态系统的相对稳定，减轻土壤侵蚀，为整个区域的生态安全奠定基础。

科学合理规划矿产开发，打击非法采矿、过度开采，在生态敏感区、重要区、保护区严禁各类采矿活动；恢复重建矿山废弃地植被，修复污染土壤、水环境。

2. 小兴安岭冻融侵蚀生态脆弱亚区

小兴安岭位于黑龙江省中北部，为黑龙江和松花江的分水岭，呈西北—东南走向，海拔500～800m。地貌以低山丘陵为主，北部多台地、宽谷，中部低山、丘陵，山势和缓，南部低山，山势较陡。西南侧山前台地有五大连池、科洛、二克山、尖山等火山群，其中五大连池火山群最年轻，素有“火山博物馆”之称，是著名的游览胜地。

（1）生态系统特征

温带森林植被占绝对优势，以落叶阔叶林、针阔叶混交林、针叶林为主；中北部草甸较多，灌丛和湿地较少；农业植被不多，分布于河谷，种类与大兴安岭类似。珍稀物种有红松、水曲柳、黄檗、紫椴、野大豆、紫貂、原麝、白头鹤、东方白鹳、金雕和黑嘴松鸡等。

温带落叶阔叶林：广泛分布在小兴安岭，建群种主要是白桦、山杨、蒙古栎、黑桦、紫椴、色木、糠椴等，其他树种还有春榆、水曲柳、核桃楸、椴、槭、旱柳等。

温带针阔叶混交林：以红松、兴安落叶松为基础形成的针阔叶混交林，群落类型包括红松—风桦林、红松—蒙古栎林、红松—紫椴林、兴安落叶松—白桦林、兴安落叶松—蒙古栎林等，其中红松混交林主要分布在中南部，兴安落叶松混交林多位于中北部。

温带针叶林：小兴安岭中南部有较多的针叶林，主要种类为兴安岭落叶松、鱼鳞云杉、臭冷杉、红皮云杉、樟子松等，其中兴安岭落叶松、樟子松多为纯林。

温带草甸：以小白花地榆、金莲花、禾草草甸占优势，其他种类还有拂子茅、短柄草、无芒雀麦、野青茅、柴桦、沼柳、苔草、修氏苔、禾草、杂类草等。

（2）主要生态环境问题、生态保护措施

小兴安岭地区面临的生态环境问题与大兴安岭类似，生态保护措施也基本一致。目前黑龙江省提出的大小兴安岭生态功能保护区已经上升到国家战略层面开展建设规划工作，国家生态安全的重要保障区地位得到加强。相信在不久的将来，大小兴安岭生态环境不仅能够恢复，森林生态系统服务功能还会大大增强。

二、东北平原盐渍化生态脆弱区

东北平原西北东三面为大兴安岭、小兴安岭和长白山，南濒辽东湾，东北至黑龙江和乌苏里江边界，由辽河、嫩江、松花江冲积而成，大部分海拔低于200m。气候属温带湿润—半湿润大陆性季风类型，年降水量350～700mm。土壤有黑土、黑钙土、草甸土、沼泽土、白浆土等，其中前三类多分布在西部松嫩平原和辽河平原，后两类主要在东北部三江平原。

1. 三江平原盐渍化水土流失生态脆弱亚区

昔日的“北大荒”三江平原如今成为著名的“北大仓”，是我国重要的粮食生产基地。横贯中南部的完达山将平原分为南北两部分，山北是黑龙江、松花江和乌苏里江汇流冲积而成的低平原，面积较大，亦即狭义的三江平原；山南是乌苏里江及其支流与兴凯湖共同形成的冲积—湖积平原，面积较小，也称穆棱—兴凯平原；平均海拔50～90m，地势由西南向东北缓慢倾斜。完达山海拔500～800m，有丰富的动植物资源。

（1）生态系统特征

三江平原是我国最大的沼泽分布区，具有独特的沼泽景观。低山丘陵地带主要是温带阔叶落叶林、针阔叶混交林、针叶林等森林植被；此外草甸在平原上也广泛分布。作为重要的粮食产区，农作物面积占有较大比重。大面积的沼泽湿地为水禽提供了栖息和繁殖场所，包括东方白鹳、丹顶鹤、中华秋沙鸭、金雕、白尾海雕等国家重点保护动物。

农田：农田多位于中西部，耕作制度为一年一熟，粮食作物主要是春小麦、玉米、水稻和高粱，经济作物包括大豆、亚麻、甜菜、向日葵等，果树有李、杏、苹果。

温带落叶阔叶林：蒙古栎林群落为优势类型，其他主要树种还有白桦、山杨、紫椴、色木、糠椴、黑桦、春榆、水曲柳、核桃楸、小叶杨等。

温带针阔叶混交林：针阔叶混交林以红松为主，与蒙古栎或其他落叶阔叶种类形成，前者分布在完达山中西部，后者则在完达山东部。

温带针叶林：针叶林主要有两大群落类型，即兴安落叶松林与鱼鳞云杉、臭冷杉、红皮云杉林，其中兴安落叶松多分布在中西部。

沼泽湿地：建有多个国家级湿地自然保护区，并被列入国际重要湿地名录，保护濒危水禽丹顶鹤和天鹅。植被以苔草分布最广，其次为芦苇，还有小叶章、泥炭藓、杜香等。苔草沼泽又分为毛果苔草、乌拉苔草、塔头苔草、漂筏苔草等类型。

温带草甸：草甸植被类型主要有小白花地榆—金莲花—禾草草甸、修氏苔—禾草—杂类草草甸、沼柳草甸、柴桦草甸、苔草—杂类草草甸、马蔺—禾草—杂类草草甸等。

温带灌丛：灌丛植被不多，以二色胡枝子群落和榛子群落为主，散布在森林周边地区。

（2）主要生态环境问题

20世纪50年代以来大规模的农业开发，使湿地面积锐减80%以上，自然环境遭到严重破坏，湿地调节水文、气候等生态功能下降，旱涝灾害增加（刘文新等，2007）；湿地开发造成生境破坏和破碎，导致越来越多的物种特别是珍稀物种失去生存空间而濒危甚至灭绝，具有经济价值的生物资源衰退，生物多样性降低；低山丘陵区森林植被受破坏，加剧了水土流失；农田失去自然植被屏障，生态环境趋向脆弱化，农药、化肥污染问题突出。

（3）生态保护措施与发展方向

保护尚未开发的湿地，实施退耕还湿，逐渐恢复已经退化的湿地，加强对现有湿地自然保护区的管理，增设沼泽景观和珍禽的自然保护区，最大限度地发挥湿地生态系统的服务功能；合理利用自然资源，促进农林牧副渔全面发展，以防涝为主，涝旱兼治，搞好农田水利建设；调整产业结构，大力发展生态农业、绿色农业，尽量减少化肥和农药用量，确保生态环境向良性循环方向发展。

2. 松嫩平原盐渍化水土流失生态脆弱亚区

松嫩平原由松花江和嫩江冲积而成，位于黑龙江西南部和辽宁西北部，北与小兴安岭相连，南以松辽分水岭为界，东西分别是长白山和大兴安岭，整个平原略呈菱形，海拔200m左右。拥有广阔、肥沃的黑土地，为世界三大黑土带之一，地表波状起伏，又称波状平原。松嫩平原与辽河平原以松辽分水岭相隔，又合称为松辽平原，是东北平原的主体。

（1）生态系统特征

松嫩平原作为大型商品粮和油料基地，农作物面积大。自然植被有温带落叶阔叶林、针叶林、针阔叶混交林以及草甸、草原和湿地等。森林主要分布在平原边缘，尤其是东北部、北部和西南部，草甸、沼泽一般沿河流河滩延伸，草原大多位于平原的中部和西南部。

农田：作物种类与三江平原类似，除春小麦、大豆和亚麻广泛种植外，松花江以北还有果树李、杏，以南主要是玉米、高粱、甜菜、向日葵、苹果等。

温带落叶阔叶林：树种组成主要有白桦、山杨、蒙古栎、黑桦、黑杨、紫椴、色木、糠椴、榆树等，其中榆树为疏林，常与农作物、羊草、碱茅等混生，分布在西南部，其他落叶阔叶林多位于平原中北部边缘。

温带针阔叶混交林：群落类型包括红松—风桦林、红松—蒙古栎林、红松—紫椴林、红松—其他落叶阔叶林、兴安落叶松—白桦林等。

温带针叶林：建群种为兴安落叶松、长白落叶松、鱼鳞云杉、臭冷杉、红皮云杉等，其中兴安落叶松较多，与鱼鳞云杉、臭冷杉、红皮云杉分布在东北部邻近小兴安岭的地区。

温带草甸：草甸植被类型较多，植物种类有禾草、地榆、裂叶蒿、日荫苔草、拂子茅、短柄草、无芒雀麦、野青茅、小糠草、野大麦、芨芨草、碱蓬、剪刀股、柴桦、沼柳、芦苇、马蔺、苔草、小白花地榆、金莲花、小叶章、修氏苔、羊草、碱茅，野古草、大油芒等。

温带草原：以羊草草原、线叶菊草原为主，其他种类还包括贝加尔针茅、糙隐子草、大针茅、禾草、芦苇、杂类草等。

沼泽湿地：沼泽湿地植被主要有两种类型，芦苇群落集中在中南部，塔头苔草、小叶章群落分布在北部及中部的两侧。

温带灌丛：灌丛在松嫩平原的各植被类型中所占比例较小，在中西部边缘有少量分布，群落组成主要是榛子灌丛和山杏灌丛。

（2）主要生态环境问题

松嫩平原曾是水草丰盛的草原，在自然因素和人类干扰的共同作用下，土地覆被发生剧烈变化，生态环境不断恶化，盐渍化、水土流失、沙漠化、草地湿地退化等问题日益突出，成为区域社会经济持续发展的障碍。

盐渍化：松嫩平原是我国最大的苏打盐碱化土分布区。随着农业垦殖规模的扩大，大量的湖泊、湿地消失，草地退化，土地盐渍化也日益加重，盐渍化面积迅速增加。土地盐渍化的原因是多方面的，除了与地质背景、环境演变及全球变化有关外，人类活动在其中发挥了重要作用，尤其是近几十年来甚至起着主导作用。

水土流失：过度垦殖破坏林草植被，重用轻养造成土壤肥力衰退，理化性状恶化，抵御灾害能力减弱，这些都加剧了水土流失，导致黑土层变薄，甚至面临消失的危险。

沙漠化：沙漠化土地主要分布在中西部偏南，以轻度沙漠化为主，属科尔沁沙地向东北的延伸。疏松的沙质地表以及旱季与大风在时间上的同步性是发生土地沙漠化的重要自然因素。过度放牧、农垦等人类活动破坏天然植被，加速了土地沙漠化。

草地退化：松嫩平原以盛产羊草闻名，然而由于长期垦殖以及土地沙化、碱化，草原面积与优良牧草逐渐减少，生态系统结构与功能受到破坏，草地退化现象十分严重。

湿地退化：湿地面积萎缩、盐渍化加重，生物资源减少、生产力降低，系统抗干扰能力减弱，受自然灾害破坏严重，逐渐向脆弱生态系统方向发展。

（3）生态保护措施与发展方向

恢复重建植被，加大天然林、草地、湿地资源的保护力度，加快营造水土保持林、水源涵养林、用材林、薪炭林等满足不同需求，建立生态防护林体系；符合退耕条件的要还林、还草、还湿，破坏与退化严重的林地、草地、湿地实行大面积封禁，修复生态系统功能。

发展水稻，改良盐碱土。随着盐碱地水稻种植技术的成熟，逐渐受到重视。这种方式既有可观的经济收益，又有利于改善生态环境（王志春等，2003；严海霞等，2010）。

加强农田林网建设，采取植物、农业和工程等综合措施，治理水土流失、水污染，发展高效生态农业，改进耕作技术和方法，提高作物产量和农业综合效益。

3. 辽河平原沙漠化盐渍化生态脆弱亚区

辽河平原介于大兴安岭南段东麓、辽西丘陵和辽东丘陵之间，松辽分水岭以南，至辽东湾，为长期沉降区。除分水岭海拔较高外，其他部分地势低平，多在50m以下，辽河三角洲近海区域仅2～10m。平原河曲发育，沙洲众多，河床不断淤积，常导致汛期排水不畅。

（1）生态系统特征

农田、湿地比例有所降低，草原大幅增加，这与本区有大面积沙地有关，主要自然生态系统有温带草原、温带落叶阔叶林、温带针叶林、温带草甸、温带灌丛、沼泽湿地等。

农田：大部分农田集中在平原东部的辽宁和吉林境内，其中中南段作物可两年三熟，以冬小麦、杂粮和水稻为主；北段及平原中西部的作物种类类似于松嫩平原，一年一熟，主要有春小麦、大豆、玉米、高粱、甜菜、向日葵、亚麻、苹果等。

温带草原：草原主要分布在中西部，建群种有羊草、大针茅、禾草、长芒草、白莲蒿、白羊草、丛生禾草、沙蒿、百里香、贝加尔针茅、糙隐子草以及沙地先锋植物等。

温带落叶阔叶林：以榆树疏林群落为优势类型，大多分布在平原中部，其他树种还有小叶杨、蒙古栎、山杨、黑杨、刺槐、大果榆、白桦等。

温带针叶林：辽河平原针叶林较少，以油松林、樟子松林为主，另有零星分布的长白落叶松林、黑松林及红松—春榆—水曲柳林。

温带草甸：河流沿岸有较多的草甸，尤其是中上游地区。草甸植物主要有苔草、芦苇草甸、禾草、小糠草、野大麦、拂子茅、短柄草、无芒雀麦、野青茅、地榆、裂叶蒿、日荫苔草、茇茇草、野古草、大油芒等。

温带灌丛：分布较散，多在平原西部，优势种类为虎榛子、绣线菊、山杏、小叶锦鸡儿、中间锦鸡儿、榛子、锦鸡儿、荆条、酸枣、柳、二色胡枝子等。

沼泽湿地：主要分布在辽河下游，尤其是辽河三角洲有较大面积的沼泽湿地，沼泽植物以芦苇为主。

（2）主要生态环境问题

辽河平原中西部为科尔沁沙地，地处农牧交错带，生态环境敏感、脆弱；下游是东北老工业基地，水环境污染极为严重。在人类活动的强烈影响下，土地沙漠化、盐渍化、水土流失、水污染等生态环境问题十分突出（刘文新等，2007）。

沙漠化：东北平原土地沙漠化主要发生在辽河流域，20 世纪 50 年代至 80 年代末，土地沙漠化面积迅速扩大，平均以每年 1.5% ~ 3.7% 的速度增加；90 年代以来，沙漠化呈现减速趋势，但总体而言，土地沙漠化仍没有得到根本逆转。

盐渍化：过度放牧、不合理的耕作与灌溉方式，导致次生盐渍化的发展；辽河沿河地带苏打盐碱化土广泛分布，土地盐渍化现象严重。

水土流失：干旱、大风、植被稀少，致使风蚀、水蚀并存，不仅流失大量的土壤养分，使耕地丧失，还淤塞河道、抬高河床，引发水患。

水污染：辽河流域是我国水污染最为严重的流域之一，根据 2009 年中国环境公报，劣五类水质断面比例为 36.1%，仅次于海河流域。

（3）生态保护措施与发展方向

建设生态防护植被，防治土地沙化和土壤侵蚀。风蚀是土地沙化的首要环节，减轻风蚀最好的方法就是恢复重建植被，有效的植被覆盖不仅能够降低风速、减少扬沙，而且增强保持水土和涵养水源功能，使水土流失得以控制。

根据草地承载力，确定合理的载畜量，让草地得到休养生息，促进畜牧业的持续发展。在盐碱化土地上，可以种植水稻，以稻治碱。

优化升级产业结构，发展循环经济。以振兴东北老工业基地为契机，推进产业技术升级，从源头上控制环境污染物的产生和排放，实现经济、社会与生态环境的可持续发展。

三、长白山植被退化生态区

长白山位于东北地区南部，是松花江、图们江和鸭绿江的发源地，也是中国与朝鲜的界山。本区指广义的长白山脉，北起三江平原的南侧，南至渤海、黄海，包括辽宁、吉林、黑龙江 3 省东部山地。地貌以平行山脉与山间盆、谷相间分布为特征，山地海拔多在 500 ~ 1000m，白云峰 2691m，为东北第一高峰。中北部属温带湿润季风气候，千山、辽东半岛为暖温带湿润季风类型，年降水量一般 500 ~ 800mm，长白山南麓超过 1000mm，是东北地区降水量最多的地方。土壤以棕壤、暗棕壤为主，还有棕色针叶林土、白浆土、草甸土、沼泽土等。长白山是东北三宝“人参、貂皮、鹿茸”的主要产地。

1. 长白山植被退化生态亚区

本亚区包括除辽东半岛以外的其他地区，即狭义长白山、张广才岭、大青山、大黑山、老爷岭、吉林哈达岭、威虎岭、龙岗山、千山等，上述长白山植被退化生态区的地貌、气候、土壤等基本特征也主要反映了本亚区的特点。

（1）生态系统特征

长白山脉地处温带针阔叶混交林区，自然植被有落叶阔叶林、针阔叶混交林、针叶林和灌丛等，森林主要在东北部，另有少量草甸、沼泽、草地和苔原，农田多在西部中段吉林境内。珍稀濒危物种有东北虎、梅花鹿、丹顶鹤、野山参、长白松、草苁蓉等近百种。

温带落叶阔叶林：群落类型较多，主要树种有蒙古栎、白桦、山杨、糠椴、紫椴、色木、辽东栎、水曲柳、春榆、核桃楸、刺槐、椴、槭、槲栎、蒙椴、元宝槭、麻栎、黑桦等。在海拔 1800 ~ 2000m 分布有岳桦矮曲林。

温带针阔叶混交林：混交林多分布在海拔 500 ~ 1200m，其中针叶树种以红松、沙冷杉占优势，阔叶种类以风桦、蒙古栎、水曲柳、春榆、紫椴等为主。

温带针叶林：建群种主要有长白落叶松、鱼鳞云杉、臭冷杉、红皮云杉、油松、赤松、兴安落叶松、樟子松、华北落叶松等。

温带灌丛：灌丛大多分布在中南部，榛子群落占优势，还有二色胡枝子灌丛、荆条—酸枣灌丛、山荆子—稠李灌丛、绣线菊灌丛等。

农田：南部辽宁境内种植制度与辽河下游地区相同，两年三熟，主要作物有冬小麦、杂粮、棉花等；中北部一年一熟，作物类型与松嫩平原类似，包括春小麦、大豆、玉米、高粱、水稻、甜菜、亚麻、苹果等。

（2）主要生态环境问题

长期过度采伐，原始森林大量演变为天然次生林，森林质量严重退化，生态系统稳定性及服务功能降低；森林景观趋向破碎和生境片段化，物种和遗传基因丧失加速，生物多样性明显减少；森林植被受损，削弱涵养水源和保持水土功能，加上陡坡耕作，导致洪涝水患、水土流失、泥石流等趋于严重；矿产资源过度开采，破坏生态环境，引发次生灾害。

（3）生态保护措施与发展方向

坚持生态优先、保护为主的发展原则。禁止天然林商业采伐与不合理的农业活动，封山育林，培育针阔叶混交林，保护生物多样性，增强水源涵养能力；严格限制水源涵养区、生物多样性重要区、地质灾害易发区、水土流失严重区的矿产资源开发活动，加强矿区废弃地的生态恢复；进行小流域综合治理，发展特色山地生态农业；适度发展生态旅游。

2. 辽东半岛水土流失生态脆弱亚区

辽东半岛位于辽宁南部，由千山山脉向西南延伸到海洋中构成，是我国第二大半岛。地貌以低山、丘陵为主，海拔多在500m以下。

气候属暖温带湿润季风类型，年降水量650～950mm，60%集中在夏季。土壤主要是棕壤，河谷低地为草甸土，滨海地区有盐土分布。

（1）生态系统特征

由于人类长期的开发活动，辽东半岛生态系统以农业植被为主，自然植被少而分散，其中森林多分布在北部，包括落叶阔叶林、针叶林，其他植被类型还有灌丛、草地、草甸和湿地等，零星点缀在半岛上。

农田：自然条件优越，农业生产发达，耕作制度为两年三熟，粮食作物主要有冬小麦、玉米、水稻、高粱、谷子、甘薯，经济作物有大豆、花生、棉花、烟草、柞蚕、苹果、梨、葡萄、核桃等。核桃与粮食作物间作较为常见。

温带落叶阔叶林：落叶阔叶林是辽东半岛的地带性植被，以壳斗科的落叶栎林最常见，包括辽东栎、蒙古栎、麻栎、槲栎、栓皮栎等，其他落叶树种主要是刺槐、杨树以及少量的紫椴、色木、糠椴等。

温带针叶林：在辽东半岛森林植被中，针叶林所占面积比例不大，群落类型较少，建群种以赤松、油松、黑松等为主。

温带灌丛：灌丛群落主要有4种类型，即荆条—酸枣灌丛、榛子灌丛、二色胡枝子灌丛和绣线菊灌丛，在半岛南北两端相对较多。

温带草地、草甸：草地相对集中在西部，主要建群种是黄背草和白羊草。草甸多分布在中北部，植被类型以结缕草为主。

（2）主要生态环境问题

自然植被破坏比较严重，树种结构单一，森林生态系统服务功能较弱，是水土流失敏感区；没有过境河流，沿海河流源短流急，地表淡水资源贫乏，南部旱灾比较严重，并受台风影响；沿海经济密集地区地下水超采导致海水入侵，局部沿岸海蚀问题突出；矿产资源过度、粗放开采，破坏生态环境，引发泥石流等灾害，威胁饮用水源地水质安全。

（3）生态保护措施与发展方向

山地丘陵区以恢复森林为主，加大水土保林与海岸防护林建设力度，加强矿山开发的生态环境监管、地质灾害防治和矿山环境的修复，增强水源涵养和水土保持功能；建设节水型社会，提高用水效率，严格限制地下水开采，遏制海水入侵；推动循环经济发展，减少污染物排放，加强沿海湿地和生物多样性保护。

四、燕山—太行山水土流失生态脆弱区

燕山—太行山生态区东起辽河平原沿辽西丘陵、燕山、太行山、中条山至黄河北岸，呈带状分布，西接山西高原，东南为华北平原。地貌类型以中山、低山、丘陵、盆地为主，北部燕山和辽西丘陵海拔较低，多在 300 ~ 1000m；中南部太行山、中条山较高，大部分海拔 1200m 以上，其中五台山 3058m，为华北最高峰。气候属暖温带大陆性季风类型，年降水量 400 ~ 700mm。土壤主要是褐土和棕壤。

1. 辽西—燕山水土流失生态脆弱亚区

辽西丘陵是内蒙古高原向辽河平原的过渡地带，由努鲁尔虎山、松岭、医巫闾山等东北西南走向的山脉组成，地势自西北山地向东南平原、海湾逐渐降低。燕山为华北平原北部的重要屏障，西起潮白河谷东至山海关，大致呈东西走向，地势高于辽西丘陵，主峰雾灵山海拔高度 2116m。河流切割侵蚀强烈，辽西至燕山一带景观较为破碎。

（1）生态系统特征

由于地形破碎，人类长期干扰，各类植被斑块面积不大，相互交织在一起。农业植被占较大比例，其他植被类型有温带落叶阔叶林、针叶林、灌丛、草地、草甸等，以灌丛、草地为主，森林面积较小。珍稀物种有人参、金钱豹、金雕、大鸨、猕猴、斑羚等。

温带落叶阔叶林：地带性植被为落叶阔叶林，以壳斗科栎类为主，树种包括蒙古栎、辽东栎、槲栎、麻栎，其他种类还有白桦、杨树、刺槐、旱柳等。

温带针叶林：针叶树种较少，建群种主要是油松，分布广泛，此外华北落叶松、白扦、侧柏等也比较常见，多为次生林。

温带灌丛：相对于森林，灌丛更多一些，主要物种有荆条、酸枣、虎榛子、绣线菊、榛子、山杏、沙棘、黄栌、柳、丁香等，形成多种群落类型。

温带草地：白羊草最普遍，常与荆条、酸枣或杂类草形成不同的草地，其他物种有百里香、丛生禾草、禾草、长芒草、茭草、黄背草、针茅、白莲蒿等。

温带草甸：草甸多集中在西北部，苔草与杂类草草甸占优势，其他类型还有地榆—裂叶蒿—禾草—日荫苔草、碱蓬—剪刀股、芦苇、野古草—大油芒—杂类草等。

农田：一年一熟或两年三熟，后者为主。作物有小麦、大豆、玉米、高粱、谷子、荞麦、莜麦、马铃薯、甜菜、向日葵等，盛产板栗、核桃、梨、山楂、苹果、葡萄、杏等果品。

（2）主要生态环境问题

森林资源少，植被覆盖度低，蓄水保土能力差，加之降水变率大，年内分布不均，水土流失严重。气候较干旱、立地条件差，造林不易成活，林业发展缓慢。地处于林草交错带，草地过度放牧，植被难恢复、逐渐退化，保持水土功能降低。坡耕地耕作，且结构不合理，产量低而不稳，既破坏了坡地植被，经济收益也低。作为煤炭、钢铁、水泥等资源型产业基地，矿产开发破坏生态系统，也是水土流失的重要原因。

（3）生态保护措施与发展方向

针对地形复杂，按照因地制宜原则，以流域为单元实施综合治理。首先加强植被建设，扩大林草面积，建立生态防护林体系和森林生态系统，增强水土保持和水源涵养能力，是防治土壤侵蚀的关键。在造林困难的地区，选择适宜的林、灌、草种类和造林方式很重要。其次科学利用土地资源，放弃粗放式经营，发展现代高效农业，建立良性的农牧、农林复合生态系统，实现生态效益与经济效益双赢。

2. 太行山—中条山水土流失生态脆弱亚区

太行山是华北地区重要的水源涵养区和生态防护区，北起北京关沟，南止黄河北岸，雄踞在山西与河北、河南之间。地势北高南低，东侧由平原拔地而起，气势宏伟，西侧接壤山西高原，山坡平缓。中条山位于山西省西南部，居太行山与华山之间，山势狭长，山体呈东北西南走向，北坡陡峭，南坡缓倾，物种较丰富，地理成分复杂。

（1）生态系统特征

悠久的农业生产及过度开发，导致天然植被破坏严重，天然林仅存于偏远深山，低山丘陵的自然植被大多退化为灌丛、草地。灌丛是本区最主要的植被类型，其他还有草地、落叶阔叶林、针叶林、草甸等。农区集中于东南部和西北部的河谷平原。珍稀动植物种类有金钱槭、黄菠萝、青檀、杜仲、银杏、褐马鸡、金钱豹、麝、猕猴、大鲵等。

温带灌丛：作为优势类型，灌丛群落种类组成多样，以虎榛子、荆条、酸枣最常见，其他主要物种还有沙棘、二色胡枝子、山杏、线叶菊、榛子、黄栌等，野皂荚、胡颓子、剑叶锦鸡儿、白花刺、柠条、金露梅等有少量分布。

温带草地：物种组成类似于辽西—燕山地区，主要种类是白羊草、黄背草、茭蒿、禾草、百里香、丛生禾草等，白羊草为优势种，常与荆条、酸枣形成灌草丛。

温带落叶阔叶林：森林植被很少，多见于中部和南部，其中落叶阔叶林主要树种有辽东栎、栓皮栎、白桦、刺槐、山杨、蒙古栎、槲栎、麻栎、旱柳等，此外南部山西与河南交界山地生长有半常绿的橿子栎林。

温带针叶林：油松是最主要的建群种，其他建群种有白皮松、侧柏、华北落叶松和华山松等，大多为纯林。

温带草甸：草甸分布在西北部和中段西部，以苔草草甸为主，其他类型还有碱蓬—剪刀股草甸、假苇拂子茅草甸、芦苇草甸、罗布麻草甸等。

农田：纬度跨度大，随热量增加，从北到南农作物可一年一熟到两年三熟、一年两熟，大部分为两年三熟区。作物种类有小麦、玉米、高粱、谷子、糜子、大豆、甘薯、花生、棉花等，果木主要是苹果、梨、枣、柿子、板栗、核桃、山楂、葡萄等。

（2）主要生态环境问题

太行山区曾经森林茂密，因此形成了丰富的煤炭资源。如今自然植被大多被破坏，森林覆盖率低，水土保持、水源涵养等服务功能显著降低，导致水土流失严重，生态环境脆弱，经济发展落后。造成植被破坏，除历史上战乱、砍伐等因素外，当前不合理的开发是主要原因，表现在矿产资源开采、陡坡开荒、乱砍滥伐、过度发展经济林等方面。矿产滥采不仅严重毁坏山体，加剧水土流失，而且威胁到资源的可持续利用。近年来在植被恢复过程中，经济林果发展迅速，生态公益林相对滞后，不利于森林植被发挥其调节功能。

（3）生态保护措施与发展方向

加强天然林保育，营造水源涵养林、水土保持林，提高森林覆盖率，控制水土流失。天然林是最适应当地生态环境条件的群落类型，在生态保护与恢复实践中要特别注意保护天然林，同时积极营造水源涵养林和水土保持林，实施乔灌草结合，尽快发挥其综合作用，并适度发展经济林果，提高居民收入，促进经济发展；规范矿产开发，严禁无序过度开采，修复被毁土地。加强对矿产开发的立法和监管，促使企业保护生态环境的意识和措施贯穿整个开发过程，严厉打击非法盗采盗挖。重视自然恢复，对水土流失严重的坡耕地、荒山草地，退耕、禁牧、封山育林，进行自然恢复。

五、黄淮海平原盐渍化生态脆弱区

黄淮海平原或称华北平原，是我国第二大平原，北依燕山南麓，南抵桐柏山、大别山的北麓及江淮流域分水岭，西起太行山、伏牛山东麓，东至渤海、黄海，是我国重要的工农业生产基地。本区除平原主体外，还包括山东的中低山丘陵。气候属暖温带半湿润季风类型，四季分明，年均降水量从北到南为500～900mm。

1. 黄淮海平原盐渍化生态脆弱亚区

本区由黄河、淮河、海河、滦河冲积而成，地貌类型包括山前洪积冲积扇平原、冲积平原、滨海平原，分为海河平原、黄泛平原和淮北平原。地势平坦，土壤肥沃，海拔一般低于50m。土壤以黄潮土、砂姜黑土为主，滨海是盐土，淮河沿岸及下游有水稻土分布。

（1）生态系统特征

植被属暖温带落叶阔叶林，原生植被早已被农作物取代。次生植被仅太行山、燕山山麓边缘生长旱生、半旱生灌丛或灌草丛，局部沟谷或山麓丘陵阴坡出现小片落叶阔叶林；散生人工林有侧柏、刺槐、旱柳、小叶杨、马尾松、黑松、油松、落叶栎、化香等。平原田间路旁，以禾本科、菊科、蓼科、藜科等为主。黄河及海河一些支流泛滥淤积的未开垦的沙地、沙丘上，生长有沙蓬、虫实、蒺藜等沙生植物。湖淀湿地芦苇群落占优势，局部水域有荆三棱、湖瓜草、莲、芡实、菱等水生植物。盐碱地生长着各种耐盐碱植物，如蒲草、珊瑚菜、盐蓬、碱蓬、莳罗蒿、剪刀股等。

大部分地区作物两年三熟，南部一年两熟。粮食作物主要有小麦、玉米、水稻、高粱、谷子和甘薯等，经济作物有棉花、花生、芝麻、大豆和烟草等。枣树、泡桐、桑树、核桃等经济林木与粮食作物形成的林粮复合系统比较常见。黄淮海平原还是温带果品苹果、梨、柿、核桃、板栗、红枣等的主要产区。

（2）主要生态环境问题

土壤盐渍化：早期农业灌溉以大水漫灌等落后方式为主，不重视排水配套，导致土壤次生盐渍化严重，土地质量退化。随着地表水资源减少、地下水位降低以及农田基本建设的加强，近年来土壤盐渍化现象已逐渐好转，但仍不容忽视。

水资源短缺、污染严重：人口密集，耕地集中，单位面积的耕地和人口为全国平均的5倍，资源环境难以承载，水资源短缺状况十分突出，此外水环境污染也非常严重，更削弱了水资源的承载能力；许多地区以大量开发地下水来弥补水资源的不足，导致地下水降落漏斗逐渐扩大，引发地表沉降等地质灾害。

土地沙化：大部分土地为农田，森林、灌丛等极少，冬春季节植被覆盖度低，平原北部地区易受风沙影响，土地沙化趋势明显。

煤炭矿区塌陷：煤炭资源较丰富，长期开采留下的采空区、废弃矿区由于恢复治理措施不到位等因素，形成塌陷区，地面下沉，毁坏农田，产生次生灾害。

（3）生态保护措施与发展方向

合理规划、利用水资源，发展节水灌溉，提高工业用水循环率，节约生活用水，促进水资源的持续利用；应用先进技术，改进生产工艺，实施清洁生产，减少工业废弃物的排放，实现达标排放或零排放；加强水污染治理，改善水环境质量；应用先进的灌溉技术，结合其他措施，减轻土壤盐渍化；绿化、美化生态环境，提高植被覆盖率，治理土地沙化；综合治理煤炭等矿产开采，生产与生态恢复、环境保护并重。

2. 山东丘陵水土流失生态脆弱亚区

本区位于山东中南部和东部，地貌类型有中低山、丘陵、台地、山间平原等，如泰山、沂山、蒙山、鲁山、崂山等。鲁中南山地丘陵区地势最高，除少数山峰海拔在500m左右，其他一般为200～300m。土壤主要为棕壤和黄垆土，平原河谷有少量的黄潮土、水稻土。

（1）生态系统特征

地带性植被为暖温带落叶阔叶林，原生植被早已荡然无存。现有落叶阔叶林以麻栎、栓皮栎、槲栎等耐旱性栎类为主，还有落叶阔叶杂木林和人工栽植的刺槐、旱柳。次生植被主要是赤松、黑松、油松、侧柏等温性种类构成的针叶林，其中，山东半岛以赤松、黑松为主，鲁中南则为油松、侧柏。灌丛植被以黄栌、胡枝子为主；灌草丛植被以荆条、酸枣、黄背草、白羊草等为建群种。平原区常见树种为杨树、旱柳、泡桐、臭椿和楸树等，多为速生丰产林。耕作制度、主要作物、经济林果与黄淮海平原区类似。

（2）主要生态环境问题

由于长期的农业开发，低山丘陵区天然植被破坏殆尽，生物多样性丧失，水土流失严重，生态系统服务功能极度衰退；山区土壤贫瘠，污染加剧，农业生态环境恶化，限制了社会经济的进一步发展，经济相对落后，贫困问题突出。

（3）生态保护措施与发展方向

强化小流域综合治理，退耕还林，逐步恢复森林植被，增强水土保持与水源涵养功能，控制土壤侵蚀；统筹区域社会、经济与生态环境的综合发展，发展山区生态农业、林果业，促进经济、生态进入良性循环，实现可持续发展。

六、黄土高原水土流失生态脆弱区

黄土高原包括太行山以西、秦岭以北、乌鞘岭以东、长城以南的广大地区，平均海拔1000～1500m。除少数石质山地外，高原上覆盖着深厚的黄土层，黄土厚度50～80m，最厚达150～180m。由于历代战乱、盲目开荒放牧及乱砍滥伐导致高原植被遭到严重破坏，加之土质疏松，地形破碎，土壤侵蚀极为严重，形成“千沟万壑”的地貌特征。

1. 陇东—陕北—山西高原水土流失生态脆弱亚区与陇中高原水土流失生态脆弱亚区

这两个亚区构成了狭义上的黄土高原地区，东起太行山以西至青藏高原边缘山地，包括陕甘黄土高原和陇中高原，为世界上最典型的黄土堆积区。主要地貌类型为塬、梁、峁和沟谷，沟道密度达2.35～10.9km/km^2，主干沟谷切割深度在200～300m。气候属暖温带半湿润至半干旱类型，年降水量300～700mm，东南多于西北，降水年际变化大，季节分配不均，65%以上集中于7～9月。土壤主要是黄绵土、垆土和灰褐土。

（1）生态系统特征

黄土高原因长期乱垦滥伐，土地利用不合理，自然植被残留较少，分布零散，目前森林覆盖率仅5%。植被由东南向西北为森林草原、干草原和荒漠草原。森林主要分布于吕梁山、子午岭、黄龙山、六盘山等地，为落叶阔叶林及少量针阔混交林，阔叶树种有辽东栎、杨树、白桦、刺槐、栓皮栎、漆树、色木、槲栎、红桦等，针叶树种有油松、侧柏、华山松、华北落叶松、白扦、青扦等。沟壑植被以稀树灌木草丛为主，杨树、柳树、榆树、槐树等零星分布，灌丛类型有虎榛子、白花刺、柠条、沙棘、荆条、酸枣、胡颓子、黄栌、秦岭小檗、绣线菊、蔷薇等；草地分布较广，建群种主要是长芒草、白羊草、百里香、针茅、禾草、羊草、丛生隐子草、茭蒿、黄背草、冷蒿、沙蒿、白莲蒿、甘草等。

农业熟制为一年一熟、两年三熟或一年两熟，主要作物有小麦、高粱、谷子、糜子、莜麦、荞麦、水稻、青稞、马铃薯、甘薯、大豆、豌豆、紫花苜蓿、向日葵、甜瓜、胡麻等，经济果木有苹果、梨、枣、核桃、山楂等。

（2）主要生态环境问题

水土流失：经济落后，人口压力大，土地过度开垦；农业垦殖率高，旱作农田分布广，广种薄收，产量不稳定；油气煤资源开发，破坏耕地和水资源。人类强度干扰加上原本就十分脆弱的生态环境，导致黄土高原成为我国水土流失最严重的地区，90%的黄河泥沙来源于此，随泥沙流失的氮磷钾养分约 3000×10^4t。

植被破坏：黄土高原的植被破坏由来已久，但是近几十年来随着人口增长与干旱缺水，超载放牧、斜坡开垦现象日益突出，天然草场退化、坡面灌草植被被毁严重，地表大面积裸露，导致水土流失、土地沙化进一步恶化。

（3）生态保护措施与发展方向

以水土保持为中心，将农业措施、工程措施、生物技术、农业技术等相结合，开展小流域综合治理，推动农林牧各业协调发展。黄土梁状丘陵和峁状丘陵实施退耕还灌还草还林；推行节水灌溉新技术，扩大盆塘地、塬地及河谷川地旱改水的面积，发展林果业，提高饲料种植比例和单位产量；对退化严重的草场实施禁牧轮牧，实行舍饲养殖；加大资源开发的监管，严格控制土地使用、地下水和地下水污染；促进城镇化和生态环境保护。

2. 汾河谷地—渭河平原农业生态亚区

地貌类型为河谷冲积平原、黄土台地以及河谷两侧的低山丘陵，地貌单元由汾河谷地和渭河平原组成，海拔 300～800m。气候属暖温带半湿润气候区，光热资源丰富；年降水量 500～800mm，渭河平原多、汾河谷地少。土壤主要是褐土及在其基础上形成的塿土。

（1）生态系统特征

渭河平原与汾河谷地是我国历史上农业最富庶的地区之一，地带性植被早已为栽培植物所替代。现有次生植被主要是分布在盆谷边缘低山丘陵的灌丛和灌草丛，建群种为荆条、酸枣、白花刺、虎榛子、胡枝子、沙棘、秦岭小檗、绣线菊、白羊草、黄背草、针茅等；两侧和局部低山丘陵残存小片落叶阔叶林、针叶林，包括栓皮栎、槲栎、刺槐、杨树、桦木、油松、华山松、侧柏等树种；部分河滩地有白茅、白荆、芦苇、香蒲、罗布麻等成片生长，河流两侧有耐盐植物组成的盐生草甸，优势种是狗牙根、苔草、罗布麻等。

由于光热资源丰富，农业生产条件较优越，是棉花和冬小麦的主要产区和商品粮基地，农作物有冬小麦、水稻、玉米、高粱、棉花、谷子、花生、甘薯、芝麻、大豆、烟草以及蔬菜等，栽培树种有杨树、柳树、榆树、槐树，经济果木有枣、梨、柿、苹果、山楂等。

（2）主要生态环境问题

水土流失：黄土塬受河流切割影响，塬边坡陡峭，崩塌、滑坡等重力侵蚀问题突出，水土流失较严重；河流下游泥沙淤积严重，河床抬高，洪涝灾害时常发生。

水环境污染：城镇化发展迅速，污染物产生与排放量大，大气、水环境质量较差，汾河、渭河及其主要支流水体污染严重；地下水开采过度。

农业面源污染：土地利用强度大，农业复种指数较高，导致土壤肥力下降，面源污染重，食品和水源安全问题显现；大水漫灌等落后灌溉方式导致有些区域土壤盐渍化。

此外，由于人口密度大，人地、人水的矛盾比较突出，可利用水土资源严重不足，也在很大程度上限制了区域经济的进一步发展。

（3）生态保护措施与发展方向

保护现有植被，治理塬边沟谷，逐渐提高森草覆盖率，增强水源涵养与土壤保持功能，控制水土流失；加强四旁绿化和农田林网化，改善灌溉工程与灌溉方法，提高作物单产，发展以节水灌溉为中心的农果业，提高水资源利用效率，减轻面源污染；革新生产工艺，实施清洁生产，减少污染物排放，积极治理水环境污染。

七、秦岭—大别山植被退化生态区

秦岭是我国中部东西走向的重要山脉和南北分界线，西起甘肃南部，经陕西南部到河南西部，主体位于陕西南部与四川北部，为黄河支流渭河与长江支流嘉陵江、汉水的分水岭。大别山位于湖北、河南和安徽3省交界处，是长江、淮河的分水岭，西接桐柏山，东为张八岭，三者合称淮阳山。桐柏山处于秦岭向大别山的过渡带上。

1. 秦岭山地水土流失生态脆弱亚区

地势自西向东逐渐降低，海拔多在1500~2500m，东段支脉伏牛山降为1000m左右，与南阳盆地相接。秦岭对东亚季风具有显著的屏障作用，是我国气候上的南北分界线，习惯上以秦岭北坡和淮河来划分，以北属暖温带湿润、半湿润气候，以南属北亚热带湿润气候。土壤以黄棕壤为主，还有棕壤、褐土、水稻土等类型。

（1）生态系统特征

秦巴山地为我国生物多样性关键地区之一。秦岭地处温带与亚热带之间的过渡带，植物资源极为丰富，不仅是物种的交汇地，而且还有许多特有成分，是我国冰河时期植物的“避难所”，孑遗植物如珙桐、香果、水青、连香等。

地带性植被北坡为暖温带针阔混交林与落叶阔叶林，南坡为北亚热带北部含常绿阔叶树种的落叶阔叶混交林。植被垂直分布特征显著，自西向东随着海拔降低，垂直带谱依次减少至变化不明显。如秦岭太白山南坡由下而上的植被带谱为：海拔1000m以下为常绿、落叶阔叶混交林（次生植被普遍有马尾松林分布），1000~1300m为落叶阔叶林，1300~2650m为针叶、落叶混交林，2650~3400m为针叶林，3400m以上为高山灌丛草甸。

秦岭南北坡分别适合于较多亚热带植物成分的居留和中旱、旱生内陆成分的繁衍。落叶树种辽东栎以秦岭为分布南界，常绿阔叶植物乌桕、化香树则以秦岭为分布北界；在伴生的次要乔木、灌木和草本植物中，有华南和西部高原的种类，山谷中的藤本植物具有南方湿润型特点，因而在区系成分上，除自身特有种属外，还有华北、华中、西南和喜马拉雅的植物成分以及世界性单种属植物。据统计，有种子植物2931种，占全国种子植物总数的12%，属国家级保护的植物28种。秦岭亦是动物区系古北界与东洋界的分界带，动物种属成分同样具有明显的过渡性、混杂性和复杂性，有兽类144种，占全国的29%，鸟类399种，占全国的34%，国家级重点保护野生动物有56种，是很多稀有珍贵动物如大熊猫、金丝猴等的重要栖息地。

暖温带针阔叶混交林、落叶阔叶林：以壳斗科、松科、杨柳科、桦木科、豆科等科植物构成，针阔叶混交林树种有华山松、铁杉、桦木、山杨、栓皮栎、槲栎等，落叶阔叶林树种有白桦、红桦、白栎、短柄枹、刺槐、槲栎、辽东栎、麻栎、山杨、栓皮栎、杨树、牛皮桦等。此外，马尾松、巴山冷杉、侧柏、华山松、青扦、云杉等针叶林也广泛存在。

北亚热带常绿落叶阔叶混交林：零星分布，面积不大，主要由壳斗科的落叶、常绿种类组成，常见树种有栓皮栎、短柄枹、苦槠、青冈、匙叶栎、麻栎、巴东栎、水青冈等，混生有铁杉等常绿针叶树种。

温带—亚热带落叶灌丛：灌丛分布在东北部和中部，群落类型很多，主要包括虎榛子、胡枝子（火棘）、荆条—酸枣、水马桑（圆锥绣球）、绣线菊、胡颓子（柳）、秦岭小檗、蔷薇、白花刺、沙棘、栓皮栎—麻栎、金露梅、杜鹃等。

温带—亚热带草地、草甸：森林灌丛边缘有较多的草地，建群种有白羊草、黄背草、龙须草、芒草、禾草等，白羊草、黄背草常与荆条、酸枣形成灌草丛。草甸大多集中在西北部，主要有无芒雀麦、大披针苔草—杂类草、圆穗蓼—珠芽蓼、白茅、假苇拂子茅等类型。

农田：农田面积较大，多分布在东西两端，耕作制度包括一年一熟、两年三熟、一年两熟等多种类型，作物种类有小麦、水稻、玉米、高粱、甘薯、花生、棉花、油菜、谷子、向日葵、豆类、糜子、芝麻、烟草、青稞等，经济果木有苹果、梨、枣、核桃等。

（2）主要生态环境问题

中低山丘陵区森林植被破坏严重，荒山荒坡面积大，水土流失问题突出；过度开发利用导致生物资源严重衰退，生物多样性降低，生态环境整体上呈恶化趋势；森林结构简单、水源涵养功能退化，洪涝灾害明显增多，地质灾害加剧；无序的矿产资源开发，严重破坏山地生态环境；化肥、农药、地膜的使用和工业的发展，造成生态环境污染，加剧珍稀物种的生存环境恶化、缩小，许多珍稀物种与大型兽类已十分罕见。

（3）生态保护措施与发展方向

退耕还林还草、封山育林，保护天然林，增强生态系统水源涵养功能，控制水土流失；加强自然保护区网络建设，加大管护力度，保护生物多样性；严格矿产资源开发监管，对矿产开发废弃地进行生态恢复与重建；适度发展生态旅游；开发中草药产业；发展生态农业与有机和绿色食品，控制农业面源污染；加快中心城镇建设，提高城镇化水平，减少水源涵养和生物多样性，保护关键区的人口压力。

2. 大巴山水土流失生态脆弱亚区

大巴山为嘉陵江和汉水的分水岭，四川盆地和汉中盆地的地理界线。山峰海拔多在2000m以上，石灰岩分布广泛，喀斯特地貌发育，有峰丛、地下河、槽谷等。大巴山是我国北亚热带气候与中亚热带气候的分界线，大部分地区属于北亚热带气候。土壤主要是黄棕壤，黄壤、石灰岩土、草甸土有少量分布。

（1）生态系统特征

作为秦巴山地生物多样性关键地区的组成部分，生物资源非常丰富，多古老特有植物，如连香树、水青树、珙桐、香果树、银杏、领春木等，是我国亚热带、温带多种古老植物发源地之一。珍稀动植物资源还有金丝猴、云豹、林麝、金雕、金猫、猕猴、斑羚、红腹锦鸡、红隼、大鲵、红豆杉、独叶草、崖柏等，特有树种有巴山松、巴山冷杉等。

地带性植被为北亚热带常绿落叶阔叶混交林，落叶阔叶树种主要有麻栎、栓皮栎、槲栎、白栎、短柄枹、山杨、桦木等，常绿树种以壳斗科的苦槠、青冈、包石栎等为主，还有少量的樟科植物。植被垂直分布明显，海拔1000m以下为常绿阔叶林，1000～1600m为常绿阔叶落叶阔叶混交林，1600～2300m为亮针叶、落叶阔叶混交林，2300～2600m为暗针叶林、落叶阔叶林混交林，2600m以上为高山草甸灌丛。与秦岭地区相比，有了比较明显的常绿阔叶林带，其他群落物种组成较为相似。

北亚热带常绿阔叶林、常绿落叶阔叶混交林、落叶阔叶林：常绿阔叶林建群种主要是壳斗科的包石栎；混交林有栓皮栎—短柄枹—苦槠—青冈林、多脉青冈—水青冈林及含有樟、楠、青冈的栓皮栎—麻栎林等；落叶阔叶林类型多，有栓皮栎—麻栎林、白栎—短柄枹林、茅栗—短柄枹—化香林、红桦林、麻栎林、锐齿槲栎林、山杨—白桦林、山杨林等。

北亚热带针阔叶混交林、针叶林：混交林主要由松科的华山松、铁杉、巴山冷杉和桦木科树种形成；针叶林建群种为马尾松、华山松、巴山冷杉、巴山松、杉木、侧柏等。

北亚热带常绿落叶灌丛：灌丛是大巴山植被的重要组成，类型有白栎—短柄枹灌丛、胡枝子—火棘灌丛、水马桑（圆锥绣球）灌丛、胡颓子—柳灌丛、栓皮栎—麻栎灌丛、茅栗—白栎灌丛、绣线菊灌丛、檵木—乌饭树—映山红灌丛、黄栌灌丛等。

北亚热带草地、草甸、竹林：主要分布在本区中西部，草地建群种是芒草、龙须草、野古草、黄背草、金茅、扭黄茅、白茅、青香茅、荆条、酸枣等；草甸类型简单，大多为白茅草甸；竹林由刚竹林、箭竹林等组成。

农田：一年两熟或三熟，主要农作物是水稻、小麦、玉米、高粱、谷子、甘薯、棉花、豆类、花生、芝麻、油菜等，经济林木有苹果、梨、桑、茶、核桃、板栗等。

（2）主要生态环境问题

由于经济落后，荒坡林地农业垦殖、旅游开发、矿产开采等活动无序、过度，导致森林植被受到破坏，生物多样性降低，生态系统服务功能减弱，水土流失较严重。

（3）生态保护措施与发展方向

加强自然保护区的建设和管理，保护生物多样性；适度开发旅游资源，减少对自然生态系统的扰动；打击非法矿产资源开发，加强监管；退耕还林还草，封山育林，保护天然林，增强水源涵养与水土保持功能。

3. 淮阳山水土流失生态脆弱亚区

淮阳山西段桐柏山为淮河发源地，海拔400～800m；中部为大别山，海拔一般500～800m，山地主要部分1500m左右；东部为江淮丘陵，海拔100～300m，长期侵蚀剥蚀，地面基本上已被夷平，表现为波状起伏的丘陵和河谷平原。大别山属北亚热带气候，而东西两端的过渡特征明显。山地土壤为黄棕壤、棕壤，中北部淮河沿岸则主要是水稻土。

（1）生态系统特征

植被类型北部平原、低丘区以农业为主，中部、南部低山丘陵区主要是马尾松、落叶栎和灌丛。由于地处气候过渡带，生物资源丰富，珍稀物种有红豆杉、连香树、金钱松、香果树、鹅掌楸、大别山五针松、金钱豹、小灵猫、白颈长尾雉、金雕、大鲵等。

桐柏山最普遍的植被类型为含有常绿阔叶树种的落叶栎混交林、栎类落叶阔叶混交林，反映了植被的过渡特征。大别山植被的垂直分布：800m以下为常绿阔叶林，主要有苦槠林、青冈栎林，由于乱砍滥伐，原始植被几乎丧失殆尽，只有一些零散分布；600～1200m为常绿落叶阔叶混交林，以小叶青冈—短柄枹/茅栗林、青冈栎—槲栎—黄檀林、栓皮栎—青冈栎林为主；800～1600m为落叶阔叶林，主要树种有栓皮栎、麻栎、短柄枹、化香、茅栗、槲栎、黄山栎、枫香、黄檀等；1500m以上为山地灌丛矮林，建群种有多枝杜鹃、湖北海棠、黄山栎、小叶黄杨、华箬竹、黄山杜鹃等。此外，杉木、马尾松（800m 以下）、黄山松（800m 以上）等针叶林广泛分布。江淮丘陵地区植被以落叶阔叶林为代表，天然植被破坏严重，仅局部山丘残存小面积次生落叶阔叶林。人工栽培树种有侧柏、马尾松、黑松、湿地松、火炬松、杉木、麻栎、栓皮栎、油桐、茶等。

农业熟制为一年两熟至三熟，主要作物有水稻、小麦、油菜、玉米、山芋、花生、棉花、大豆、芝麻、绿肥等，果树有桃、梨、花红、葡萄、板栗、苹果、杏、柿、石榴、枣、李、无花果等，药用植物有菊花、夏枯草、金银花、桔梗、明党参、龙胆草、何首乌、杏叶沙参、丹参、黄精、麦冬、龙牙草、野山楂、过路黄、六月雪等。

（2）主要生态环境问题

低山丘陵区森林植被长期遭到破坏，多被开发为农区，生物多样性降低，部分地区水土流失严重；农业生产过量施用化肥、农药、农膜，以及生活垃圾乱堆乱放、秸秆燃烧、乡镇企业“三废”等，造成环境污染。

（3）生态保护措施与发展方向

封山育林、退耕还林，保护生物多样性，增强森林水源涵养功能，控制水土流失；适度开展生态旅游；研发推广农业生产新技术、生态农业技术，治理农业污染；加强矿产资源开发规划管理，开发和保护并重。

八、三峡库区水土流失生态脆弱区

三峡库区地处长江上游下段，跨川东平行岭谷和渝东、鄂西低山峡谷，北靠大巴山，南依云贵高原北缘，西连四川盆地，东接长江中下游平原。山地隆起与河流切割，形成了独特的峡谷地貌和相对独立的地理单元。地貌类型包括中山、低山、丘陵和河谷平原，以山地、丘陵为主，海拔 40～3000m。气候属中亚热带湿润季风类型，年均温度气温 17～19℃，年降水量 1000～1200mm。土壤主要是紫色土和山地黄壤，东部有少量黄棕壤、棕壤。

（1）生态系统特征

地带性植被是亚热带常绿阔叶林，天然植被破坏严重。海拔高差悬殊，植被垂直分层特征显著。生态系统以农田为主，其次是灌丛、草地，森林所占比例较小。

农田：作物与经济林主要在海拔500m以下，混生马尾松、柏木。作物种类有水稻、小麦、油菜、玉米、蚕豆、甘薯、苎麻、棉花、花生、绿肥等，一年两熟或三熟；经济树种有柑橘、脐橙、甜柚、油桐、乌桕、茶树、杜仲、黄檗、厚朴、板栗、猕猴桃、五倍子等。

亚热带灌丛与草地：灌丛多是森林破坏后形成的次生植被，集中在库区东部。白栎、短柄枹灌丛为最大的群落类型，其次是茅栗、白栎灌丛、黄栌灌丛、水马桑灌丛与栓皮栎、麻栎灌丛，零星分布的还有变色锦鸡儿、绣线菊、榛子等类型。库区中北部有较多的草地，建群种主要是扭黄茅、龙须草和白茅草。

亚热带常绿阔叶林与针叶林：以针叶林为主，分布在海拔500~1300m。阔叶树种主要有栲、米槠、甜槠、四川大头茶、樟、楠、润楠、刺叶高山栎、巴东栎等，针叶种类为马尾松、柏木、杉木等人工林，马尾松林下有灌丛。

亚热带常绿落叶阔叶混交林：位于1300~1700m，树种为小叶青冈、包果柯、锐齿槲栎、化香、鹅耳枥、青冈、水青冈、槭、桦、刺叶高山栎、野核桃、漆树、枫香等，还有我国特有的珍贵稀有植物如珙桐、水青树、连香树、鹅掌楸等。

含针叶树种的阔叶林：分布于1700~2200m，针叶树种主要有华山松、巴山冷杉、麦吊冷杉、铁杉等，阔叶树种有桦、槭、水青冈、山杨等。

亚高山常绿针叶林：位于森林植被的最上层、2200m以上的亚高山区，主要种类有巴山冷杉、杜鹃、箭竹等。

（2）主要生态环境问题

水土流失：坡耕地面积大，暴雨集中，加上地质、地貌、土壤等因素，导致三峡库区成为我国水土流失最严重的地区之一，尤其是坡耕地是库区水土流失的主体和入库泥沙的主要来源；移民安置占用大量土地，毁坏植被，加剧水土流失。

植被破坏严重：常绿阔叶林被大面积人工林取代，林种单一，林龄结构不合理，破坏了森林生态系统的结构和功能，生物多样性受到严重威胁。

消落带问题：水库蓄水后，在水位 145～175m 之间形成了落差 30m 的季节性消落带，受水位周期性涨落影响，消落带容易成为腐败型沼泽，危害人群健康，并造成崩塌、库岸裸露荒漠化等地质灾害。

水污染：库区污染物排放量大，污水、垃圾处理率低，水库蓄水后流速减缓、水体自净能力减弱以及水土流失带来的面源污染，造成水污染形势严峻。

（3）生态保护措施与发展方向

退耕还林还草，加大天然林保护和生态公益林建设力度，恢复生物多样性，提高森林覆盖率，治理水土流失；应用生物、工程和高新技术措施治理消落带，稳定生态环境，提高治理的综合效益；推进清洁生产，减少污染物排放，合理布局污水与垃圾处理场，提高污水和垃圾的处理率，减轻环境污染；推广循环经济，发展生态农业，减少化肥、农药和农膜的投入，提高资源利用率，控制农业面源污染；实施生态移民，确保移民区生态环境安全。

九、四川盆地水土流失酸雨生态脆弱区

四川盆地由周边的山脉环绕而成，聚居着四川、重庆的绝大部分人口，是我国人口最稠密的地区之一，也是巴蜀文化的摇篮。盆周山地海拔 1000～3000m，盆底海拔 200～750m，是我国地势第二阶梯上相对凹下的部分。地貌单元分为盆西平原、盆中丘陵和盆东平行岭谷。盆地内岩石、土壤多呈紫色，有“紫色盆地”之称。气候属亚热带湿润季风区，年均温度 16～18℃，年降水量 1000～1300mm，降水

年内分配不均，70%～75%集中于6～10月。四川盆地是我国著名的农业区，也是最主要的天然气产区之一。大部分土壤是紫色土，平原、河谷地区以水稻土为主，山区有黄壤分布。

（1）生态系统特征

四川盆地沃野千里，农业开发历史悠久，大部分地区为农业植被所覆盖，仅在丘陵、山地残留有常绿阔叶林、针叶林、竹林、灌丛等。

农田：农业生产发达，水旱两熟或三熟，主要农作物有水稻、油菜、小麦、玉米、甘薯、花生、杂粮、甘蔗、苎麻等，是我国最大的水稻、油菜子产区，还是蚕桑、柑橘、油桐、白蜡、五倍子、黄连等经济林木重要种植区。

森林、灌丛与草地：边缘山地从下而上是常绿阔叶林、常绿阔叶落叶阔叶混交林、寒温带山地针叶林，局部有亚高山灌丛草甸。亚热带常绿阔叶林为地带性植被，代表树种有栲、峨眉栲、刺果米槠、青冈、曼青冈、包石栎、华木荷、大包木荷、四川大头茶、桢楠、润楠等，海拔一般在1600～1800m以下；最常见的森林类型是亚热带针叶林，建群种有马尾松、杉木、柏木；竹林主要由慈竹、水竹和毛竹组成。灌丛群落包括栓皮栎—麻栎灌丛、水马桑灌丛、变色锦鸡儿灌丛、白栎—短柄枹灌丛、雀梅藤—小果蔷薇—火棘—龙须藤灌丛等。草地主要种类是扭黄茅、龙须草和白茅。

珍稀特有物种众多。盆地边缘山地及盆东平行岭谷有水杉、银杉、鹅掌楸、檫木、三尖杉、珙桐、水青树、连香树、领春木、金钱槭、蜡梅、杜仲、红豆杉、钟萼木、福建柏、穗花杉、崖柏、木瓜红等珍稀孑遗植物与特有种；湿热河谷可见桫椤、小羽桫椤、乌毛蕨、华南紫萁、里白等古热带孑遗植物。盆地西缘山地是我国特有古老动物保存最好、最集中的地区，属于一级保护动物的有大熊猫、金丝猴、扭角羚、灰金丝猴、白唇鹿等，还有珍贵特有动物小熊猫、雪豹、鬣羚、短尾猴、猕猴、毛冠鹿、水獭、血雉、红腹角雉、绿尾虹雉、白腹锦鸡、红腹锦鸡等。

（2）主要生态环境问题

水土流失：毁林开荒、过度砍伐破坏森林植被，森林面积大幅减少，生物多样性受损；丘陵山地地表起伏大，部分地区植被被毁，紫色土质地疏松，坡耕地面积多，降水集中，雨水冲蚀力强，水土流失比较严重。

酸雨：特殊的盆地构造，加之亚热带湿润气候、水汽易进难出、空气湿度高以及重工业发达等因素，导致环境污染问题突出，成为我国酸雨危害最严重的地区之一。

（3）生态保护措施与发展方向

完善退耕还林措施，重建森林生态系统，提高森林覆盖率，防止土壤侵蚀；加强农田基本建设，坡改梯、修建水平梯田，开展以兴修基本农田为中心的山、水、田、林、路小流域综合治理；严禁乱砍滥伐，保护生物多样性；统筹社会、经济与生态环境发展规划，调整产业结构，逐步淘汰落后生产力，减轻环境污染。

十、西南山地水土流失生态脆弱区

西南山地生态脆弱区西起西藏东南部穿过川西地区延伸至云南中北部，东接四川盆地，地表崎岖不平，是我国水土流失、泥石流等地质灾害的高发区。复杂的地理气候条件造就了独特的生物多样性，拥有大量的特有物种，被列为国际生物多样性热点地区之一。

1. 青藏高原东南山地水土流失生态脆弱亚区

青藏高原东南山地处于青藏高原向川西南山地和四川盆地的过渡地带，地势总体上向南倾斜，西部以山原地貌为主，东部和南部为高山峡谷。地质构造复杂，岩层破碎，是滑坡、崩塌和泥石流等地质灾害的易发区。由于山高谷深、高差很大，气候垂直变化显著。主要河流有雅鲁藏布江、怒江、澜沧江、金沙江、大渡河、岷江、涪江、嘉陵江等中游或上游。大部分地区属于高原温带、亚温带气候，东部为北亚热带和暖温带气候，年降水量300～800mm。土壤类型主要有黑毡土、草毡土、褐土、棕壤等。

（1）生态系统特征

森林生态系统发育良好，是亚高山针叶林的集中分布区，其组成种类多为西部特有，主要树种有长苞冷杉、苍山冷杉、川西云杉、巴山冷杉、川滇冷杉、紫果云杉、大果圆柏、鳞皮冷杉、高山松、喜马拉雅冷杉、岷江冷杉、丽江云杉、林芝云杉、巨柏等。阔叶树种有川滇高山栎、包石栎、白桦、珙桐、水青树、糙皮桦、青冈、水青冈、银木荷、多变石栎、栲树、辽东栎、山杨、栓皮栎等，形成常绿或常绿落叶阔叶混交林。在中低海拔区还分布有马尾松、侧柏、油松、箭竹、水竹等森林类型。

高山上多生长灌丛草甸植被，以落叶灌丛和高山草甸分布最广。灌丛建群种主要是多种杜鹃、高山柳、蔷薇、窄叶鲜卑花、香柏、高山柏、滇藏方枝柏、硬叶柳、高山栎、白刺花、小马鞍叶等，草甸类型有嵩草、圆穗蓼、珠芽蓼、羊茅、野青茅、白茅等。灌丛草甸分布区以上植被稀疏，为高山荒漠带，物种构成以水母雪莲、风毛菊、红景天、垂头菊等为主。

本区是我国生物多样性最丰富的地区之一，已建成数十个保护区，如九寨沟、王朗、卧龙、邛崃山、白水江等国家级自然保护区，原始森林以及野生珍稀动植物资源十分丰富，是大熊猫、羚牛、金丝猴等重要珍稀生物的栖息地。

（2）主要生态环境问题

青藏高原东南山地是生物多样性、水土流失、酸雨和山地灾害极敏感地区，森林面积大，水源涵养和水土保持功能重要，野生动植物种类丰富，具有极高的保护价值。但是森林植被破坏较严重，森林资源过度利用，森林结构单一，防护林比重小，用材林、中幼龄林面积偏大，水土流失严重；地质灾害多发；草地资源开发强度较大，滥采滥挖滥捕现象突出；紫茎泽兰等外来物种入侵危害严重；交通与水电的大规模开发威胁生物多样性。

（3）生态保护措施与发展方向

加强天然林保护和自然保护区网络建设，提高保护区管理水平；强化封山育林，恢复已遭破坏的自然植被；禁止陡坡开垦和森林砍伐，继续实施退耕还林还草工程；防治外来物种入侵与蔓延；开展小流域生态环境综合整治，预防地质灾害；减少用材林比例，提高水源涵养林等生态公益林的份额；调整农业结构，推进生态农业建设，适度发展牧业；开发林果业、中草药、生态旅游及其相关产业，促进地方经济发展；充分利用沼气等清洁能源，解决农村生活用能；加快农村城镇化，减轻对自然生态系统的干扰。

2. 藏东南山地水土流失生态脆弱亚区

地貌主要为侵蚀中低山、丘陵，大多在海拔3000～4500m以下，多平顶山岭；山间河谷海拔一般不到2500m，其中雅鲁藏布江出国境处仅150m左右；由于侵蚀下切强烈，常见陡峻的崖壁，宽谷地段冲积台地、扇形地和阶地发育。气候类型包括暖温带、亚热带和北热带，降水量高达1000～2000mm以上。土壤以红壤、黄壤、暗棕壤为主。

（1）生态系统特征

自然植被具有显著的垂直分带特征，带谱结构复杂，由低到高依次为：山地热带雨林、季雨林，山地亚热带常绿阔叶林、常绿落叶阔叶混交林、针叶林，山地暖温带针阔混交林，亚高山寒温带暗针叶林，高山寒带疏林灌丛等。

山地热带雨林、季雨林分布在海拔1100m以下，优势种是千果榄仁、斯里兰卡天料木、印度栲、墨脱石栎、大叶桂等；亚热带常绿阔叶林位于1100～1900m，由薄片青岗、刺栲、西藏石砾、西藏木莲、樟树、楠木等樟科、壳斗科、木兰科及部分热带种类组成；常绿落叶阔叶混交林及针叶林带较窄，分布在1900～2200m的地段，混交林建群种是曼青冈、墨脱楠、西藏山龙眼、森林榕、苹果榕、云南红豆杉以及多种槭树等，针叶林树种主要有乔松、云南松等；山地暖温带针阔混交林分布在2200～2800m，是以云南铁杉为主的针阔混交林；海拔2800～3800m为亚高山寒温带暗针叶林带，建群种为苍山冷杉、墨脱冷杉。灌丛与稀疏植被较少，以杜鹃、嵩草、圆穗蓼、珠芽蓼、风毛菊、红景天、垂头菊等为主。

（2）主要生态环境问题

藏东南山地为水土流失、生物多样性保护极敏感区，地形复杂，谷深坡陡，滑坡、泥石流等地质灾害频繁；降水比较集中，下游宽谷平原易遭受洪水侵袭。

（3）生态保护措施与发展方向

野生动植物种类丰富，具有很高的保护价值。目前人为开发利用强度还较低，生态环境主要受自然因素的影响，应加强自然保护区建设，保护好森林生态系统及其生物多样性。

3. 横断山地水土流失生态脆弱亚区

本区位于川西南山地、云南西北部的横断山中南部和金沙江下游河谷，地貌类型包括高原、高中山与河谷。西部为横断山脉纵谷区，高山纵谷相间，由西到东依次为高黎贡山、怒江河谷、怒山、澜沧江河谷、云岭、金沙江河谷和雪山等，向东逐渐降低为中山峡谷地貌；北部为川西南高中山地和山原，海拔高度多在3000m左右，向东逐渐降低，岩层褶皱强烈、断裂发育，山岭排列多呈南北向，雅砻江、大渡河、金沙江及其众多支流深切地表，形成典型的高山峡谷地貌。气候横跨暖温带与北中南亚热带，降水量变化大，从400mm到1200mm。土壤有红壤、黄棕壤、棕壤、黄壤等。

（1）生态系统特征

南北气候差异大，北纬27°40′以南地带性植被为亚热带常绿阔叶林；以北植被垂直分带明显，自下而上有干热河谷稀树草原、常绿阔叶林、常绿落叶阔叶混交林、针阔叶混交林、针叶林、高山灌丛草甸和滑石滩稀疏植被等多种类型。由于垂直带谱及物种组成十分丰富，珍稀和特有野生动植物种类繁多，横断山地成为生物多样性保护最为关键的地区之一。

南部亚热带常绿阔叶林建群种为石栎、栲树、青冈等壳斗科植物。北部以偏干常绿阔叶林和亚高山针叶林为主体，海拔2600m以下主要是亚热带干性常绿阔叶林以及云南松林，其中，海拔1300m以下的干热河谷地带，主要是稀树灌丛草原景观，优势灌木为攀枝花、番石榴、锦鸡儿和余甘子等；海拔2600～3000m分布有以铁杉、云杉与多种槭树、桦木形成的针阔混交林，以华山松为主的山地针叶林，以高山栎为主的硬叶常绿阔叶林，以及杨树、桦木为主的落叶阔叶林；海拔3000～4000m为云杉、冷杉、高山松组成的纯林或混交林，其上部有红杉林或圆柏林；海拔4000m以上为高山灌丛和高山草甸。

（2）主要生态环境问题

森林资源过度利用，天然阔叶林面积减少，人工针叶林面积增大，森林结构单一，中幼龄林比例偏大，水源涵养和土壤保持功能下降，生物多样性降低；毁林开荒、陡坡开垦以及交通、矿业开发、城镇建设等人为活动，导致植被破坏，水土流失严重，地质灾害多发；水电资源无序开发破坏生态环境、加剧土壤侵蚀；生物入侵危害趋重。

（3）生态保护措施与发展方向

建设管理好自然保护区，加大天然林保护力度，加快实行退耕还林还草工程；加强对飞播林、次生林的抚育和管护，提高森林生态系统的稳定性；开展小流域生态环境综合整治，严禁陡坡开垦、薪柴砍伐、过度放牧，保护地表植被，防止水土流失加剧，避免诱发大的地质灾害；防治外来物种入侵与蔓延；水电资源开发必须经过充分的科学论证和严格执行环境影响评价制度，把对生态环境的影响控制在最低水平。

十一、西南喀斯特石漠化生态脆弱区

西南喀斯特石漠化生态脆弱区分布在云贵高原的喀斯特岩溶地区，是世界上最大的喀斯特区之一。导致石漠化日趋严重的主要因素是人类干扰，大面积陡坡开荒，破坏植被，造成地表裸露，加之喀斯特石山区土层薄，基岩出露浅，暴雨冲刷力强，大量的水土流失后岩石逐渐凸现裸露，随着时间的推移，石漠化程度和面积不断加深及扩大。

1. 武陵山—雪峰山水土流失生态脆弱亚区

地处第二与第三阶梯的过渡带、云贵高原的延伸部分，地貌类型为山原、中低山地、丘陵、盆地及谷地。地形切割比较强烈，山高坡陡，沟壑纵横。石灰岩分布广泛，溶岩地貌特征明显，分布有典型的石林、峰林、洼地、残丘、溶洞、峡谷等喀斯特景观。气候属中亚热带湿润季风类型，降水丰富。土壤以黄壤、黄棕壤为主，还有红壤、紫色土、石灰土等。

（1）生态系统特征

植被以灌丛矮林、森林、草地为主，其中森林包括常绿落叶阔叶混交林、常绿阔叶林、针叶林、竹林等，是我国中亚热带常绿阔叶林森林生态系统保存最完好和生物多样性最富集的地区之一，壶瓶山、八大公山、武陵源、天门山、金佛山、梵净山、雷公山等均有保存较好的原始次生林。东北部农业生产发达，农业植被占优势。

常绿落叶阔叶混交林建群树种有壳斗科的青冈、甜槠、米槠、苦槠、短柄枹、栓皮栎、白栎、水青冈，樟科的黑壳楠、刨花楠，榆科的朴树、榉木、青檀，漆树科的黄连木，胡桃科的化香，桦木科的光皮桦、鹅耳枥等；常绿阔叶林主要由壳斗科的栲属、栎属和樟科的楠属、润楠属、黄肉楠属植物组成；针阔叶混交林建群种有松、杉、荷木、甜槠、苦槠、檫木、栎树、枫香等；暖性常绿针叶林的优势种为马尾松、杉木、柏木、黄杉、红豆杉等。竹林主要毛竹林，水竹、箭竹、桂竹有少量分布。

灌丛矮林在植被中所占比例较大，优势群落为茅栗—白栎、雀梅藤—小果蔷薇—火棘—龙须藤、竹叶椒—荚莲，其他还有檵木—乌饭树—映山红、栓皮栎—麻栎、白栎—短柄枹、水马桑灌丛等。草地多分布在西南部，芒草、野古草、金茅草丛与扭黄茅、龙须草、白茅草丛是两种优势群落。

农业耕作制度为一年两熟或三熟，主要作物是水稻、小麦、甘薯、芝麻、油菜、棉花、花生、玉米、大豆、蚕豆等，经济林木有桑、茶、油桐、杨梅、苹果、柑橘、棕榈等。

（2）主要生态环境问题

人口增长过快，薪材砍伐、毁林开荒、陡坡垦殖等行为，致使森林面积和蓄积量大幅度减少，水土流失严重；石灰岩分布面积大，保水保土性能差，局部地区石漠化较为明显；地质构造复杂，地势起伏大，滑崩、塌陷、泥石流等地质灾害多发。

（3）生态保护措施与发展方向

实施退耕还林还草工程，提高森林植被覆盖率，增强生态系统服务功能；积极开展小流域生态环境的综合治理，加强侵蚀劣地的植被恢复，防止土壤侵蚀加剧，防止侵蚀山地的石漠化扩展；加强地质灾害的监督与预防。

2. 黔中部石漠化生态脆弱亚区

贵州中部喀斯特面积占80%以上，地貌属于高原喀斯特，常见岩溶平原残丘、峰林坝子（盆地）与峰林谷地。大部分区域为北亚热带湿润季风气候，西部和南部分别属暖温带、中亚热带气候，年降水量1000～1300mm。土壤主要是黄壤和石灰土，南部为红壤。

（1）生态系统特征

地带性植被为亚热带常绿阔叶林，受人为破坏，多形成次生灌丛。常绿阔叶树种有栲、樟、黄樟、青冈、甜槠、米槠等，常见次生落叶种类有水青冈、鹅耳枥、栓皮栎、麻栎、白栎、青榨槭、四照花、花揪、光皮桦等，山地丘陵区是以马尾松、杉木为主的暖性针叶林，马尾松林下多白栎、短柄枹、南烛、杜鹃等种类。灌丛分布广泛，主要类型是茅栗—白栎与雀梅藤—小果蔷薇—火棘—龙须藤。草地建群种组成与武陵山—雪峰山地区类似。

农业比较发达，是贵州的主要农区，水田和旱地面积基本相当。大部分地区一年两熟，主要种植水稻、小麦、蚕豆、玉米、大豆、油菜、茶、油桐、棕榈、杨梅、苹果等。

（2）主要生态环境问题

植被破坏严重，地带性植被基本上荡然无存，现状植被多为次生性或人工营造的林木，分布零星，且森林面积不多；山高坡陡，地表破碎，人口密度较大，垦殖指数较高，水土流失和石漠化严重；部分地区酸雨、地质灾害等生态环境问题十分突出。

（3）生态保护措施与发展方向

以水土保持和石漠化治理为目标，采取小流域综合治理，加大喀斯特石漠化治理力度，积极扩大森林面积，提高森林覆盖率，在局部灌木林区封山育林，促进森林植被自然恢复；陡坡地带耕地全部退耕还林还草，局部中缓坡地段可实施“坡改梯”工程；认真搞好农田基本建设，切实保护耕地，提高土地生产力，同时还应采取措施，禁止陡坡开荒、石山种植及过度砍伐薪柴，防止土地进一步退化。

3. 四川盆地南缘水土流失石漠化生态脆弱亚区

本区地处云贵高原与四川盆地的过渡地带，为乌蒙山北端、大娄山西翼及其延伸部分，地势从南向北倾斜，地貌类型复杂。岩溶地貌发育，多盆坝、槽谷。气候属暖温带到中亚热带，总体上为湿润气候区，年降水量800～1100mm，土壤有黄壤和紫色土等类型。

（1）生态系统特征

地带性植被为亚热带常绿阔叶林，原生植被破坏较严重，除少量分布的天然常绿阔叶林外，现存植被以萌生灌丛、草地为主。常见常绿阔叶树是栲、刺果米槠、包石栎、大苞木荷、润樟、油樟等，局部地段有毛竹、慈竹和箭竹。针叶林建群种为杉木、云南松以及马尾松、柏木、冷杉等。灌丛植被多为白栎—短柄枹、杨叶木姜子—盐肤木，还有茅栗—白栎、南烛—滇杨梅、雀梅藤—小果蔷薇—火棘—龙须藤、竹叶椒—荚莲等。草地主要物种是扭黄茅、龙须草、白茅、刺芒野古草、云南裂稃、穗序野古草等。此外，赤水河下游支流河谷（如金沙沟、四洞沟等），由于地形封闭、热量条件优越，形成木本蕨类—桫椤的良好生境，桫椤成片分布，种群数量多且在局部形成优势的桫椤群落，这在亚热带地区比较罕见。

农业植被主要分布在毗邻四川盆地的东北部，以一年两熟为主，种植水稻、小麦、玉米、蚕豆、油菜、甘蔗、烟草、甜橙、龙眼、苹果、李、柿、核桃、板栗、药用植物等。

（2）主要生态环境问题

植被破坏严重，人工林和次生灌丛面积大，天然林面积小，森林质量下降；降雨量较大、紫色土大面积分布以及地质构造复杂，泥石流、山体滑坡和水土流失灾害极易发生；石灰岩分布面积广，岩溶发育，潜在的石漠化威胁大。

（3）生态保护措施与发展方向

以水土保持和石漠化治理为目标，采取小流域综合治理，生物措施与工程措施相结合，有效控制水土流失和减少石漠化威胁；加大天然林保护力度，加强陡坡退耕还林还草和石山裸岩的植被恢复，营造水土保持林，提高森林覆盖率；合理利用竹类资源，开发竹材产品，提高经济价值；优化农业产业结构，广泛开展生态示范区建设。

4. 滇中北山地石漠化水土流失生态脆弱亚区

本区位于云南与贵州交界的乌蒙山和云南中部的滇中高原盆谷区。地貌类型乌蒙山以高原和山地丘陵为主，地势西北高东南低，碳酸盐类岩分布广泛，岩层深厚，喀斯特地貌发育、类型多样；滇中高原为较平整的丘陵状高原，海拔 150 ~ 2500m。地表水渗漏作用强烈，地表河流较少。大部分地区属中亚热带湿润气候，东北部为暖温带气候，降水变化大，年降水量 600 ~ 1400mm。土壤主要是红壤和黄壤。

（1）生态系统特征

地带性植被为亚热带半湿润常绿阔叶林，树种以滇青冈、黄毛青冈、滇榜、元江栲、银木荷为主，2500m 以上的部分山地还分布有以石栎为优势种的中山湿性常绿阔叶林。地带性植被现已被基本破坏殆尽，现存森林以云南松林分布较广，林下多有南烛、杜鹃、余甘子等种类。高山栎、高山松、华山松、云南铁杉、思茅松、栓皮栎、箭竹等林型有零星分布。低海拔河谷地带具有干热河谷的气候特征，植被主要为稀树灌木草丛。灌丛群落以南烛、滇杨梅为优势类型，还有雀梅藤—小果蔷薇—火棘—龙须藤、茅栗—白栎、杜鹃、余甘子、铁仔—金华小檗、竹叶椒—樟叶荚蒾等。草地分布广泛，建群种为刺芒野古草、云南裂稃草、穗序野古草、白茅、密序野古草、扭黄茅、孔颖草、香茅等。东北部草甸面积较大，主要是羊茅、野青茅、杂类草草甸。

农业生产一年两熟或三熟，主要作物是水稻、小麦、蚕豆、玉米、油菜、烟草、大豆、甘蔗、苎麻等，经济林果有苹果、梨、柿、核桃、板栗、茶、油桐、棕榈、杨梅等。

（2）主要生态环境问题

植被破坏严重，现状植被多为次生性或人工营造林，且森林面积少；草地过度放牧，进一步造成林草植被退化；山高坡陡，地表破碎，岩溶发育，人口密度较大，垦殖指数较高，加之缺少植被保护，水土流失和石漠化严重；部分地区酸雨、地质灾害等问题十分突出。

（3）生态保护措施与发展方向

营造水土保持林、水源涵养林、水库护岸林、石漠化治理林等生态防护林，扩大森林面积，提高森林覆盖率；以水土保持和石漠化治理为目标，开展小流域综合治理，重点解决土壤侵蚀和石漠化问题；禁止陡坡开荒、石山种植及过度砍伐薪柴，防止土地进一步退化。

5. 桂北丘陵山地石漠化生态脆弱亚区

桂北丘陵地处黔中高原南部边缘的斜坡地带，山高谷深，高原面破碎，地貌类型为山地、丘陵、溶蚀平原和河谷冲积平原。石灰岩分布广，峰林、峰丛、地下河与溶洞等喀斯特地貌发育，著名的“桂林山水”即位于该区。气候属中亚热带湿润类型，降水丰富，年降水量1400~1800mm。土壤为红壤、黄壤、石灰土及水稻土。

（1）生态系统特征

地带性植被为亚热带常绿阔叶林，以樟科、壳斗科、山茶科为主，主要树种有甜槠、米槠、栲、樟木、厚壳桂、青冈、银木荷、木荷等。山地植被垂直分布明显，常绿阔叶林一般位于海拔1200m以下；海拔1200~1500m为亚热带山地落叶、常绿阔叶混交林，落叶种类有水青冈、青檀、圆叶乌桕、栓皮栎、麻栎等；海拔1500m以上多分布山顶矮林，树种为落叶常绿阔叶和针叶混交成分。人工林以马尾松、杉木、毛竹、油茶为多。灌丛多在西部，群落有雀梅藤—小果蔷薇—火棘—龙须藤、青檀—红背山麻杆—灰毛浆果楝、檵木—乌饭树—映山红、桃金娘等。草地面积较大，以芒草、野古草、金茅草丛与刺芒野古草为主。

耕地面积少，农作物包括水稻、小麦、玉米、甘蔗、豆类、薯类、油菜、麻类等，茶、油茶、油桐、柑橘、橙、柚、荔枝等经济林果广泛种植。

（2）主要生态环境问题

人口增长快，薪材砍伐、毁林开荒、陡坡垦殖等活动，使森林面积和蓄积量大幅减少，水土流失严重，石漠化面积较大；天然阔叶林面积减少，人工针叶林面积增大，森林结构不合理，成熟林少，中幼林多，森林涵养水源的功能有所下降；地质构造复杂，地势起伏大，滑崩、塌陷、泥石流等地质灾害多发。

（3）生态保护措施与发展方向

扩大天然林保护范围，加强自然保护区的建设和管理，加大生物多样性保护；严禁毁林开荒，开展退耕还林还草，提高森林植被覆盖率；调整森林组分构成，构建乔、灌、草结合的常绿阔叶林植被体系，保护、优化山地森林生态系统结构，改善物种栖息地环境质量，强化水土保持与水文调蓄功能；积极开展小流域生态环境综合治理，全面实施侵蚀劣地的植被恢复，防止土壤侵蚀加剧，防止侵蚀山地的石漠化扩展，加强地质灾害的监督与预防。

6. 滇桂中部山地石漠化水土流失生态脆弱亚区

滇桂中部山地地貌类型复杂，地势总体呈西北高、东南低。桂东南地貌特点是中低山、丘陵、台地、盆地相互交错，以丘陵台地较多；桂中属于广西盆地，石灰岩分布广，喀斯特地貌发育；桂西处于云贵高原南缘急剧下降部分，地貌类型为岩溶山原、河谷；西部云南境内主要为中山山原和河谷区，岩溶地貌发育、山脉河谷相间。气候属南亚热带湿润季风类型，年降水量800～1400mm，水热条件受海拔和地形影响变化较大，西部部分低海拔河谷具有干热河谷特点。土壤北部主要是红壤，南部为赤红壤，石灰土也有相当面积。

（1）生态系统特征

地带性植被属南亚热带常绿阔叶林，西部高原山地为季风常绿阔叶林。原生森林保存较少，多为次生植被，河谷地区有典型的干热河谷稀树灌木草丛。常绿阔叶树种主要有多种栲类、青冈、石栎、厚壳桂、红木荷、红花荷、傅氏木莲等，落叶阔叶类有化香、枫香、栓皮栎、麻栎等；针叶林中云南松、思茅松、马尾松面积较大，还有杉木、云南铁杉等；灌丛为重要的植被类型，以余甘子、南烛—滇杨梅、青檀—红背山麻杆—灰毛浆果楝占优势，还有雀梅藤—小果蔷薇—火棘—龙须藤、桃金娘、竹叶椒—樟叶荚蒾、酒饼叶—小花龙血树—番石榴等群落；草地分布广，主要种类为刺芒野古草、云南裂稃草、白茅、密序野古草、芒草、野古草、金茅、扭黄茅、龙须草、青香茅、穗序野古草、类芦、棕叶芦、满茅草等。

耕地面积不大，东部相对集中，中西部分散。一年两熟或三熟，主要作物有水稻、小麦、豆类、玉米、油菜、烟草、麻类、甘蔗、薯类等，经济林果有油桐、柑橘、柚、龙眼、茶、棕榈、杨梅、苹果、梨、核桃、板栗等。

（2）主要生态环境问题

天然阔叶林面积减少，人工针叶林面积增大，森林涵养水源功能下降，生物多样性面临威胁；陡坡开垦、交通、矿业开发、城镇建设等活动，导致植被退化，水土流失和石漠化危害严重，地质灾害多发；化肥、农药、地膜等引起的农业面源污染严重；坡耕地面积大，水土流失较严重；石山森林覆盖率低，石漠化面积较大。

（3）生态保护措施与发展方向

以水源涵养与生物多样性保护为目标，保护现有天然林，封禁恢复灌木林及疏林，恢复扩大阔叶林面积；严禁放火烧山、刀耕火种等生产方式，制止石山种植、砍伐薪材等行为，结合封山育林和人工造林治理石漠化，提高石山森林覆盖率，加强水土流失治理。

7. 滇桂南部石漠化水土流失生态脆弱亚区

地貌类型西部为云南西南部山原过渡带和南部山间盆地，地势向南逐渐倾斜，部分地区高原面保存较为完整，海拔 1300m 左右；东部为桂西南喀斯特山原山地，峰丛、峰林和深切圆洼地与槽形谷地等岩溶地貌发育。气候属南亚热带、北热带湿润季风区，年降水量1300～1800mm。土壤类型有赤红壤、砖红壤、红壤和石灰土等。

（1）生态系统特征

地带性植被为热带湿性雨林、季雨林，森林组成变化大，种类多样，是我国主要的热带雨林、季雨林分布区之一，生物多样性极丰富。特别是西双版纳和桂西南石灰岩地区，是具有全球保护意义的生物多样性关键地区，在我国生物多样性保护中的地位十分重要。

热带雨林、季雨林、常绿阔叶林主要树种有刺栲、印栲、红木荷、蚬木、金丝李、肥牛树、网脉肉托果、滇楠、望天树、罗浮栲、杯状栲、黄毛青冈、滇青冈、高山栲、越南栲、千果榄仁、番龙眼、红花荷、傅氏木莲、枫香、石栎、银木荷、蕈树、滇木花生等。针叶林中马尾松群落占优势，林下多为岗松、桃金娘，杉木、思茅松有少量分布。灌丛群落有余甘子、酒饼叶—小花龙血树—番石榴、南烛—滇杨梅、中平树、青檀—红背山麻杆—灰毛浆果楝、岗松、桃金娘等多种类型。草地建群种主要是刺芒野古草、白茅、密序野古草、云南裂稃草、类芦、棕叶芦、斑茅草、芒草、野古草、金茅等。

农业植被中多有热带经济林果，作物一年两熟或三熟，主要作物有水稻、小麦、玉米、油菜、豆类、薯类、烟草、麻类、甘蔗、花生等，经济林果有苹果、核桃、板栗、油桐、甜橙、柚、龙眼、大叶茶、橡胶、香蕉、荔枝、木菠萝、芒果、番木瓜等。

（2）主要生态环境问题

人口增加过快、居住分散，导致生态环境压力大，生境破碎化程度高；自然资源不合理开发利用导致水土流失严重；石山森林覆盖率低，石漠化面积大；天然林面积减少，人工针叶林面积增大，森林涵养水源功能有所下降；原始森林面积下降迅速，传统少数民族生活方式，打猎砍树、放火烧山垦殖对生态系统影响较大，植物资源过度采挖致使生物资源受到严重破坏、生物多样性受到威胁。

（3）生态保护措施与发展方向

扩大自然保护区范围，加强对热带雨林、季雨林的保护，严禁砍伐森林和捕杀野生动物，保护生物多样性；严禁毁林垦荒，加大退耕还林力度，防治低山岩溶地区与丘陵区的土壤流失和石漠化；加强重要水源地周边植被的保护与建设，加强疏林地抚育，改造低质林地，提高低质林地的生态防护功能和生物多样性；调整农业结构，加强基本农田建设，发展以热带作物和经济林为主的生态农业和生态林业。

十二、长江中下游平原湿地退化生态区

长江中下游平原为三峡以东的沿江带状平原，北接淮阳山和黄淮平原，南临江南丘陵和浙闽山地，东濒海洋，由江汉平原、洞庭湖平原、鄱阳湖平原、皖中平原和长江三角洲组成。地貌类型有冲积平原、湖泊洼地、河口三角洲和低山丘陵，地势低平，海拔一般低于50m，长江三角洲只有10m左右。大部分地区属于北亚热带湿润季风气候类型，南部地处中亚热带北缘，年均温度14～18℃，年降水量1000～1400mm，集中于春夏两季。地带性土壤为黄棕壤和红壤，分布在低山丘陵区，平原与河谷主要是水稻土，湖泊洼地有零星沼泽土。工农业发达，在我国经济中占有举足轻重的地位，是重要的经济引擎。

（1）生态系统特征

自然植被已破坏殆尽，除城镇、江河湖泊湿地外，绝大部分地区覆盖着农业植被，仅山丘区残留有小片的森林、灌丛和草地。农田与湿地是两类主要的生态系统。

农田：一年二熟或三熟，农作物种类有水稻、小麦、油菜、玉米、棉花、花生、甘薯、大豆、杂粮、黄麻、苎麻等，种植模式主要是双季稻—冬小麦/油菜/绿肥、夏稻—冬小麦/蚕豆、双季稻、单季稻、冬小麦—甘薯、棉麦豆套种等，经济林果有石榴、桃、梨、杏、柿、板栗、枇杷、柑橘、桑、茶、油茶等。

湿地：河网密布，湖泊众多，湿地资源丰富，中国五大淡水湖中的鄱阳湖、洞庭湖、太湖和巢湖分布在这里，江湖相通，具有天然的

水量、洪水调蓄作用。发达的河湖水系，造就了著名的“鱼米之乡”，盛产鱼、虾、蟹、莲、菱、荸荠等水产品，还分布有中华鲟、白鳍豚、扬子鳄等珍稀濒危物种。

水生植物种类多、分布广，包括挺水、浮水和沉水类型，主要种类有芦苇、水烛、东方香蒲、菰、慈菇、泽泻、黑三棱、菖蒲、石菖蒲、水葱、雨久花、鸭舌草、中华水韭、芡实、野菱、荇菜、浮萍、紫萍、满江红、四叶萍、凤眼莲、空心莲子草、莼菜、睡莲、萍蓬草、水蕨、水龙、眼子菜、竹叶眼子菜、菹菜、金鱼藻、黑藻、水车前、苦草、灯心草、谷精草、矮慈菇、牛毛毡、节节菜、圆叶节节菜、水苋菜、丁香蓼、水芹、半枝莲、水苏、薄荷、鳢肠、蔓荆子、水蜈蚣、鱼腥草、三白草、毛茛、半边莲、猫爪草和白前等。

亚热带针叶林：针叶林是残留森林的主体，广泛分布在丘陵山区，多为自然植被破坏后的次生人工林，建群种主要是马尾松和杉木，杉木相对较少。根据林下灌丛种类组成，马尾松林可分为两大群落类型，一种是以檵木、映山红为主，另一种是以白栎、短柄枹占优势。此外，黑松、台湾松、侧柏等也可见到。

亚热带灌丛：灌丛多分布在平原边缘的低丘区，包括落叶灌丛和常绿落叶灌丛。落叶灌丛有白栎—短柄枹、茅栗—白栎、白鹃梅—连翘—栓皮栎—化香等类型，常绿落叶灌丛有檵木—乌饭树—映山红、化香—竹叶椒—蔷薇—荚蒾等类型。

其他植被类型：落叶阔叶林、常绿落叶阔叶混交林、常绿阔叶林和竹林，零星分布在山丘地区。落叶阔叶林主要树种有栓皮栎、麻栎、茅栗、化香、枫香、刺槐、青檀、短柄枹等，分布在平原北侧；常绿落叶阔叶混交林常见种类是栓皮栎、短柄枹、苦槠和青冈；常绿阔叶林以苦槠—青冈林、甜槠—米槠林为主；竹林建群种为毛竹。

（2）主要生态环境问题

相对于典型生态脆弱区而言，长江中下游平原生态环境并不差，然而随着社会发展，人为作用的影响越来越显著，湿地萎缩退化、水污染、酸雨、水土流失等生态环境问题日益突出，成为区域经济可持续发展的瓶颈。

湖泊湿地退化：历史上长江中下游地区湖泊均为长江及其支流的分洪区，汛期调蓄的洪水于枯水季节入江归海。自宋代以来，尤其是近一个世纪，人口增加和技术进步极大地推动了围湖垦殖，导致湖泊数量、面积锐减（蔡述明等，2002）。据统计，仅1950年以来，围垦湖泊$1.3 \times 10^4 km^2$，为我国五大淡水湖面积的1.3倍，因围垦消亡的湖泊1000余个，蓄洪量减少$360 \times 10^8 m^3$。

湖泊围垦，改变了湖区生态系统结构，大量水生生物失去栖息、繁殖、肥育场所，生物多样性减少，水产品产量下降。更为严重的是，湖泊湿地萎缩还加速了浅水湖泊沼泽化过程，导致洪水调蓄、产品提供等生态服务功能进一步削弱甚至消失，加剧洪涝灾害。

水污染与水体富营养化：根据长江流域水资源公报，2008年流域废污水排放总量为$325.1 \times 10^8 t$，其中生活污水、工业废水分别占32.7%、67.3%。排污主要集中在太湖水系、洞庭湖水系、湖口以下干流、宜昌至湖口、鄱阳湖水系、宜宾至宜昌和汉江，占长江废污水排放量的80.7%。河流水质监测结果表明，Ⅳ类到劣Ⅴ类水的河长占评价河长的30.9%，主要超标项目为氨氮、总磷、五日生化需氧量、化学需氧量、高锰酸盐指数和粪大肠菌群等。

在监测的湖泊中，巢湖总体水质为劣Ⅴ类，东半湖处于中营养状态，西半湖处于中度富营养状态。太湖水质均劣于Ⅲ类，劣Ⅴ类、Ⅴ类、Ⅳ类水面积分别为65.4%、27.2%和7.4%，除东太湖和东部沿岸带处于轻度富营养状态外，其他湖区均处于中度富营养状态。鄱阳湖80%以上的水域全年为Ⅳ类水，处于中营养状态。

水污染和水体富营养化导致水质急剧恶化、藻类频繁爆发，不仅严重影响了居民生活用水，而且给工农业生产、水产养殖、旅游业带来巨大损失。

酸雨与水土流失：长江中下游平原，特别是长江三角洲，经济发达，人口密集，污染物排量大，是我国酸雨污染较重的地区。山丘区地表大多失去植被保护，降水分布不均、夏季多暴雨以及围湖造田造成湿地调蓄洪水能力减弱等原因，水土流失也比较严重。

（3）生态保护措施与发展方向

根据国家有关政策，在“退田还湖”现状的基础上，加大退还的规模和力度，完善相关管理措施（姜加虎等，2005），杜绝新的围垦行为，逐渐修复破坏退化的湖泊湿地生态系统，增强湖泊湿地的洪水调蓄等生态服务功能，减轻流域的洪涝灾害。

综合治理水污染，实施清洁生产、污水处理、农业综合开发、减轻面源污染等，控制入江入湖的污水总量，同时进行富营养化防治研究。大规模围网养鱼是破坏湖泊湿地生态系统结构、造成湖泊富营养化的重要原因，应严格控制湖泊围网养鱼规模，合理规划与布局。

建设长江中下游生态防护林体系，恢复长江沿岸的林草植被，发挥其水源涵养功能，控制水土流失；调整产业结构和能源消费方式，创新、改进生产工艺，淘汰高能耗、高污染的落后产能，减少 SO_2 等污染物的排放，减轻酸雨危害。

十三、湘赣山地丘陵水土流失酸雨生态脆弱区

湘赣山地丘陵地处长江中下游平原以南、南岭以北、武夷山以西、雪峰山以东，是江南丘陵的重要组成部分。地貌类型以低山、丘陵、盆地为主，中间幕阜山、九岭山和罗霄山贯穿南北，构成湘赣两省的界山，两侧分布着红色丘陵与盆地，规模较大的有衡阳盆地、湘潭盆地和吉泰盆地等。平均海拔 500 ~ 1000m，高峰达 1500m 以上，盆地 100 ~ 400m。气候属中亚热带湿润季风类型，冬暖夏热，年均温度 16 ~ 20℃，年降水量 1300 ~ 1800mm，5 ~ 6 月降水最多。地带性土壤为红壤，山区土壤自下而上有红壤、山地黄壤、山地黄棕壤和山地草甸土的垂直分异。另外还镶嵌有紫色土、石灰岩土和水稻土等。

（1）生态系统特征

水热条件丰沛，形成了常绿阔叶林、常绿落叶阔叶混交林、针叶林、竹林、灌丛、草地等多种生态系统类型。经济较落后，自然植被

破坏严重。森林植被总体特点是人工林多于天然林，针叶林多于阔叶林。低丘盆地适合多种作物生长和发展经济林木，农业比较发达。

亚热带常绿阔叶林：是地带性植被，分布在海拔1000m以下，大部分已被破坏，仅残存在幕阜山、九岭山、罗霄山等山地，以杂木林为主，建群种主要有栲、南岭栲、苦槠、青冈、甜槠、厚壳桂、长叶石栎、木荷等。

亚热带常绿落叶阔叶混交林：位于海拔1000~1500m，组成树种有多脉青冈、水青冈、茅栗、短柄枹、化香、青冈、黄连木、朴树、圆叶乌桕、青檀、栓皮栎、苦槠、长叶石栎、甜槠、木荷、山槐、黄檀、鹅掌楸、枫香等。

亚热带—热带竹林：大部分位于中部和东部，建群种以毛竹为主，箭竹也有一定的分布，还有少量的水竹。

亚热带针叶林：主要由半天然或人工的马尾松林和杉木林构成，分布在丘陵低山区。台湾松、柏木较常见。天然植被破坏后，人工针叶林、次生灌丛矮林成为优势植被类型。

亚热带灌丛：灌丛分布广、面积大，优势类型包括檵木—乌饭树—映山红、雀梅藤—小果蔷薇—火棘—龙须藤、茅栗—白栎、水马桑—圆锥绣球等，变色锦鸡儿、白栎—短柄枹、竹叶椒—荚蒾等数量较少。

亚热带草地：大多集中在罗霄山以东的江西境内，建群种主要是刺芒野古草，部分草地与灌丛、经济林形成复合群落。此外，芒草、野古草、金茅草也较常见。

农田：相对集中在中北部，靠近洞庭湖、鄱阳湖流域和长江沿岸，南部则散布于低丘盆地间。耕作制度主要是以双季稻为基础的稻田三熟制、旱地间混套作三熟或两熟制，作物种类包括水稻、小麦、棉花、油菜、玉米、大豆、甘薯、凉薯、花生、芝麻、杂粮、甘蔗、绿肥等，经济林木有柑橘、茶树、油桐、油茶、蜜橘、金橘等。

（2）主要生态环境问题

人口较多，对生态环境的压力大，当前面临的主要生态环境问题如森林质量不高、水土流失、环境污染、灾害频发等（董成森等，2007；黄国勤，2006），均与人类活动有关。

森林质量不高：森林覆盖远高于全国平均水平，但质量整体较差。首先是林种结构不合理，用材林比例大，生态林地少，防护林体系尚未建成，生态系统服务功能还较弱；其次是树种结构不合理，针叶林面积大，阔叶林比例小，不利于保护生物的多样性；第三是林龄结构不合理，中、幼林多，成熟林少。此外，森林植被被毁的现象仍有发生。

水土流失：水土流失比较严重。地形以丘陵、山地为主，夏季降水量大且降雨集中，是诱发水土流失的重要原因；而毁林毁草开垦坡耕地、薪材消耗过度破坏植被、工程建设中不重视水土保持措施等加剧了水土流失过程。

环境污染：人地矛盾突出，后备耕地资源匮乏，提高农业单产主要靠大量使用化肥、农药和农膜，导致土壤污染、农业面源污染加重，并直接威胁到人体健康。湘赣丘陵地处华中酸雨区的中心，是目前我国酸雨污染最严重的地区，酸雨强度大、频率高。

生态灾害：水旱灾害频繁交替发生，以洪水、旱灾为主，受害较重。工业、生活废弃物污染日趋严重，波及农田，农业生态环境恶化。矿产开采占用、破坏大量的林草地和耕地，同时诱发了滑坡、崩塌、泥石流、地面塌陷等次生地质灾害。

（3）生态保护措施与发展方向

采取综合整治措施，恢复和增强生态系统服务功能。利用森林覆盖率高的特点，加强管理，采育结合，增加混交林和生态公益林比重，营造水源涵养林和薪材林，逐步提高森林质量，使森林生态系统功能得到更好的发挥，从而减轻各类自然灾害。

通过生物措施、工程措施和耕作技术控制水土流失。生物措施即植树种草，提高植被覆盖度，有效防止水土流失，保持水土；工程措施包括修建梯田、开挖水平沟等；耕作技术和农业措施有多种，如等高种植、少耕免耕、间混套作等，从根本上减少农田水土流失。

减缓酸雨发生必须调整区域产业结构，严格控制高污染行业的准入，淘汰污染大的落后产能；同时加强技术、工艺创新，实现零排放或少排放，从源头上解决污染问题。发展循环经济和高效生态农业，变废为宝，确保资源、生态和经济的可持续发展。

十四、东南沿海丘陵酸雨生态脆弱区

东南沿海丘陵是指长江以南、武夷山和桂林南宁一线以东的低山丘陵的总称，包括皖南丘陵、浙闽丘陵、两广丘陵、海南岛和台湾岛。地貌类型是丘陵、山地、山间河谷盆地、滨海平原。地势西北高东南低，海拔200～1000m，少数山峰1500～2000m以上，滨海地区大多不到20m。气候带从北到南依次为北亚热带、中亚热带、南亚热带和热带，具海洋性气候特征，年均温度16～24℃，年降水量1200～2000mm以上，是我国水热条件最丰富和红壤最集中的地区。随气候变化，土壤依次为黄棕壤、红壤黄壤、赤红壤和砖红壤，还有零星的石灰岩土、紫色土和水稻土。山地土壤的垂直带谱是红壤、黄壤、黄棕壤和草甸土。

1. 天目山—怀玉山水土流失酸雨生态脆弱亚区

本区位于东南沿海丘陵区最北端，包括皖南丘陵、浙西丘陵和赣东北丘陵，是北亚热带向中亚热带的过渡地带。土壤以红壤为主，有少量黄壤和黄棕壤。地形生境复杂，气候变化多端，物种组成具有暖温带和亚热带特征，生物多样性丰富，形成多样化的生态系统。

（1）生态系统特征

从浙西至皖南、赣东北分布着天目山、黄山、九华山和怀玉山等风景名胜区和国家森林公园、自然保护区，植被发育良好，特别是浙西、皖赣交界区存在大面积森林，主要生态系统类型是常绿阔叶林、常绿落叶阔叶混交林、落叶阔叶林、竹林、针叶林、灌丛和草甸等，此外还有农业植被。珍稀濒危物种有银杏、南方红豆杉、天目铁木、香果树、鹅掌楸、黑麂、梅花鹿、云豹、金钱豹、白颈长尾雉等。

亚热带常绿阔叶林：地带性植被，一般在海拔600～800m以下，主要由壳斗科的常绿树种组成，建群种以苦槠、青冈、甜槠和米槠等为主。苦槠林、青冈林大多分布在赣东北、皖南中部和浙西西部，而甜槠、米槠林相对集中于赣东北地区。

亚热带常绿落叶阔叶混交林：分布在海拔600～1200m，组成种类有壳斗科、金缕梅科、胡桃科和蝶形花科等。常绿阔叶树种主要是苦槠、青冈以及少量栲树，落叶阔叶树种为栓皮栎、短柄枹、枫香、化香、黄檀等。栓皮栎、短柄枹、苦槠、青冈林皖南中部较多，枫香林、栲树林、化香、黄檀林、苦槠林、青冈林分布在浙西东部和南部。

亚热带落叶阔叶林：面积较小，主要在皖南中部，海拔1200m以上，由壳斗科、金缕梅科、胡桃科、蝶形花科、榆科等的落叶种类组成，建群树种有枫香、栓皮栎、麻栎、白栎、短柄枹、化香、黄檀、青檀等，形成枫香林、栓皮栎林、麻栎林及杂木林群落。

亚热带—热带竹林：建群种主要为毛竹，在浙西北部及其毗邻的皖南东部有大面积分布。除毛竹林外，还有少量刚竹林。

亚热带针叶林：广泛分布在海拔800～1000m以下低山丘陵区，是本区面积最大的森林生态系统，主要建群种是松科的马尾松和杉科的杉木，大多为人工林或半天然林。马尾松林下常伴有檵木、映山红、白栎、短柄枹等种类，杉木有纯林，也有与马尾松的混交林。在海拔800m以上中高山区分布有黄山松，尤以黄山地区最著名。

亚热带常绿阔叶落叶灌丛：种类组成复杂，包括壳斗科、杜鹃花科、金缕梅科等乔木、灌木物种，主要类型有皖南的白栎、短柄枹灌丛，浙西的白栎、短柄枹灌丛+檵木、乌饭树、映山红灌丛，皖南和赣东北的檵木、乌饭树、映山红灌丛，赣东北的茅栗、白栎灌丛，此外还有白鹃梅、映山红灌丛，白栎、短柄枹灌丛和化香、黄檀等。

亚热带草地：皖南与赣东北地区有相当面积的草地分布，以黄背草为建群种的草地主要分布在皖南沿江中东部，皖南沿江西部和皖南南部以芒草、野古草、金茅草为主，刺芒野古草大多在赣东北地区。

农田：分散在山间河谷盆地与低丘缓坡，一年两熟或三熟，水田以水稻为基础形成夏稻—蚕豆—豌豆、夏稻—冬小麦、双季稻、双季稻—油菜（冬小麦）、双季稻—绿肥等模式，旱地作物主要有油菜、冬小麦、甘薯、蚕豆、豌豆、棉花、花生、芝麻、茶叶、蚕桑等。

（2）主要生态环境问题

森林植被较好，但毁林开垦、开矿、过度砍伐等现象仍有发生，导致森林资源受到一定程度的破坏，水土流失、地质灾害较严重。地处酸雨区，酸雨对植被的影响日益突出。此外皖南地区松材线虫危害也不容忽视。

水土流失：造成水土流失、滑坡等灾害的原因，一方面山地丘陵地貌提供了潜在基础，同时人类活动破坏地表植被，森林保持水土功能下降，则诱发了这个过程。

酸雨：天目山以大树著称，拥有世界上最大的古柳杉群，然而自1980年年末，柳杉瘿瘤病开始侵袭古柳杉群，感病率达90%以上，导致群落衰退。究其原因，酸雨污染是罪魁祸首，酸雨破坏柳杉叶角质层、导致土壤酸化、营养元素流失、降低根系吸收能力等。

松材线虫病：又称松树萎蔫病，是世界上最具危险性的森林病害，致病力强，寄主死亡速度快，被称为“松树癌症”。宣城、池州等市危害较重，对皖南大面积松林，特别是对黄山风景区松林构成了巨大威胁。

（3）生态保护措施与发展方向

以天然林保护为中心，封山育林、退耕还林，调整林种、树种结构，提高森林质量；建设水源涵养林、水土保持林，发展用材林、薪炭林；加强重要生态功能区保护，开展小流域综合治理，防治水土流失；保护旅游资源，推进生态旅游；防治森林病虫害与酸雨危害，确保风景名胜区和重点生态区的森林安全，深入研究危害机理及应对措施，降低损失。

2. 浙闽山地酸雨生态脆弱亚区

浙闽山地丘陵亚区位于武夷山、仙霞岭、会稽山一线以东至沿海台地、平原，呈东北—西南向长带状分布，以两列与海岸平行的山脉为骨架，西列为武夷山、仙霞岭、会稽山，平均海拔1000m以上，东列是博平岭、戴云山、洞宫山、括苍山和天台山，平均海拔800m左右。山岭连绵，丘陵广布，平原和山间盆地狭小而分散，属中亚热带湿润季风气候，具有明显的海洋性暖湿气候特点。土壤为红壤、黄壤、黄棕壤及水稻土等。

（1）生态系统特征

植被覆盖较好，保存有大面积原始林和多种珍稀野生动物，是南方主要林区之一。国家重点保护种类有百山祖冷杉、南方红豆杉、银杏、伯乐树、华南虎、云豹、黑麂、金雕、白颈长尾雉、黄腹角雉等。生态系统类型是常绿阔叶林、常绿落叶阔叶混交林、落叶阔叶林、针叶林、竹林、灌丛和草地等，并出现了具有热带气候特点的季节性雨林常绿阔叶林，反映了向南亚热带和热带过渡的植被特征。

亚热带常绿阔叶林：地带性植被，多分布在海拔1000m以下，种类组成以壳斗科的甜槠、米槠、苦槠、青冈、栲、南岭栲等常绿树种为主，其中甜槠、米槠主要分布在福建，浙江、闽东北有较多的苦槠和青冈，栲和南岭栲多在闽东中部，还有少量青钩栲、长果栲。林冠郁密，分层现象明显，林内湿度较大，附生的苔藓植物、藤本植物较丰富。

亚热带常绿落叶阔叶混交林：位于海拔1000～1500m，主要由壳斗科的苦槠、青冈、栲属等常绿种类和金缕梅科的落叶树种枫香组成，分布在浙西南。群落类型有枫香、苦槠和青冈林，枫香、栲和南岭栲林以及枫香、刺栲和越南栲林。

亚热带落叶阔叶林：数量不多，分布在浙中南和赣东地区，以壳斗科的白栎、短柄枹及金缕梅科的枫香为主，与栓皮栎、麻栎、化香、黄檀等形成多种群落类型，主要有白栎、短柄枹林，白栎、短柄枹、枫香林，白栎、短柄枹、栓皮栎、麻栎、枫香林，白栎、短柄枹、栓皮栎、麻栎、化香、黄檀林，枫香林等。

亚热带针叶林：本区面积最大的森林类型，广泛分布在海拔800m以下，建群种主要是马尾松、杉木，还有台湾松和黑松。林下以檵木和映山红为主的马尾松群落最常见，分布在浙南及其以南的区域，林下以白栎和短柄枹为主的马尾松群落集中在北部，而林下以桃金娘为主的马尾松群落分布在东南边缘；杉木林群落相对集中在浙西南和闽中地区；台湾松林与黑松林较少，前者主要分布在赣东，后者在浙东宁波和台州地区。

亚热带—热带竹林：竹林分布地带类似于针叶林类，主要在低山丘陵区，特别是福建境内较多，绝大部分为毛竹，有少量的箭竹和刚竹。

亚热带常绿落叶阔叶灌丛：由杜鹃花科、金缕梅科、壳斗科、姚金娘科等常绿、落叶灌木和小乔木组成，种类多样，其中最常见的是檵木、乌饭树、映山红灌丛，分布在浙东和闽赣地区；浙西南有较多的白栎、短柄枹与檵木、乌饭树、映山红构成的复合灌丛；闽东、赣东分别有少量的桃金娘灌丛和茅栗、白栎灌丛；此外还有零星的岗松灌丛、胡枝子灌丛、水马桑与圆锥绣球灌丛、白鹃梅与映山红灌丛等。

亚热带草地：主要分布赣东红壤坡地和丘陵，建群种以刺芒野古草为主，其他种类还有芒草、野古草、金茅草、铁芒箕、蕨草等。

热带季雨林：闽东中南部出现含有热带树种的壳斗科、樟科和茶科杂木林，组成种类以厚壳桂、华栲、越南栲为主，形成热带季雨林性常绿阔叶林。

农田：浙中金衢盆地及其邻近的赣东地区农田分布较集中，其他地区散见于山间盆谷。一年两熟至三熟，水田主要种植双季稻、红花草（油菜、冬小麦、蚕豆、大豆）、中稻；旱地为冬小麦、甘薯，芝麻、凉薯、茶、油菜，苎麻、甘蔗、油菜，桑粮、果粮复合田，棉、麦、豆套作等。盛产柑橘、茶、油茶、油桐等亚热带经济林木。

（2）主要生态环境问题

水土流失：生态环境总体上较好，但在低丘、盆地人为干扰频繁的区域，陡坡种植、乱砍滥伐破坏了植被，导致森林生态功能减弱，水土流失、滑坡较为严重，部分地区环境污染问题突出。水土流失主要发生在赣东中北部和浙中南地区，特别是前者。

酸雨：浙闽赣山地为酸雨高发区，而且降水量大，土壤又以红壤为主，偏酸性，导致整个生态系统对酸沉降非常敏感，受酸雨危害严重。

（3）生态保护措施与发展方向

加强封山育林和水系源头保护，禁止滥垦乱伐、陡坡开荒，保护天然林资源，加快生态恢复进程；生物、工程和农艺措施相结合，大力发展节水农业、立体农业、生态农业，减少化肥、农药用量，减轻农业对环境的污染。

3. 浙闽粤东部滨海盐渍化生态脆弱亚区

从杭州湾南岸到珠江口的浙闽粤海岸带，地貌类型以滨海平原、湿地、台地为主，形成了滨海气候，其中闽江口以北属中亚热带，以南属南亚热带。土壤类型有红壤、赤红壤和水稻土。滨海地区受人类活动影响显著，原生植被几乎破坏殆尽。

（1）生态系统特征

农业植被占优势，亚热带常绿阔叶林、针叶林、竹林、灌丛、草地等散布其间，滨海湿地有少量红树林。

农田：一年两熟至三熟，主要种植双季稻、红花草（蚕豆、大豆、甘薯、玉米），冬小麦、甘薯，芝麻、凉薯、油菜，甘蔗、西瓜、花生，木薯、花生、黄麻，棉、麦、豆套种，稻、桑、鱼复合体等，经济植物、防护林有橡胶、柑橘、油茶、茶、大叶茶、木麻黄、荔枝、杨梅、桉树等。

亚热带常绿阔叶林：面积较小，主要是闽江口以北的苦槠林和青冈林以及闽江口以南的含有热带树种的厚壳桂、华栲、越南栲林。

亚热带针叶林：建群种主要是马尾松和黑松，其中黑松分布在浙东沿海。马尾松林根据林下灌丛的组成分为4种类型，林下以白栎、短柄枹为主的集中在北部的象山和三门地区，林下以檵木、映山红占优势的分布在浙东南部到闽东北部，林下以桃金娘占优势的主要在闽东中南部，林下以岗松为主的位于南部的粤东沿海。另外闽东沿海有少量杉木林。

亚热带常绿落叶阔叶灌丛：主要包括3种类型，檵木、乌饭树、映山红灌丛分布于闽东北部及其以北，桃金娘灌丛分布在闽东中南部及其以南，粤东沿海以岗松灌丛为主。还有少量的中平树、银柴、黄杞灌丛与露兜树、仙人掌灌丛。

亚热带草地：有3种主要类型，刺芒野古草分布于闽东南北两端，蜈蚣草、纤毛鸭嘴草集中在粤东北部，芒草、野古草、金茅草主要在闽北和粤东。

红树林：浙东南部、闽东和粤东沿海湿地有分散的小面积红树林，组成树种为秋茄树、桐花树和海榄雌。浙江沿海是我国红树林分布的最北端。

（2）主要生态环境问题

东南沿海是我国经济最具活力的区域，海岸带经过多年来大规模的开发利用，产生了一系列的生态环境问题，如盐渍化、近海污染、生物资源破坏、海岸侵蚀等，严重影响到生态系统的平衡和稳定，生态环境也越来越脆弱。

盐渍化：滨海地区长期受潮汐、海水倒灌等影响，土壤含盐度一般较高，加上滩涂湿地开发、农业生产不合理灌溉等因素，致使盐渍化现象普遍严重。

近海污染：大量陆源污染物随河流进入近海水体、高密度浅海养殖的废弃物、船舶运输泄漏等原因，导致近海水质下降，富营养化严重。2001年，我国近岸海域水质以劣四类为主，占34.5%，其中东海区为 52.0%；2009 年劣四类水质比例下降到 14.4%，但是东海区四类和劣四类海水仍占 47.4%。2000 ~ 2009 年平均每年发生赤潮 79.2 次，其中 2000 年 28 次，2003 年最高达 119 次，2009 年 68 次，东海区是赤潮发生最严重的海域。

生态系统破坏：由于湿地过度开发、近海污染、过度捕捞、工矿建设等原因，红树林、珊瑚礁等海岸带生态系统受到严重破坏，渔业资源和海洋生物多样性下降。1950 年代初我国红树林面积约 48266hm^2，至 2001 年下降 22024.9hm^2，减少一半以上。大量开采造成珊瑚礁资源濒临枯竭，长期围垦、开发导致 50% 滨海滩涂湿地消失。

海岸侵蚀：海岸带生态系统的破坏，不仅是栖息地与生物多样性的丧失，同时使海岸带失去保护，侵蚀加剧，沿海防护林、滨海公路、海底缆线等工程设施及生态环境受到严重影响，造成海水倒灌、农田受淹、土地盐渍化、沿海风沙、港口淤积。

（3）生态保护措施与发展方向

保护海岸带生态系统，实现资源与环境的协调发展。红树林、滨海湿地、珊瑚礁都是海岸带重要的生态系统类型，在维持海岸带生态环境稳定、生物多样性保护等方面发挥重要的作用，恢复重建这些生态系统意义重大。

控制陆源和海上污染，改善近海水质。海岸带污染物来自工业、农业、生活、船舶、水产养殖等多种源头，控制难度大，需要实施清洁生产、发展循环经济、控制海产养殖密度、规范海上作业等措施减少入海污染物。

加强海岸带防护林体系建设，提高滨海生态系统对海洋灾害的抵御能力。海岸防护林与滨海湿地、红树林等共同组成了海岸带防护的复合网络，可以有效地减轻水土流失、海岸侵蚀以及风暴潮带来的危害。

4. 南岭酸雨生态脆弱亚区

南岭是我国南部最大的山脉和重要的自然地理分界线。狭义的南岭由越城、都庞、萌渚、骑田和大庾5个主要山岭组成，又称五岭，广义的南岭还包括五岭附近的海洋山、九嶷山、九连山等。海拔1000m左右，少数山峰高于1500m，对阻挡南下的寒潮和东南的台风起着重要作用。南岭以南气候终年温暖，少见霜雪；以北冬季寒冷，常受寒潮威胁。南岭为中亚热带与南亚热带、长江流域与珠江流域、江南丘陵与两广丘陵的分界线，是我国多雨区之一，年降水量达1500～2000mm。土壤主要是红壤、黄壤和石灰岩土。

（1）生态系统特征

南岭气候温暖湿润，水热条件良好，生境复杂多样，成为各种野生动植物繁衍生息的理想场所，是我国生物多样性关键地区之一。国家一级保护物种有红豆杉、银杉、秃杉、水松、桫椤、华南虎、金钱豹、云豹、梅花鹿、黑鹿、河鹿、黄腹角雉、红腹角雉、斑羚、苏门羚、鼋、蟒蛇、金斑喙凤蝶等。生态系统主要是亚热带常绿阔叶林、常绿落叶阔叶混交林、阔叶落叶林、针叶林、灌丛、竹林和农田等类型。

亚热带常绿阔叶林：地带性植被，分布在海拔1300m以下，其中500～700m以下区域多含有热带性树种，建群种为壳斗科和樟科的常绿种类。常见类型有甜槠、米槠林，主要分布在中西部，东部以栲、南岭栲林为主，厚壳桂、华栲、越南栲林集中在南部，零星分布的有苦槠、青冈林、峨眉栲林、铁橡栎林、元江栲林等。

亚热带常绿落叶阔叶混交林：在湘南地区有一定面积的分布，由壳斗科、大戟科、漆树科、榆科、胡桃科等种类组成，主要群落包括青冈—圆叶乌桕—青檀林、多脉青冈—水青冈林、青冈—黄连木、朴树林、滇青冈—圆果化香林、栓皮栎—光叶栎林等。

亚热带阔叶落叶林：面积较小，分布在湘南，由壳斗科、胡桃科、桦木科、杨柳科的落叶树种组成，主要类群是白栎—短柄枹（茅栗、化香）林和亮叶桦—响叶杨林。

亚热带针叶林：建群种是马尾松和杉木，马尾松林下有多种灌木，杉木多为纯林。林下以檵木、映山红占优势的马尾松林分布在中北部，以桃金娘为主位于南部，以岗松占优势的面积较小，在江西境内。杉木林大多分布在湘赣南部，湘赣边界东部有少量台湾松林。

亚热带常绿落叶阔叶灌丛：以杜鹃花科、金缕梅科、蔷薇科、鼠李科、蝶形花科、桃金娘科等常绿、落叶灌木为优势种类，其中檵木、乌饭树、映山红灌丛面积最大，多分布在湘赣粤桂 4 省交界地区；其次为桃金娘灌丛，主要在广东境内；雀梅藤、小果蔷薇、火棘、龙须藤灌丛也有一定面积，分布在湘南和粤北；水马桑、圆锥绣球灌丛、岗松灌丛、茅栗、白栎（短柄枹）灌丛、青檀、红背山麻杆、灰毛浆果楝灌丛、榛子灌丛等面积较小。

亚热带—热带竹林：由毛竹、箭竹、青皮竹与茶杆竹等组成，其中毛竹林主要分布在赣湘南部，箭竹林较少，散布于湘粤、赣粤边界，青皮竹、茶杆竹等竹林有较大面积连片分布，集中在广东的广宁、怀集等县。

亚热带草地：以芒草、野古草、金茅草群落和刺芒野古草群落为主，前者位于粤桂湘境内，间或长有雀梅藤、小果蔷薇、火棘、龙须藤、马尾松、杉木、甜槠、米槠等灌乔木，后者主要在赣湘地区，部分混杂硬叶柳灌丛。蜈蚣草、纤毛鸭嘴草草地和铁芒萁草地较少。

农田：散布于河流沿岸及缓坡地带，一年三熟，水田主要种植双季稻、蚕豆（大豆、甘薯、玉米、红花草），旱地作物有甘蔗、油菜、甘薯、凉薯、芝麻、花生、木薯、西瓜、小麦、苎麻、黄麻等，经济林果有蜜橘、甜橙、柚子、龙眼、荔枝、香蕉、菠萝、番木瓜、柚、甜橙、肉桂、八角、蒲葵、桑、油桐等。

（2）主要生态环境问题

植被盖度高，但受 2008 年雪灾影响，森林遭受严重破坏，生态系统需要很长时间恢复。目前生态环境问题有植被破坏、水土流失、酸雨等，西部石灰岩山地石漠化比较严重。

水土流失：同多数林区类似，南岭曾经原始森林茂密，但是经过近几十年采伐，森林植被破坏较严重，尤其是低海拔区更甚，水土流失问题突出，自然灾害频发。雪灾不仅直接毁坏大面积森林，还导致生态环境脆弱，加剧水土流失等灾害。

酸雨：南岭紧邻珠江三角洲与华中地区，处于华南、华中两大酸雨区的结合地带，酸雨发生频率高、酸度强，对生态系统的影响大。

石漠化：南岭中西部有大面积的石灰岩山区，生态系统非常脆弱，受人为干扰破坏植被等影响，石漠化现象较严重。

（3）生态保护措施与发展方向

恢复森林植被，保护生物多样性，维持生态系统稳定，保障生态安全。南岭森林植被是华中与华南的生态屏障，尽快恢复自然灾害与人为破坏的森林生态系统，加强天然林保护，提高森林水源涵养功能；调整产业结构，发展生态农业，控制水土流失与石漠化的发展。

5. 粤桂中部酸雨生态脆弱亚区

粤桂中部亚区东起闽南沿海西至桂中，呈条带状分布于闽南、粤中南和桂中东部。地貌以丘陵、山间盆谷、台地为主，海拔200～400m，少数山峰超过1000m，主要山脉是云开大山。气候属南亚热带季风类型，台风、暴雨频繁。土壤多为赤红壤和红壤。

（1）生态系统特征

森林植被破坏严重，中部以灌丛和农田为主，常绿阔叶林与针叶林主要在东西两端，西部广西境内农田占相当大的比例。此外还有草地、红树林湿地生态系统。

亚热带常绿阔叶林：含有较多热带性树种，较低海拔处有热带季雨林常绿阔叶林，主要类型是厚壳桂、华栲、越南栲林及少量的栲、南岭栲林和米槠、甜槠林等。

亚热带针叶林：马尾松林最常见，其中林下以桃金娘灌丛为主的群落面积最大，分布广泛；其次为岗松灌丛在林下占优势，分布在西部；以檵木、映山红为林下优势种的马尾松林在东部有少量分布。杉木林不多，主要生长在粤东、闽南。

亚热带常绿落叶阔叶灌丛：以常绿灌丛为主，桃金娘灌丛和岗松灌丛最多，前者广泛分布在中北部，后者多在中南部（广东境内）。其他类型有檵木、乌饭树、映山红灌丛，青檀、红背山麻杆、灰毛浆果楝灌丛，酒饼叶、小花龙血树、番石榴灌丛，中平树、银柴、黄杞灌丛等，除檵木、乌饭树、映山红灌丛在粤东有较大面积外，其余都少而分散。

亚热带—热带竹林：闽南和粤中的东西两端有小片的竹林，组成种类为毛竹、青皮竹、撑篙竹、粉单竹和茶杆竹。

红树林：珠江口两侧的滨海区域零星分布有秋茄树、桐花树和海榄雌等组成的红树林湿地群落，原来大片的红树林遭严重破坏。

亚热带草地：主要在粤桂中部，以芒草、野古草和金茅草群落面积最大，其次为蜈蚣草、纤毛鸭嘴草群落及刺芒野古草群落，部分草地中散布有灌丛、常绿树种、农作物、果树等。

农田：相对集中在中部和西部，一年三熟，水田模式多为双季稻、蚕豆或大豆、甘薯、玉米，旱地作物是苎麻、甘蔗、油菜、西瓜、花生、黄麻和木薯等，经济林果有橡胶、柑橘、荔枝、龙眼、橄榄、香蕉、柚、甜橙、桑、油茶、油桐、大叶茶、油茶、桉树等。

（2）主要生态环境问题

水土流失：森林覆盖率不高，且以人工针叶林为主，天然阔叶林少，保持水土与涵养水源功能低，水土流失较重；低丘、坡地多被开垦为旱地或种植果树，植被遭到破坏，加剧了水土流失；农业生产造成的面源污染较重。

酸雨：森林植被中马尾松等针叶树种占多数，针叶林对酸雨更敏感，生态系统受酸雨的威胁大。

（3）生态保护措施与发展方向

保护现有天然林，建设生态防护林，扩大阔叶林面积，提高森林覆盖度，恢复森林生态系统服务功能。常绿阔叶林为地带性植被类型，相对针叶林，在涵养水源、水土保持、维持生物多样性等方面功能更强，能够更好地控制水土流失。

开展小流域综合治理，加强农林复合生态系统建设，限制坡地开垦，保护基本农田，提高农田质量，发展生态农业，减轻水土流失与农业面源污染。

6. 粤桂南部酸雨生态脆弱亚区

粤桂南部亚区包括广东西南部的雷州半岛、茂名和阳江两市的一部分以及广西东南部的玉林、北海、钦州和防城港等市，位于我国大陆的最南端，北依南岭南侧，南濒北部湾、南海，隔琼州海峡与海南岛相望，海拔多在200m以下，除雷州半岛为北热带气候外，其他地区属南亚热带季风气候。土壤类型以砖红壤、赤红壤为主，有少量水稻土。

（1）生态系统特征

雷州半岛是我国热带、亚热带经济作物的重要基地之一，东部包括雷州半岛及其以北地区以农业植被为主；中西部除农业植被外，亚热带针叶林、灌丛等次生植被也有一定分布。从整个区域来看，除经济林木外常绿阔叶林并不多见。

农田：水田以双季稻为基础，一年三熟，种植类型是双季稻、甘薯（玉米、大豆、蚕豆），旱地作物主要有花生、甘蔗、木薯、西瓜、油菜、黄麻、苎麻等，经济林包括橡胶、荔枝、菠萝、橄榄、芒果、桉树、番木瓜、椰子、柚、甜橙、龙眼、八角、肉桂、桑、蒲葵、大叶茶、番荔枝、木菠萝等。

亚热带针叶林：森林植被以针叶林为主，马尾松是主要建群种，其中林下以岗松灌丛占优势的马尾松林最普遍，以桃金娘为林下优势种的马尾松林仅在西部有少量存在。杉木林多为纯林，面积不大，分布在中北部。

亚热带常绿灌丛：岗松群落和桃金娘群落是最主要的 2 类灌丛，分布在中北部，尤以岗松灌丛分布最广。其他灌丛包括露兜树—仙人掌群落、刺篱木—基及树群落、柳叶密花树—银柴—谷木群落等，分布在雷州半岛。

亚热带常绿阔叶林：主要类型为刺栲、越南栲群落，散布着梭子果—紫荆木—蕈树林、蚬木—金丝李—肥牛树林、厚壳桂—华栲—越南栲林及苦槠—钩栲—甜槠、青冈林等，均分布在中西部；雷州半岛上有零星的榕树、假苹婆、鹅掌柴群落斑块。

红树林：雷州半岛与广西东南部的海岸带分布有少量的红树林，包括秋茄树、桐花树、海榄雌林和红海榄、木榄林 2 种类型。

亚热带草地：草地面积所占比例不大，主要有 3 种类型，刺芒野古草与芒草、野古草、金茅草分布在中西部，中东部以蜈蚣草、纤毛鸭嘴草为主。

（2）主要生态环境问题

水土流失：大面积坡地被开垦种植经济林果，森林、灌丛、草地等自然植被破坏严重，生态系统结构单一，功能减弱，在台风暴雨季节，强烈的地表径流，极易造成水土流失。

海岸带生态系统破坏：海产养殖、湿地围垦、自然灾害等多种因素污染、破坏了海岸带生态环境，红树林、珊瑚礁、海防林、农作物等生态系统受到严重威胁。

（3）生态保护措施与发展方向

加强对天然林的保护，恢复重建自然植被，提高森林水源涵养功能；在经济林果林下种植优良牧草，建设林（果）草复合生态系统，保持水土；大力发展生态农业，推广适合当地的高效生态农业模式，减轻面积污染；强化对海岸带资源的监管，保护红树林、珊瑚礁等重要生态系统类型；营造沿海防护林，完善海防体系，增强对自然灾害的抵抗能力。

7. 海南岛酸雨生态脆弱亚区

海南岛东北—西南长约290km，西北—东南宽约180km，面积$3.39\times10^4km^2$，是我国第二大岛。地势中部高四周低，由山地、丘陵、台地、平原构成环形梯级结构，其中山地丘陵面积占38.7%。地处热带北缘，具有热带季风和热带海洋性气候的特点，光热资源丰富，长夏无冬。雨量充沛，年降水量1600mm以上，5~10月为多雨季，占全年降水量的70%~90%。土壤有砖红壤、赤红壤、黄壤、燥红壤、水稻土等。

（1）生态系统特征

自然植被多由热带种类组成，包括热带雨林、热带季雨林、常绿阔叶林、红树林、针叶林、灌丛、草地等。农业植被占相当大的比重，分布在东北部及环岛地带。国家一级保护物种有坡垒、苏铁、海南黑冠长臂猿、坡鹿、海南山鹧鸪、孔雀雉、金斑喙凤蝶等。

热带雨林：海南岛的热带雨林是沟谷雨林和山地雨林，前者分布于海拔900m以下的山谷地区，主要树种有鸡毛松、蝴蝶树、母生、绿楠、海南杨桐等；后者多出现在海拔750~1200m，面积较大，多为原生性森林，主要树种包括陆均松、红稠、坡垒、紫荆木、油丹等。

热带季雨林：分为常绿季雨林和落叶季雨林两种类型。在海拔750m以下的低山、丘陵和台地有较多的常绿季雨林，以东南部的丘陵、低山最为典型，珍贵树种有青皮、荔枝、蝴蝶树、油楠、黄桐等；落叶季雨林大多分布于西部和南部海拔500m以下的丘陵、台地，常见种类为厚皮树、鸡占、麻栎、白格、平脉稠等。

常绿阔叶林：一般分布在海拔1000m以上的山地，是山地垂直带谱的组成部分，分为山地常绿阔叶林和山顶矮林，前者的树种有陆均松、海南杨桐、海南五针松、黄背栎、栲等，后者的树种有栎子绸、五裂木、厚皮香、冬青、栲、海南杜鹃等。

热带灌丛：海南岛灌丛主要有5种群落类型，刺篱木、基及树灌丛分布在西部和南部，柳叶密花树、银柴、谷木灌丛分布于东部和北部，露兜树、仙人掌灌丛多生长在中南部海南带，中部东以银叶巴豆灌丛、中平树灌丛居多。

热带草地：中部偏南即森林分布区，有一定面积的草地，以芒草、野古草、金茅草群落为主；中北部和西部的草地建群种为扭黄茅、孔颖草、香茅草。

红树林：多分布在北部较闭塞的海湾或河口，面积较大的有海口东寨港、文昌铺前港、清澜港、儋州新英港等，主要树种是红海榄、木榄、红树、海桑和木果楝等。

农田：热带作物资源丰富，栽培面积较大、经济价值较高的有橡胶、椰子、槟榔、咖啡、胡椒、腰果、油棕、可可等。粮食作物一年三熟，种类包括水稻、小麦、甘薯、木薯、玉米、黄豆等。经济作物有甘蔗、黄麻、花生、芝麻、茶等。水果种类繁多，主要有菠萝、荔枝、龙眼、香蕉、柑橘、芒果、西瓜、杨桃、菠萝蜜、红毛丹、火龙果等。

（2）主要生态环境问题

海南自1999年率先提出建设生态省以来，生态环境得到持续改善，2009年森林覆盖率达59.2%，环境质量总体良好。但是在发展过程中受各种利益的驱使，也存在一些生态环境问题，主要表现在土地退化、不合理开发等方面。目前水土流失面积约为$5.47\times10^4hm^2$，沙化土地面积约为$5.99\times10^4hm^2$，土地沙化主要发生在海岸带植被破坏或稀少区域；大部分地区土壤有机质含量不到1%，70%农田缺氮、磷、钾营养元素，土地贫瘠化现象普遍；毁林垦殖等不合理的开发活动仍然存在，森林的防风固沙、保持水土、涵养水源、保护生物多样性的生态功能降低，滨海红树林、珊瑚礁破坏严重。

（3）生态保护措施与发展方向

加强生态公益林的建设与保护，研究实施生态补偿制度，严禁毁林毁草开荒、非法开采等活动，逐步恢复已被破坏的森林植被，增强其生态服务功能，控制水土流失；保护恢复红树林、滩涂湿地、珊瑚礁等珍稀生态系统，维持海岸带生态环境的稳定与生物多样性；建设完善海防林体系，减轻自然灾害的危害与海岸线侵蚀；切实做好基本农田保护，改造中低产田，恢复土壤肥力，提高耕地质量；发展生态农业、生态养殖，减少农业与海水养殖污染物的排放，改善受到污染的河流与近海水质。

8. 台湾岛酸雨生态脆弱亚区

台湾岛是我国第一大岛，面积 $3.58\times10^4km^2$，位于东海南部，西隔台湾海峡与福建相望，东濒太平洋。地貌类型以山地、丘陵为主，占全岛面积的2/3，分布于东部和中部，自东向西有海岸、中央、玉山、雪山和阿里山五条平行山脉，玉山主峰3997m，为我国东部的最高峰；平原多集中于西部，海拔一般在100m以下。气候属亚热带—热带过渡区，每年5～9月为西南季风期，10月至次年3月为东北季风期，导致东北部与西南部气候有显著差异。年均降水量2500mm，山地多于平地，东部多于西部。土壤类型包括红壤、赤红壤、砖红壤、黄壤、黄棕壤、水稻土等。

（1）生态系统特征

北回归线横穿台湾岛中部偏南地区，北部属亚热带气候，南部属热带气候，加之中东部海拔较高，全岛1000m以上的中高山面积约占32%，山地气候垂直变化明显，生态系统呈现多样化特征，主要植被类型有热带雨林与季雨林常绿阔叶林、亚热带常绿阔叶林、针阔叶混交林、针叶林、竹林、灌丛和草地等（黄威廉，2003），农业植被也占有相当大的比重。

热带雨林、季雨林常绿阔叶林：出现在中、南部地区海拔900m以下的区域，外貌四季变化不明显，常见树种有榕树、厚壳桂、棋盘脚、银叶树等。

亚热带常绿阔叶林：分布在海拔500～1800m之间，主要建群种是台湾青冈、杏叶石栎、大叶石栎、昆栏树、米槠、琼楠、青钩栲等。

针阔叶混交林：常绿阔叶林以上至海拔2500m左右是针阔叶混交林区，为台湾山区雨量最丰富、最潮湿的地区，云雾终年缭绕，又称为雾林带，种类组成以红桧、台湾扁柏、昆栏树、台湾青冈等为主。全球品质最好、材积最大的桧木林分布在这里。

针叶林：以亚高山寒温性针叶林和中山暖温性针叶林为主，树种主要是台湾铁杉、台湾云杉、台湾冷杉、台湾松和杉木等，其中铁杉、云杉林、台湾松林与杉木林多分布于海拔2500～3000m的地区，而冷杉林分布在海拔3000～3500m之间。

竹林：台湾岛竹林群落主要有两大类型，一种是绿竹、麻竹林，多分布在海拔1000m以下的常绿阔叶林区；另一种为玉山竹林，位于中高海拔地区，在中央山脉尤为普遍。

灌丛与草地：灌丛为亚寒带灌丛，位于海拔3500m以上，植物种类以玉山圆柏、玉山杜鹃、玉山小檗等为主。草地的建群种主要是五节芒草、野古草、金茅草等。

农田：农业植被多分布在西部平原区，其中粮食作物主要是水稻、甘薯、豆类和玉米，经济作物以甘蔗、茶叶、花生、麻类、油菜等为主，园艺作物包括蔬菜、水果和花卉，水果品种繁多，主要有香蕉、菠萝、柑橘、柚子、槟榔、荔枝、龙眼、木瓜、苹果、梨等。甘蔗（桑）、粮复合田较常见，经济林木桉树、柳杉有一定分布。

（2）主要生态环境问题

台湾岛森林覆盖率高，自然生态环境优良，受人为干扰破坏不严重。当前生态环境问题有酸雨、水体富营养化、生物多样性降低、水土流失等。酸雨主要发生在大都市区和工业城市，特别是北部的台北、桃园一带；富营养化的原因大部分是农田肥料流失进入水体所致，许多水库出现富营养化现象；生物多样性降低与多种因素有关，包括坡地、湿地开发破坏栖息地以及污染、外来种入侵等；水土流失多由自然因素引发，人为破坏较少。

（3）生态保护措施与发展方向

应用高新技术，优化生产工艺，实施清洁生产，减少 SO_2 等污染物的排放，减轻大气污染；发展生态农业、绿色农业、有机农业，合理施用化学肥料，缓解农业面源污染；禁止开发对人类活动干扰敏感的坡地等土地资源，恢复自然植被，增强生态功能；加强对山地丘陵区森林的保护与培育，进一步提高森林覆盖率，控制水土流失。

第六章　生态建设重大工程及布局

【提要】 根据我国自然地理特征和人类活动影响格局，我国生态保护与建设可以分为东北地区、华北平原区、华北山地与高原区、东南沿海地区、中部地区、西南地区、西北干旱区和青藏高寒区，针对不同生态保育区的保护目标和管理战略建议实施生态建设 32 项重点工程，并建议在 32 个重点地区优先实施，保障我国生态安全。

由于不同区域，自然条件和社会经济状况差异较大，生态环境环境不一样，生态保育的管理对策也不尽相同。在北方草原区，由于草地开垦、过度放牧，土地沙化严重，管理策略应该是禁止滥采、乱挖和超载放牧。南方山区，由于陡坡开垦以及森林破坏等人为活动，导致地表植被退化，水土流失和石漠化危害严重，应该禁止天然林的砍伐，通过植被恢复，减少水土流失的发生。而南方平原区，湿地与湖泊较多，湿地萎缩、水污染严重，应该严禁围垦湖泊湿地，退田还湖，并控制水污染，改善水环境。总之，不同区域生态环境状况差异较大，所采取的管理战略也应该存在差异。

第一节　生态建设重大工程建议

根据我国自然地理特征和人类活动影响格局，我国生态保护与建设可以分为东北地区、华北平原区、华北山地与高原区、东南沿海地区、中部地区、西南地区、西北干旱区和青藏高寒区，针对不同生态保育区的保护目标和管理战略实施生态建设重点工程（表6－1）。

表6－1　生态建设重大工程

管理区	生态建设工程	保护目标与措施
东北地区	三江平原湿地保护工程	☆该区农业开发导致湿地丧失与破碎化。 ☆协调农业发展与湿地保护的关系，加强三江平原湿地自然保护区建设，改善与恢复湿地生态系统，保护生物多样性，提高湿地生态系统功能。
	兴凯湖湿地综合整治工程	☆实施退耕还林还湿工程和生态移民工程，减少农业生产和过度捕捞对生物多样性的影响，保护生物多样性，提高湿地生态系统功能。
	长白山生物多样性保护工程	☆加强长白山生物多样性保护，保护长白山森林植被，增强森林水源涵养和水土保持功能。
	大兴安岭森林保护工程	☆加强大小兴安岭森林与湿地保护，预防森林火灾，促进森工企业转型，提高水源涵养功能，保护生物多样性。
	科尔沁退化草地治理工程	☆以防风固沙为中心，保护与恢复沙地植被为重点，大力实施封沙、封滩、育林、育草以生态保护为主要措施的生态保护和建设活动，在严重退化的区域实施禁牧措施，发挥草原防风固沙生态屏障的功能。
华北平原区	黄河三角洲湿地保护工程	☆通过水资源调控防止海水倒灌，协调三角洲农业开发与湿地保护、石油开发与湿地保护的关系，切实保护好三角洲湿地资源。
	坝上荒漠化治理工程	☆坝上草原区是京津重要生态屏障，加强草原保护与荒漠化治理，加大退耕还林还草力度，发展生态型产业。
华北山地与高原区	太行山生态保护与恢复工程	☆停止导致土壤保持功能继续退化的人为开发活动和其他破坏活动，加大退化生态系统恢复与重建的力度；加强自然资源开发监管，严格控制和合理规划开山采石。
	黄土高原水土流失治理工程	☆实施不同尺度流域综合治理，控制水土流失；加快实施退耕还林灌草工作，提高植被覆盖率；调整农业产业结构，发展生态农业。

续表

管理区	生态建设工程	保护目标与措施
东南沿海地区	苏北滩涂湿地保护工程	☆滩涂面临巨大开发压力，滩涂开发与保护的矛盾尖锐。 ☆协调滩涂开发与保护之间的矛盾，加强苏北滩涂湿地保护，保护迁徙鸟类越冬栖息地。
	钱塘江中上游森林与湿地保护工程	☆开展小流域综合治理，加强植被恢复和保护，控制水土流失，增强森林生态系统水源涵养功能；发展生态农业，减轻农业发展对水环境的污染。
	浙闽赣交界山区生物多样性保护工程	☆浙闽赣交界山区生物多样性丰富，水源涵养功能重要，经济发展较落后。 ☆加强森林保护与恢复，控制水土流失，提高水源涵养能力，保护野生动植物的生境。
	南岭山地森林保护工程	☆南岭山地山区生物多样性丰富，水源涵养功能重要，经济发展落后，有色金属矿产开发与保护冲突严重。 ☆加强森林保护与矿山恢复，控制无序开发，增强水源涵养功能，保护生物多样性。
	海南岛中部森林恢复与保护工程	☆加强自然保护区建设和天然林管护，增强中部山区生物多样性保护和生态系统水源涵养、土壤保持功能。
中部地区	大别山森林保护工程	☆保护生物多样性，禁止违法采、伐、捕、猎，维持生态系统的完整性，提高水源涵养能力。
	武陵山生态保护与恢复工程	☆加强自然保护区建设和管理，严禁毁林开荒，预防和治理水土流失，减少地质灾害。
	长江中下游湿地保护与综合整治工程	☆长江中下游湖泊与湿地对保护生物多样性、保障中下游防洪安全具有重要作用。 ☆以洞庭湖、江汉湖群、鄱阳湖、安庆湖群等为重点加强湿地的保护与恢复，提高长江中下游湿地洪水调蓄和生物多样性保护功能。
	南水北调中线水源区保护工程	☆加强水源区保护对于保障南水北调工程的水质具有举足轻重的作用。 ☆以丹江口水库周边地区为重点，加强植被保护与恢复，增强森林保持水土、涵养水源功能；控制流域内点源和面源污染。
	三峡库区生态保护与恢复工程	☆加强森林保护和恢复，增强生态系统水源涵养、土壤保持功能；加强库区周边点源和面源污染防治，保障库区的水环境安全。

续表

管理区	生态建设工程	保护目标与措施
西南地区	大熊猫分布区生态保护与建设工程	☆加强植被保护和恢复，保护生物多样性，增强森林涵养水源、保持土壤的功能；有序和规范自然资源开发，协调经济社会发展与生态保护的关系。
	川西—滇北两江一河干热河谷生态恢复与建设工程	☆加强植被恢复，增强生态系统保持土壤、涵养水源、减缓地质灾害的功能；发展特色农业，合理开发自然资源，促进区域经济社会发展。
	川西北高原草地生态保护与恢复工程	☆通过禁止过牧、有序利用自然资源、防治鼠虫害，加强湿地和草地保护，恢复退化草地和湿地，增强生态系统，涵养水源、防风固沙、生物多样性保护功能。
	三江并流区生态保护与建设工程	☆调整土地利用结构，加强森林保护，提高森林数量和质量，保护生物多样性保护与高山峡谷景观，增强水源涵养功能、土壤保持功能。
	西南喀斯特石漠化治理工程	☆我国喀斯特地区包括贵州、广西、云南东部、重庆南部、湖南西部、四川东南部等广大地区，石漠化严重，社会经济发展落实。生态退化与贫困化恶性循环。 ☆加强西南喀斯特地区生态建设，加强农村产业、能源和水资源工程建设，恢复植被，协调农村发展与保护的矛盾。
	西双版纳生物多样性保护工程	☆加强自然保护区的管理和热带雨林季雨林保护，防止生境破碎化和物种丧失。
西北干旱区	祁连山森林保护与草地恢复工程	☆加强水源涵养林和自然保护区建设，以天然放牧为主，以草定畜，控制鼠害；控制大规模的人工景观建设。
	天山山地森林保护工程	☆保护水源地，保护云杉林和野果林，维护生物多样性与自然景观的完整性，实现林牧业协调发展与永续利用。
	塔里木河流域生态整治工程	☆建设好国家级塔河生态功能保护区和世界最大的胡杨林自然保护区。保证向下游泄水量、保护胡杨林、河岸和防洪堤、保护野生动物与湿地，保护绿洲农田与保护绿色走廊植被。
	阴山北麓—浑善达克退化草地恢复工程	☆通过围封、造林种草、划区轮牧、禁止开垦沙间土地、实施旱地保护性耕作法即免耕法、草田轮作等措施，防止农田水土流失和土壤风蚀沙化。建立典型草原生物多样性保护区，保护草原区珍贵的生物资源和生态系统。

续表

管理区	生态建设工程	保护目标与措施
青藏高寒区	北羌塘生态保护与建设工程	☆加强自然保护区建设和投入，加大管理力度，保护草地物种资源，防止过牧和草地退化，禁止捕杀野生动物，控制矿山开采、公路建设等破坏草场。
	藏东南山地生物多样性保护工程	☆加强藏东南山地热带雨林季雨林生物保护，以生物多样性和原始生态系统保护为中心，加强水土流失治理，河谷地区适度开发农林业。
	三江源生态保护与建设工程	☆加快国家级自然保护区建设，加强防沙工程；依法加强对重要和敏感生境的保护；对三江源国家级自然保护区核心区开展生态移民，实施永久禁牧，对缓冲区实施阶段性禁牧或严格的限牧措施。

第二节　生态建设工程优先实施重点地区

我国区域差异大，生态系统类型多样。东部地区地势低平、气候湿润、雨热同季，经济比较发达，生态环境相对较好。西部地区降雨稀少、干旱高寒、交通不便，经济欠发达，生态环境恶劣，林草植被一旦遭受破坏，极难恢复。中部地区，处于东部平原和西部高原的过渡地带，地形复杂，生态环境脆弱，长期以来由于资源过度利用，自然生产力遭到破坏，水土流失和土地荒漠化问题最为严重，是生态环境治理的重点区域。针对上述特点，参照《全国生态功能区划》，确定以下生态建设工程优先实施重点地区。

一、东北地区生态建设工程实施区

1．三江平原湿地保护区

该区位于黑龙江、松花江和乌苏里江会合处附近的低平原，行政区包括汤原县的东南部、鹤岗市的南部、萝北县的南部以及绥滨县、桦川县、富锦县、同江市、抚远县、饶河县、宝清县、集贤县、友谊县、密山市和虎林市，面积为67993km^2，海拔50～60m。该区是中国平原区沼泽分布最大、最为集中的地区之一，沼泽广布于一级阶地和高低河漫滩乃至河流表面，原始湿地众多，生态系统类型复杂多样，生境多样化，植被类型以苔草沼泽为主，其次为芦苇沼泽，生物多样性十分丰富，物种数约1700种，国家级珍稀濒危物种约100种。三江平原湿地是具有国际意义的湿地，已经被列入亚洲重要湿地名录。该区土壤侵蚀轻度敏感区达90%，中度敏感区占9%，极少量地区属高度敏感和极敏感，生物多样性保护极重要。

该区的主要生态环境问题是：不合理的围垦、过度开发生物资源和污染日趋严重；自1960年以来，逐年开垦，导致湿地面积逐渐减小、破碎化、功能不断退化，目前已有80%的湿地被改为农田，种植大豆、小麦和水稻；农业生产过程导致面源污染日趋严重，致使水污染的严重程度远远地超出湿地净化水体的能力；此外，湿地生物资源的过度开发，包括屡禁不止的猎杀、捕捞、采挖以及大量开采泥炭也对三江平原湿地生物多样性构成严重威胁。

2．兴凯湖湿地综合整治区

该区位于黑龙江省，总面积2225km^2。兴凯湖有近3/4在俄罗斯境内，唯一的出口河流是松阿察河，与俄罗斯的乌拉河等汇合成乌苏里江。乌苏里江是俄罗斯远东行政区首府哈巴罗夫斯克市的主要水源地，兴凯湖的生态保护备受中俄两国关注。兴凯湖是世界罕见的森林–湿地生态系统，2002年被列入国际重要湿地名录，获得拉姆萨尔公约组织颁发的《国际重要湿地证书》。辽阔的湿地孕育了丰富多样的生物资源，保存了三江平原完好的生态系统和物种基因库，是同纬度亚欧大陆生物多样性最丰富的地区，区域内有高等植物691种，其中兴凯湖松、紫椴等国家珍稀濒危植物10种。区域内有鸟类238种，其中丹顶鹤等国家一级保护动物9种，是亚太候鸟迁徙大通道。有鱼类68种，其中翘嘴红鲌（兴凯湖大白鱼）是全国四大淡水名鱼之一。此外，还有赤狐、雪兔、马鹿等兽类。

该区的主要生态环境问题是：因流域内农业过度开发，大片湿地森林被毁，引发水质恶化、绿藻滋生、湖岗塌陷、水土流失、动植物种群数量减少，生态系统面临威胁。

3．长白山地生物多样保护区

该区位于吉林东部和辽宁东北部，行政区包括图们市、延吉市、汪清县、龙井市、敦化市、安图县、和龙县、抚松县、长白朝鲜族自治县、浑江市、珲春市、林口县、海林县、临江市的东部等地区，面积约$10.53\times10^4km^2$。该地区地貌类型复杂，丘陵、山地、台地和谷地相间分布。其典型代表植被为海拔500～1100m之间的红松和落叶阔叶树种形成的混交林，其他主要生境类型随海拔由低到高依次为落叶阔叶林、针阔混交林、针叶林和由岳桦组成的亚高山矮曲林带。在海拔2100m以上的地区，为中国唯一的高山冻原。除上述垂直带的植被外，在一些平坦低洼的地区，还有大片的草甸和沼泽分布。该区位于“长白植物区系省”的中心部分，不仅植物类型复杂多样，而且种类十分丰富、特有种多。人参和红松是最有代表性的种类，还有不少第三纪的孑遗种。各种类、各区系的植物成分交汇在一起，构成了长白山特有的绿色植物世界，使其成为难得的生物遗传基因贮存库。长白山地有保存完整的野生植物区系和特有的动物区系，共有植物2400余种，其中特有植物100多种，24种国家级珍稀濒危植物；野生脊椎动物有500多种，无脊椎动物千种以上，其中国家规定保护的珍稀特产动物150种，重要的保护物种有东北虎、金钱豹、梅花鹿、紫貂、原麝、丹顶鹤等。该区现有各种级别的保护区50个，保护的面积$161.2\times10^4hm^2$。该区土壤侵蚀轻度和中度敏感地区占96%，少部分地区属高度敏感和极敏感，20%的地区冻融侵蚀中度敏感地区，生物多样性保护极重要，水源涵养功能重要。

该区的主要生态环境问题是：天然林采伐程度高；森林破坏导致生境剧烈改变，威胁多种动植物物种；局部地区存在低温冷害和崩塌等地质灾害。

4．大兴安岭森林保护区

该区包括内蒙古东北部呼伦贝尔市、兴安盟和黑龙江的西北部部分地区，面积为126567km^2。该区是呼伦贝尔高原与松嫩平原的天然分界线，也是额尔古纳河水系与嫩江水系的分水岭，东侧为嫩江水系，西侧为额尔古纳水系，是额尔古纳河、绰尔河、阿伦河、诺敏河、甘河、得尔布河等诸多河流的源头，最终注入黑龙江。植被类型以兴安落叶松为主，林缘及宽谷广泛发育了丛桦、笃斯、苔草为主的沼泽化灌丛和灌丛化沼泽。该区是全国最大的国有林区之一，对维护内蒙古东部的生态平衡，促进区域农牧业生产发展，具有不可替代的生态屏障作用。该区沙漠化中度、高度敏感区占15%，冻融侵蚀中度敏感区占65%，高度敏感区占34%，涵养水源、生物多样性保护和水土保持功能重要。

主要生态环境问题为：长期的森林的采伐，天然林面积大幅度下降；大面积毁林开垦，林地面积大幅度缩减；森林火灾及其灾后生态恢复措施失当，造成森林质量下降；林缘土地沙化；生物多样性降低，水土流失严重，水源涵养能力下降；林种单一，导致林地的抗干扰能力降低，森林生态系统调节能力减弱，病虫害加剧。此外，大兴安岭地区黄金开采，林地破坏严重。

5．科尔沁退化草地治理区

该区位于老哈河、西拉木伦河、乌力吉木伦河下游，行政区包括科尔沁右翼中旗、阿鲁科尔沁旗、翁牛特旗、科尔沁左翼中旗、科尔沁左翼后旗、奈曼旗、翁牛特旗、库伦旗、敖汉旗等地区，面积为

53910km²。该区沙漠化极敏感区占93%，沙漠化控制极重要，生物多样性保护、水源涵养、水土保持重要。

该区的主要生态环境问题是：由于人口压力大，不合理的草地开垦、过度放牧、樵采和水资源的过度利用，引起的土壤风蚀沙化，使土壤养分丧失、肥力下降，土壤生产能力退化、下降，造成了严重的土地沙漠化、沙丘活化；农业扩张，水资源的过度使用，造成湖泊萎缩、土壤盐渍化等生态环境问题，成为沙尘暴的主要源区之一；沙化加剧、沙尘暴频繁，村镇、水渠与交通受到严重威胁。

二、华北平原区生态建设工程实施区

1．黄河三角洲湿地保护区

该区是我国暖温带最年轻、最广阔、保存最完整、面积最大的湿地，以保护黄河口新生湿地生态系统和珍稀濒危鸟类为主，是东北亚内陆和环西太平洋鸟类迁徙的中转站、越冬地和繁殖地。有鸟类181种，其中国家Ⅰ、Ⅱ级重点保护的珍稀鸟类25种，列入中日候鸟协定的105种。其湿地类型主要有灌丛疏林湿地、草甸湿地、沼泽湿地、河流湿地和滨海湿地等五大类，面积为2445km²。该区沙漠化高度敏感区占93%，生物多样性保护极重要，防风固沙重要。

该区的主要生态环境问题是：黄河流域持续干旱及沿黄引水影响湿地生态系统的平衡；海水倒灌引起整个淡水湿地的面积逐年减少、湿地质量不断下降；石油开发与湿地保护的矛盾尖锐。

2. 坝上荒漠化治理区

该区位于内蒙古高原的最东南端，大兴安岭的南陆，是指北京北部、内蒙古高原最南端的区域，包括张家口坝上的张北、尚义、康保、沽源四县，承德坝上的丰宁、围场两县。该地区是京津的天然生态屏障和水源保护地，区域环境状况直接影响着京津的大气环境和水源安全。坝上地区地表植被为温带草原，草原既是当地经济发展的物质基础，又具有保持水土、抗御风沙、调节气候等重要生态功能。

该区的主要生态环境问题是：由于坝上地区自然灾害的多样性和多发性、生态环境的脆弱性以及乱垦滥伐、毁草种粮和超载过牧等，草原退化严重，荒漠化程度加剧。

三、华北山地与高原区生态建设工程实施区

1. 太行山地水土流失治理区

该区位于山西、河北2省交界处，行政区涉及河北省的保定、石家庄、邢台、邯郸4个市和山西省的阳泉、晋中、长治3个市，面积26528km^2。太行山是黄土高原与华北平原的分水岭，是海河及其他诸多河流的发源地，其土壤保持功能对保障区域生态安全极其重要。该区发育了以暖温带落叶阔叶林为基带的植被垂直带谱，森林植被类型较为多样，在防止土壤侵蚀、保持水土功能正常发挥方面起着重要作用。

该区的主要生态问题是：在长期不合理资源开发影响下，出现山地生态系统的严重退化，表现为生态系统结构简单、土壤侵蚀加重加快、干旱与缺水问题突出、山下洪涝灾害损失加大。

2. 黄土高原丘陵沟壑区水土流失治理区

该区位于黄土高原的晋、陕、蒙交界区和陕、甘、宁交界区，行政区包括陕西神木县东部、府谷县、榆阳区和横山县南部，佳县大部、吴堡县全部、清涧县东部，延长县、延川县、宜川县东部、宝塔区大部、米脂县、子洲县、绥德县、甘泉县、安塞县，清涧县中西部、子长县、吴旗县全部、志丹县大部；甘肃省的秦安、甘谷、清

水、武山等县区的全部或部分以及静宁、庄浪，通渭、安定、陇西，会宁等，庆阳市的环县和华池县、合水西部、庆城县东部、镇原县南部、西峰区、泾川和灵台县，原州区东八乡及中部和彭阳北部乡、镇；宁夏的同心县、海原县清水河两侧、海原县大部、西吉县及隆德县六盘山西部；内蒙古鄂尔多斯南部等；山西省临汾市西山地区的永和县、隰县、蒲县、大宁县和吉县、临县、柳林县、离石区、石楼县、河曲县、保德县及偏关县西部和兴县西部等黄土高原丘陵沟壑区。该区土壤侵蚀高度和极敏感区占15%，土壤沙漠化高度敏感和极敏感区占11%，水土保持极重要，防风固沙重要。

该区的主要生态环境问题是：人口压力大，过度开垦；垦殖率高，旱作农田分布广，广种薄收，极不稳定，水土流失严重；干旱缺水，超载过牧，天然草场退化严重，地表大面积裸露；油气煤资源开发，对耕地和水资源生态破坏严重。

四、东南沿海地区生态建设工程实施区

1. 苏北滩涂湿地保护区

该区位于江苏省盐城市的射阳、大丰、滨海、响水、东台五县（市）的沿海滩涂地区，面积为3499km^2，为候鸟的重要越冬地，生物多样性非常丰富，该区来此活动的鸟类有360余种，占中国鸟类总数（1186种）的30%。其中国家Ⅰ级保护的9种，Ⅱ级保护的33种。世界珍禽丹顶鹤每年有600只左右在这里越冬，黑嘴鸥每年有1000多只在这里繁殖，盐城滩涂最多时发现5种鹤类。该区沙漠化为中度敏感区，生物多样性保护极重要，防风固沙中等重要。

该区的主要生态环境问题是：野生动物的活动范围不足；滩涂湿地开发、滩涂养殖以及工业发展威胁珍稀野生动物的生存和繁殖。

2．钱塘江中上游森林与湿地保护区

该区处于浙江省中西部，属江南丘陵地区，包括4个区（婺城区、金东区、柯城区、衢江区）、5个市（兰溪市、义乌市、东阳市、永康市和江山市）、6个县（武义县、浦江县、磐安县、常山县、开化县和龙游县）。该区域集雨面积在1000km^{2}以上的河流有8条，集雨面积在100km^{2}以上的较大江溪有40多条。该区域为浙江省光热资源的高值区，局地小气候资源丰富，适宜发展特色农业，该区具有重要的土壤保持、水源涵养和洪水调蓄功能。

该区的主要生态环境问题是：水土流失严重，流域抗灾防灾能力不强，水源涵养功能退化，农业面源污染加剧。

3. 浙闽赣交界山区生物多样性保护区

该区位于浙南、闽北、赣东交界处山地，行政区包括常山、开化、松阳、遂昌、龙泉、庆元、景宁、云和、江山以及衢州市衢江区西南部、铅山县全部和弋阳县、横峰县中南部，闽西北浦城县、武夷山市、建阳市等地区，面积为24850km^2，平均海拔1200m左右。海拔1200m以下为常绿阔叶林地带性植被；往上有山地常绿落叶阔叶混交林分布，没有呈带的针阔叶混交林和亚高山针叶林出现；低山区马尾松、杉木、人工林和毛竹林广泛分布。该区是目前华东地区森林面积保存较大的区域。由于地处中亚热带，又靠近海洋，气候温暖湿润，多云雾，生物种类丰富。是华东植物区系成分集中分布所在。全区高等植物超过2400种，以中亚热带成分为主。多单型和少型的科属及孑遗种，分布有15个中国特有属，30余特有种，珍稀植物除百山祖冷杉外，还有白豆杉、黄杉、观光木（宿轴木兰）、乐东拟单性木兰等国家重点保护植物37种。昆虫有4600余种，两栖和爬行动物众多，国家重点保护的动物共60余种，其中Ⅰ级的有黑麂、黄腹角

雉、白颈长尾雉、金斑喙凤蝶等。该区土壤侵蚀轻度和中度敏感区占92%，高度敏感和极敏感区占5%，酸雨高度敏感区占12%，极敏感区占81%；具有非常重要的生物多样性保护、涵养水源、水土保持功能。

该区的主要生态环境问题是：森林严重针叶林化，符合地带性植被要求的常绿阔叶林等比例下降，且破碎成多个小孤岛；农村居民燃料基本上仍依靠山坡地上的薪柴，森林砍伐给该区生态环境造成较大压力；花岗岩石材丰富，采石业与生态环境保育矛盾突出。

4. 南岭山地森林保护区

该区是长江流域和珠江流域的分水岭，是湘江、赣江、北江、西江河流或支流的重要源头区和补给区。它包括越城、都庞、萌渚、骑田、大庾的五岭山脉，自东北向西南横断粤、湘、桂、赣接壤地带构成了一个比较完整的自然地理单元，行政区包括全南县、龙南县、崇义县、大余县、上犹县，南雄县、仁化县、乐昌县、始兴县大部、韶关市市辖区、曲江县中西部、英德县中北部、阳山县中部地区，大埔、梅州北部，平远全县，乔领、兴宁、和平、龙川、东源大部，连平东南部、定南县北部和乳源瑶族自治县北部，面积为52295km^2。该区属于亚热带温湿气候，因地势较高，具有山地气候特色。年均气温17℃左右，降水量丰沛，平均1700mm左右。由于山地多雨，地表径流发育，水利资源丰富。南岭山地地处东部中亚热带南缘，保存有较完整的亚热带常绿阔叶林、山顶矮林、针叶林等森林植被。区内动植物种类极其丰富多样，主要为东亚亚热带的区系成分，大量的物种为中国亚热带所特有，是华中、华东和华南植物区系交汇之地。该区土壤侵蚀以中度和高度敏感为主，水源涵养极重要，生物多样性保护、水土保持重要。

该区主要生态环境问题为：人口压力大；由于地质因素和人为活动的影响，植被破坏严重，水土流失加剧，涵养水源能力下降，崩、滑、流、岩溶塌陷等自然灾害频发；矿产资源开发无序，局部地区工业污染蔓延速度快。

5．海南岛中部山地生物多样性保护区

该区位于海南省中部，行政区包括五指山市、琼中县以及三亚北部、陵水西部、乐东北部和东部、昌江东部、白沙东部、儋州东南部、保亭北部、东方东部等区域，面积为8690km²。该区属热带气候，区内高山起伏，地形复杂。海拔500m以下，分布热带季节性雨林，往上出现山地季节性雨林、山地常绿阔叶林。该区是海南岛植物和动物的主要聚集地。海南岛4200多种高等植物和其中630种海南岛特有种主要就分布在海南岛中南部山地。动物中，海南岛有兽类82种，鸟类344种，爬行类104种，两栖类37种，有102种珍稀动物被列入国家Ⅰ、Ⅱ类重点保护，包括黑冠长臂猿和海南坡鹿等在内，大部分集中在海南岛的中南部。该区具有非常重要的生物多样性保护、涵养水源和水土保持功能。

该区的主要生态环境问题是：原始森林遭受破坏，森林覆盖度下降，森林面积减少，生物多样性减少，水源涵养能力降低；降香黄檀（花梨）、海南紫荆木等不少植物种濒临灭绝；中部热带森林破坏带来的恶性生态学效益波及全岛，引发频繁的旱灾、洪涝、蝗灾等灾害；局部地区水土流失和土壤侵蚀加剧。

五、中部地区生态建设工程实施区

1. 大别山森林保护区

该区位于河南、湖北、安徽三省交界处，行政区包括湖北省黄冈市的大悟、红安、麻城、罗田、英山6县市以及蕲春县和黄陂区的北部，河南省信阳市的师河区、新县、罗山、商城、固始，安徽省岳西

县西南部、宿松县西北部、太湖县的中部西部、金寨县、霍山县大部、六安市辖区西南部地区，面积30455km²。该区属亚热带湿润区与暖温带半湿润区过渡地带，气候温凉，雨水充沛。主要植被为北亚热带落叶阔叶、常绿阔叶混交林，是华东植物区系代表地，为连接华东、华北、华中植物区系的纽带。该区土壤侵蚀以轻度和中度敏感，水源涵养极重要，是长江水系和淮河水系众多中小型河流的发源地及水库水源涵养区，也是淮河中游、长江下游的重要水源补给源区。

该区的主要生态环境问题有：人口密度高，开发利用强度大；森林面积减小和结构退化，生态系统涵养水源能力下降，暴雨集中，洪涝灾害频繁；水土流失严重，对区内水库寿命和作用发挥构成严重影响；崩塌、滑坡等地质灾害频发。

2. 武陵山山地生物多样性保护区

该区地跨鄂、湘、黔、渝四省市，行政区包括张家界市武陵源区，张家界市永定区、永顺县的小部分，桑植县、龙山县、永顺县、石门县、澧县、临澧、慈利、桑植的部分地区，面积为12867km²，是长江支流清江和澧水的发源地，部分地区也是乌江水系的汇水地区。位于湖南省石门县境内的壶瓶山为武夷山最高峰，海拔为2098.7m。该区是东亚亚热带植物区系中区系成分分布的核心地区，分布有水杉、珙桐等国家珍稀濒危物种，也是国家一级保护野生动物华南虎等野生动物的主要栖息地之一。同时由于它的明显的生物社会价值和固有的生态价值，它被排列在自然保护区发展的优先地区里，已被国家纳入天然林保护工程范围。目前该区武陵园风景名胜区、星斗山、小河水杉坝省级自然保护区、七姊妹山市级自然保护区以及多个自然保护小区（点）等。该区酸雨极敏感区占97%，土壤侵蚀轻度和中度敏感区占95%，石漠化中度和高度敏感区占14%；具有非常重要的生物多样性保护、涵养水源和水土保持功能。

该区的主要生态环境问题是：经济落后造成滥伐林木、砍伐薪材，破坏原生植被；陡坡垦种造成局部水土流失严重和石漠化；地质构造特殊、地面高差大、降雨集中，易造成的山洪暴发和泥石流、塌方等重大地质灾害；个别区域旅游过度开发，自然景观人工化现象加剧，威胁原有生态系统特别是生物多样性。

3. 长江中下游湿地保护区

该区涉及湖北、湖南、江西、安徽、江苏和上海6省（市），区域内有湿地面积有580万公顷，占全国湿地面积的15%，我国著名的五大淡水湖鄱阳湖、洞庭湖、太湖、巢湖和洪泽湖全部在这一地区，该区有国际重要湿地7块，是我国湿地资源最丰富的地区之一，也是亚洲重要的候鸟越冬地，被列为世界湿地和生物多样性保护的热点地区。加强长江中下游湿地保护对于长江中下游地区洪水调蓄、生物多样性保护、工农业生产、城市饮用水保障以及区域经济可持续发展具有重要作用。

该区域主要生态环境问题是：围垦和改造导致湿地面积锐减，湿地调蓄洪水大大降低。污染和富营养化使水质下降危及水生生物资源。外来物种入侵威胁生物多样性。水域生态系统分割萎缩导致野生动植物生境破碎化和岛屿化。资源不合理过度利用造成生物多样性锐减，湿地生态功能下降。

4. 南水北调中线水源保护区

该区位于长江中游支流汉江上游丹江口水库周边地区，行政区涉及湖北省十堰等8个县（市、区），河南省的南阳等等3个市6个县，面积为6774km^2。1998年丹江口水库正式被国务院确定为南水北调中线工程取水处，并列为国家重点水库。该区地处北亚热带，植被类型以常绿阔叶与落叶阔叶混交林为主。

主要生态环境问题是：植被破坏较严重，森林生态系统保水保土功能较弱，土壤侵蚀较为严重。此外，库区点源和面源污染对水体环境带来严重影响。

5. 三峡库区水源涵养区

该区包括三峡库区的大部。行政区涉及湖北省宜昌、恩施土家族苗族自治州以及重庆市的万州等22个区（县、市），面积为33711km^2。该区地处中亚热带季风湿润气候区，山高坡陡和降雨强度大，是三峡库区水环境保护的重要区域。

该区主要生态环境问题是：受长期过度垦殖和近来三峡工程建设与生态移民的影响，森林植被破坏较严重，水源涵养能力下降，库区周边点源和面源污染严重，影响水环境安全；同时，土壤侵蚀量和入库泥沙量增大，地质灾害频发，给库区人民生命财产安全造成威胁。

六、西南地区生态建设工程实施区

1. 熊猫分布地生态保护区

该区位于白龙江、涪江、嘉陵江、大渡河、岷江、汉江上游水源区，行政区包括四川省的九寨沟县、若尔盖县、松潘县、广元市、绵阳市、阿坝藏族羌族自治州、成都市、德阳市、雅安市等以及陕西省的佟冠县、华县、华阴市、蓝田县、宝鸡、眉县、周至等县市和甘肃省的成县、徽县、两当等。该区有九寨沟、王朗、卧龙等10多个国家自然保护区，原始森林以及野生珍稀动植物资源十分丰富，属国家级保护的动植物物种多，是大熊猫、羚牛、金丝猴等重要珍稀生物的栖息地。具有非常重要的生物多样性保护、涵养水源、保持水土、维系区域生态系统平衡的功能。

该区的主要生态环境问题是：人口压力大，社会经济发展落后、贫困；水土流失严重；无序的矿产资源开发、水电资源开发，对山地生态环境造成重大破坏；威胁生物多样性维持；森林结构简单、水源涵养功能退化，洪涝灾害增加，地质灾害加剧。

2. 川西—滇北两江一河干热河谷生态恢复区

该区主要包括两江一河（雅砻江、金沙江、大渡河）的河谷地带，涉及四川西部和云南北部。该区受地形影响，发育了以干热河谷稀树冠草丛为基带的山地生态系统。河谷生态脆弱，土壤侵蚀敏感程度高，系统功能的好坏直接影响长江流域生态安全。

该区主要生态环境问题是：河谷区植被破坏严重，生态系统保水保土功能弱，表现为地表干旱缺水问题突出、土壤坡面侵蚀和沟蚀加剧、崩塌和滑坡及泥石流灾害频发、侵蚀产沙量大，给两江一河乃至三峡工程带来危害。

3. 川西北高原草地生态保护与恢复区

该区包括四川西北部边缘，涉及甘孜州石渠等县以及阿坝州若尔盖、阿坝、红原、壤塘四县。该区主要由草甸草原和沼泽组成，系以游牧为主的藏族聚居地。海拔从3500米至4000米左右，属典型的丘状高原。冬季严寒，夏季凉爽，春秋短，日照充足，昼夜温差大，年均气温7℃。湿地和生物多样性保护是该区域生态保护的重点。

该区的主要生态环境问题是：草场过牧以及采拾药材和采矿造成地表植被破坏，湿地和草场退化，虫鼠害猖獗，土地沙化严重，生物多样性受损、水源涵养功能降低、防风固沙功能退化。

4．三江并流生态保护区

该区位于云南省西北山区的三江国家公园内，是亚洲三条著名河流的上游地段，金沙江（长江上游）、澜沧江（湄公河上游）和怒江

（萨尔温江上游）三条大江在此区域内并行奔腾，由北向南，途经3000多米深的峡谷和海拔6000多米的冰山雪峰。这里生物多样性极其丰富，并具有重要的水源涵养和土壤保持功能。2003年7月，联合国教科文组织将三江并流保护区作为“世界自然遗产”列入《世界遗产名录》。

该区的主要生态环境问题是：森林资源过度利用，森林结构单一；陡坡耕作加剧水土流失；地质灾害多发；生境破碎化导致生物多样性丧失加剧。

5. 西南喀斯特石漠化治理区

该区涉及贵州、广西、云南东部、重庆南部、湖南西部、四川东南部等广大地区，该区水土保持极重要，生物多样性保护、水源涵养重要。

该区的主要生态环境问题是：由于人口增长过快、人口压力大，毁林毁草开荒严重；坡耕地比例大；耕作粗放，铲草皮烧灰积肥甚至烧山等落后习惯，对自然生态环境破坏很大；水土流失加剧，石漠化严重；开矿、修路、水利水电、建筑等各类生产建设和资源开发活动增加，加剧水土流失；部分地区水资源短缺。

6. 西双版纳生物多样性保护区

西双版纳位于云南省的最南端，行政区包括勐腊县、江城县、景洪县、勐海县大部分地区，勐海北部、澜沧、西盟的南部及孟连县的全部，绿春县南部及思茅的部分地区，面积25404km^2。在仅占全国0.2%的国土上，植物种类占全国的1/5，动物种类占1/4，素有“动物王国”“植物王国”和“物种基因库”的美称，其中许多的珍稀、古老、奇特、濒危的动植物是只有西双版纳才有的，已列入联合国世界生物多样性保护圈。西双版纳有2000多km^{2}的自然保护区，其中有 467km² 是保护完好的原始森林，野象、懒猴、长臂猿等是西双版纳自然保护区内重点受到保护的动物，该区生物多样性保护极重要。

该区的主要生态环境问题是：人口增加过快、居住分散，导致生态环境压力大，生境破碎化程度高；橡胶林及其他经济林发展迅速，原始森林面积下降迅速；传统少数民族生活方式，打猎砍树、放火烧山垦殖对区域生态系统影响较大。

七、西北干旱区生态建设工程实施区

1. 祁连山森林保护与草地恢复区

是黑河、石羊河、疏勒河、大通河、党河、哈斯腾河等众多河流的源头区，行政隶属于祁连县、刚察县、天峻县、门源回族自治县和互助土族自治县，区域总面积 80014km²。植被类型主要为针叶林、灌丛以及高山嵩草草甸、矮嵩草草甸、高山草原等。该区沙漠化轻度和中度敏感区占 20%、高度敏感和极敏感区占 5%，水源涵养极为重要，生物多样性保护和沙漠化控制功能重要。

该区的主要生态环境问题是：由于人类不合理活动对山地森林、草原生态系统造成的破坏，林草植被呈现不同程度的退化；尤其近年来，山羊养殖的发展，加剧灌丛和草地的退化，水源涵养能力下降，水土流失加重；人口增加、毁林开垦、耕地扩大，林线上升；林区放牧，林—牧、农—牧、农—林等的矛盾突出；发源于祁连山的内陆河出山径流量比解放初期约减少 16%；非法的盗捕猎隼，生物多样性受到破坏。

2. 天山山地森林保护区

该区位于天山山脉的西段南部和东段，行政区包括昭苏县、特克斯县、巩留县、察布查尔县、新源县、乌苏市、奎屯市、沙湾县、玛纳斯县、呼图壁县、昌吉市、乌鲁木齐市，面积为32720km^2。该区是天山北麓、塔里木河、博斯腾湖以及伊犁河等众多支流的源头，是平原绿洲的生命线，对维系天山两侧绿洲农业与城镇发展具有极其重要的作用。该区发育良好的森林、草原和冰川，景观壮丽，乌鲁木齐市以东的博格达峰海拔5445m，峰上的积雪终年不化，博格达峰山腰的天池，清澈透明，是新疆著名的旅游胜地。目前，博格达峰自然保护区已纳入联合国“人与生物圈”自然保护区网。该区分布着6000多条大小冰川，是天然的固体水库。该区土壤侵蚀和沙漠化以中轻度敏感为主，极少部分地区为极敏感，水源涵养极重要，生物多样性、水土保持、防风固沙功能重要。

该区主要生态环境问题：由于受降水量减少和人类活动的影响，雪线上升；天山山地的天然林、胡杨林等荒漠植被逐年减少，水源涵养功能下降；人类不合理活动对山地森林、草原生态系统造成的破坏，林草植被呈现不同程度的退化，导致水土流失加剧，洪水灾害频繁发生；麻黄草、甘草、发菜等野生植物破坏严重；生物多样性降低。

3．塔里木河流域生态整治区

该区位于塔里木河流域，行政隶属于阿克苏地区的阿克苏市、新和、沙雅、库车、阿瓦提、巴楚、麦盖提、莎车、泽普、叶城以及巴州的轮台县、库尔勒市、尉犁县和若羌县部分地区，包括兵团农二师33、34、35团场，区域总面积72931km^2。该区沙漠化极敏感区占53%，盐渍化敏感性高，沙漠化控制生态功能极为重要。

该区的主要生态环境问题是：由于粗放的水土资源开发政策、“一头重”的农业产业政策，环境保护意识淡薄，大规模的毁林开垦、超载放牧、过度截流引水和乱砍滥伐，造成草地退化，灌木严重衰败，胡杨林面积大量减少，沙漠化加重，沿线野生动物减少等生态环境问题。

4. 阴山北麓－浑善达克退化草地恢复区

该区地处阴山北麓半干旱农牧交错沙带、燕山山地、坝上高原。涉及内蒙古锡林郭勒盟多伦县、太仆寺旗、正蓝旗、正镶白旗、镶黄旗、多伦县，乌兰察布盟化德县、商都县、察右后旗、右中旗、四子王旗、察右前旗及兴和县，呼和浩特市武川县，包头市达茂旗、固阳县，赤峰市的翁牛特旗、巴林左旗、阿鲁科尔沁旗、林西县、克什克腾旗；河北省的丰宁、沽源、康保、张北、尚义县全部或部分地区，区域总面积66849km^2。该区沙漠化高度敏感和极敏感区占90%，沙漠化控制极重要，生物多样性保护、水土保持重要。起源于的沙尘暴越过阴山、燕山山地直达北京及华北地区，成为对华北地区影响最大和影响北京的主要沙尘暴源区，是严重影响国家生态安全的风沙源头之一。

该区的主要生态环境问题是：由于草地开垦，过度放牧，樵采，挖药材等人为活动，对草地资源保护利用水平低，草场严重退化，草场退化面积占总草地面积的67.2%；面积占阴山北麓总面积的73.48%的土地沙化，70%以上的耕地、草场程度不同的沙化，并且每年以2.5%的速度扩展；水土流失严重，面积占该区总面积的41.63%；由于新建水库、灌溉项目及引水工程、围垦湖泊、挤占河道等不合理的开发利用，导致河流断流，湖泊干枯萎缩，地下水位下降；生物多样性衰退。

八、青藏高寒区生态建设工程实施区

1. 北羌塘高寒荒漠草原保护区

该区地处藏北的羌塘高原，行政区包括班戈县、安多县、当雄县、申扎县、文部县、昂仁县、萨嘎县、仲巴县、双湖特区、尼玛县、改则县、革吉县、措勤县的全部或部分地区，总面积204014km^2。该区野生动物资源独特且丰富，主要有黑颈鹤、藏羚羊等重点保护动物和荒漠草原珍稀特有物种，生物多样性保护功能极其重要。该区冻融侵蚀中度敏感区占21%，高度敏感区占4%，极敏感区占25%。

该区的主要生态环境问题是：沙漠化、盐渍化、水土流失敏感性高，生态系统极其脆弱；部分地区矿山开采、公路建设及超载过牧导致草场破坏严重，草地退化明显；偷猎活动造成野生动物大量减少。

2. 藏东南山地热带雨林季雨林保护区

藏东南山地热带雨林季雨林生物多样性保护区：该区位于雅鲁藏布江流域、吉太曲流域、丹巴曲和西巴曲流域、卡门河和娘姆曲流域，行政区划属察隅县、墨脱县和错那县，面积84744km^2。该区野生动植物种类丰富，常见高等植物有1000多种，拥有较多的保护价值高的热带和亚热带动植物种类，具有很高的保护价值。该区水土流失敏感性高，水源涵养和生物多样性保护极为重要。

该区的主要生态环境问题是：森林资源过度消耗和原始林面积大幅度减少致使该区的野生动植物资源大量减少、生物多样性降低。

3. 三江源生态保护与建设区

该区位于青藏高原腹地，覆盖玉树、果洛全境和海南、黄南、海西的部分地区。区域生物多样性及生境极敏感，沙漠化中度敏感，水源涵养、防风固沙控制和生物多样性保护功能十分重要。该区的主要生态环境问题是：由于该区生态系统脆弱和气候变化的影响，加上外来人口增长、铁路建设和商务活动，人类活动对生态系统的影响加剧，超载过牧、滥采砂金、乱捕盗猎、采掘虫草，导致了该区生态环境恶化，严重退化草场面积占可利用草场面积的20%以上，水土流失、土地沙漠化加剧，水源涵养功能下降，沼泽地干涸、冰川退缩问题突出；同时，生物多样性减少，多种高原特有物种受到威胁或处于灭绝的边缘。

第七章 完善国家生态安全保障制度

【提要】 生态系统产品与服务是生态安全的物质基础，增强生态系统服务功能、控制生态环境问题是保障生态安全的基础。建立国家生态系统总值核算机制，完善生态补偿制度，保障生态系统服务功能的持续供给，促进生态系统保护着与生态系统服务功能使用者之间的社会公平，逐步建立国家生态安全保障制度。

建立生态文明束缚机制，将生态保护效益纳入经济社会核算体系，并完善生态补偿制度，调整生态保护着与生态产品及服务的使用者之间的利益关系，促进保护者和服务者之间的社会公平，是国家生态安全的基本生态制度和政策。本章探讨了建立基于生态系统服务功能的生态系统总值核算机制和完善生态补偿制度的对策与措施。

第一节 生态系统服务功能

生态系统不仅创造与维持了地球生命支持系统，通过合成与生产有机质、调节气候、营养物质贮存与循环、形成土壤及肥力、净化与降解有毒有害物质、减轻自然灾害等，形成了人类生存所必需的环境条件，还为人类提供了生活与生产所必需的食品、医药、木材及工农业生产的原材料。由于人类经济社会活动，不合理开发资源、改变土地利用、环境污染，导致生态系统破坏，生态系统服务功能退化与丧失，从而引发一系列生态环境问题，威胁生态安全。目前我国面临的生态安全问题，本质上是生态系统破坏与生态服务功能退化。

一、生态系统服务功能的内涵

生态系统服务功能也被部分研究者称作生态系统服务、环境服务等，是指生态系统服务功能是指生态系统与生态过程所形成及所维持的人类赖以生存的自然环境条件与效用，它不仅给人类提供生存必需的食物、医药及工农业生产的原料，而且维持了人类赖以生存和发展的生命支持系统（Daily，1997，欧阳志云，1999）。简单地可以将生态系统服务功能定义为人类从生态系统获取的利益（MA，2003），包括生态系统产品，如食物和水；生态调节功能，如洪水调节、干旱调节、土地退化控制和疾病控制；生态支持功能，如土壤形成和营养物质循环；文化服务功能，如娱乐、精神、宗教和其他非物质利益。Cairns（1997）认为生态系统服务功能是对人类生存和生活质量有贡献的生态系统产品与生态系统功能。

1. 生态系统服务功能与人类福祉

人类福祉主要包括人类生活的基本物质需要，例如良好的生活条件、体验自由、健康、个人安全和正常的社会关系等，即提供人类物质、社会、心理和精神生活的条件。生态系统服务功能对于人类福祉是至关重要的，生态系统服务可以提供给人类物质生活所需的清洁饮用水、清洁空气、食物、安全的居住条件、生产资料等等以及精神生活，包括文化、科学、美学和娱乐等等，两者的相互关系可以用下图表示（图 7－1）（MA，2003）。

人类福祉与生态系统服务功能相互联系的空间和时间形式及其复杂程度变化范围非常大，一些表现很迅速，而有点则相对滞后。例如，食物生产短缺引起饥饿，不久会出现营养不良，导致疲乏、注意力下降，得传染病的机会大大增加；长期滞后的例如地下水下降对灌溉的影响、红树林消失对渔业生产的影响等。近些年，世界范围内逐渐攀升的人类对生态系统的影响以及由此产生的变化对人类福祉带来了深刻的影响，通过可持续的人类活动如适宜的生态系统管理手段、制度、组织和技术措施保育生态系统及其服务功能，对于维持人类福祉至关重要。

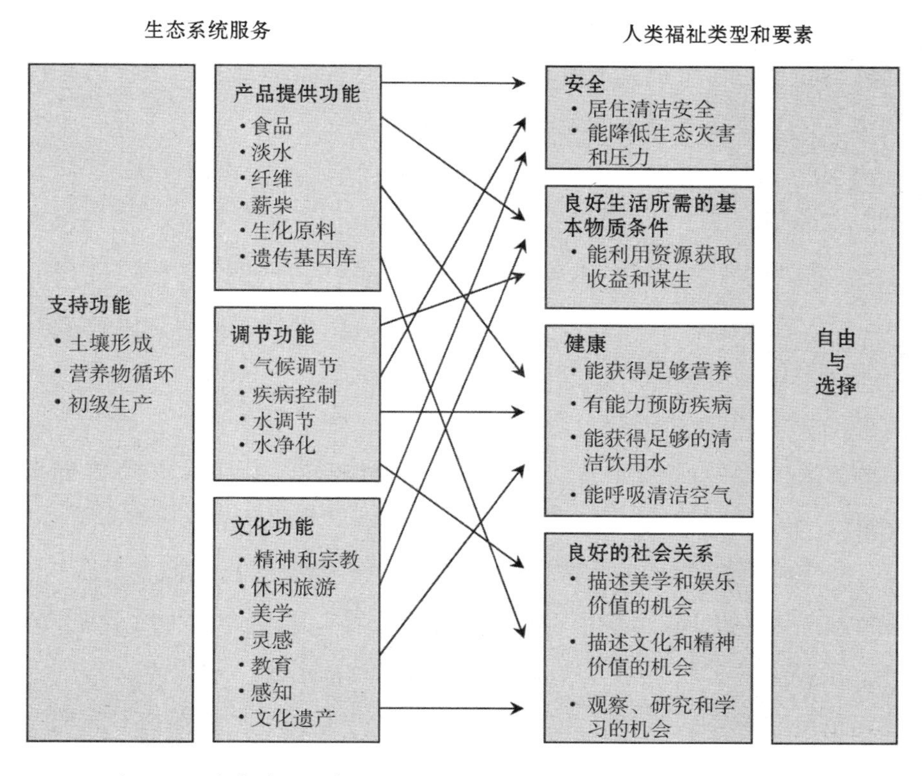

图 7－1　生态系统服务与人类福祉之间的联系（摘译自 MA，2003）

2. 生态系统服务功能与人类活动

人类为了维持自身的生存与发展就必须从生态系统中获得生态系统产品，或改造地球上部分生态系统结构与过程来生产所需的产品，也就是说人类维持自身的生存与发展就是人类利用生态系统服务功能的过程。这一过程既包含有损害生态系统服务功能的类型，也包含有人类主动恢复和保育生态系统服务功能。人类活动对自然生态系统影响的规模和强度以指数方式增长，驱动着全球气候变化和生物多样性的消失（Vitousek，1994），导致生态系统提供产品和维持生命支持系统的功能受损，并引起一系列的生态环境危机。局部区域的土地在不断退化，特别是一些开发历史较长的农田，现在不得不依靠越来越多地施用化学肥料来维持产量，不得不依靠越来越多地施用杀虫剂来控制害虫，土壤肥力更新的能力逐渐在减弱甚至消失，这样一种农业形式也加剧了农业的面源污染，更大地扩展了对自然生态系统的破坏。

在流域水平上，许多大江大河流域，由于天然植被的砍伐，保持水土、调节水循环的能力大幅度下降，旱涝灾害的频度和强度在加大，天然林砍伐、改造的过程中，人工林、次生林的培育，降低了森林生态系统的服务能力，大面积纯林的水土流失控制能力和病虫害抵抗能力低下。许多天然湿地被围垦，其第一性生物生产力被减弱，调节水循环、稳定碳循环的功能减弱，生物多样性减少，许多物种灭绝。

人类不合理的活动，草地荒漠化、荒漠沙漠化在加剧，亚洲、非洲沙漠荒漠地区面积都在不停地扩大，农牧业的生产潜力受到削弱，许多居民的贫苦状态难以改变，生态难民时常出现。水域生态系统受到污染的状况不容乐观，人类密度较大的内陆水体普遍受到不同程度的污染，经济发达的沿海水域污染的程度在加剧，水域生态系统服务普遍受到威胁，部分水域的渔业功能近乎枯竭。人类对生物生境的破坏和空间上的破碎化，导致生物物种的灭绝速度加快到自然灭绝速度的1000倍，许多生物物种人类还没有认识它们就已经在地球上消失了，尤其是生态系统关键物种的消失，将引起整个生态系统功能的紊乱。全球变化中，温室气体的变化与人类对自然生态系统的不合理开发有关，如地表覆盖的变化直接影响自然界碳的生物化学循环过程。

人类活动对生态系统服务功能的影响极其复杂，一种人类活动方式可以影响生态系统的多种服务功能；对生态系统一种服务功能的影响可以由多种人类活动方式所导致。人类活动方式对生态系统服务功能的影响是通过改变地球地表覆盖、生态系统结构和生物地球化学循环而引起的。人类活动对生境的影响主要是改变生境或使生境破碎和大量的污染物降低生境质量；改变生态系统结构影响生态系统服务功能主要表现在使生态系统一级结构缺损、使生态系统二级结构发生变化；改变生物地球化学循环影响生态系统服务功能主要表现为提高生物地化循环物质量和速率、降低生物地化循环物质量但提高生物地化循环速率、提高生物地化循环物质量但降低生物地化循环速率、降低生物地化循环物质量和速率、将人工合成化学物质加入生物地化循环中；改变水循环中水分的自然分布等六种（郑华等，2003）。

二、重要生态系统服务功能与生态安全

生态系统支撑人类生存和发展的生态系统产品与服务丰富多样的，不仅不同生态系统提供的产品与服务功能不同，同一类生态系统在不同区域提供的生态系统产品与服务也可能不一样。Daily（1997）将其归纳为13类（不包括产品），Costanza等（1997）定义为17类（表7-1），MA（2003）归纳为21类，de Groot（2002）定义为23类。类似的研究还有很多，综合起来主要应包括生态系统的产品生产、生物多样性的产生和维持、气候的调节和稳定、旱涝灾害的减缓、土壤的保持及其肥力的更新、空气和水的净化、废弃物的降解、物质循环的保持、农作物和自然植被的授粉及其种子传播、病虫害爆发的控制、人类文化的发育与演化、人类感官心理和精神的益处等方面。

表 7-1　生态系统服务及功能指标

序号	生态系统服务	生态系统功能	举例
1	气体调节	大气化学成分调节	CO_2/O_2 平衡、O_3 防护 UV-B 和 SO_x 水平
2	气候调节	全球温度、降水及其他气候过程的生物调节作用	温室气体调节以及影响云形成的 DMS 生成
3	干扰调节	对环境波动的生态系统容纳、延迟和整合能力	防止风暴、控制洪水、干旱恢复及其他植被控制生境对环境变化的反应能力
4	水调节	调节水文循环过程	农业、工业或交通的水分供给
5	水供给	水分的保持与储存	集水区、水库和含水层的水分供给
6	控制侵蚀和保持沉积物	生态系统内的土壤保持	风、径流和其他运移过程的土壤侵蚀和在湖泊、湿地的累积
7	土壤形成	成土过程	岩石风化和有机物质的积累
8	养分循环	养分获取、形成、内部循环和存储	固 N 和 N、P、K 等元素的养分循环
9	废物处理	流失养分的恢复和过剩养分有毒物质的转移及分解	废弃物处理、污染控制和毒物降解
10	传粉	植物配子的移动	植物种群繁殖授粉者的提供
11	生物控制	对种群的营养级动态调节	关键种捕食者对猎物种类的控制、顶级捕食者对食草动物的削减
12	庇护	为定居和临时种群提供栖息地	迁徙种的繁育和栖息地、本地种栖息地或越冬场所
13	食物生产	总初级生产力中可提取的食物	鱼、猎物、作物、果实的捕获与采集，给养的农业和渔业生产
14	原材料	总初级生产力中可提取的原材料	木材、燃料和饲料的生产
15	遗传资源	特有的生物材料和产品来源	药物、抵抗植物病原和作物害虫的基因、装饰物种（宠物和园艺品种）
16	休闲	提供休闲娱乐	生态旅游、体育、钓鱼等户外休闲娱乐
17	文化	提供非商业用途	生态美学、艺术、教育、精神或科学价值

1. 有机质的生产与生态系统产品

生态系统通过第一性生产与次级生产、合成生产了人类存在所必需的有机质及其产品。据统计 2010 年各类生态系统为人类提供粮食

22.8 亿吨，肉类 2.93 亿吨，同时海洋还提供鱼约 1.48 亿吨。生态系统还为人类提供了木材、纤维、橡胶、医药资源以及其他工业原料。生态系统还是重要的能源来源，据估计，全世界每年约有 15% 的能源取自于生态系统，在发展中国家更是高达 40%（Hall et al，1993）。

2. 生物多样性的产生与维持

生物多样性是指从分子到景观各种层次生命形态的集合。生态系统不仅为各类生物物种提供繁衍生息的场所，而且还为生物进化及生物多样性的产生与形成提供了条件。同时，生态系统通过生物群落的整体创造了适宜于生物生存的环境。

同物种不同的种群对气候因子的扰动与化学环境的变化具有不同的抵抗能力，多种多样的生态系统为不同种群的生存提供了场所，从而可以避免某一环境因子的变动而导致物种的绝灭，并保存了丰富的遗传基因信息。

生态系统在为维持与保存生物多样性的同时，还为农作物品种的改良提供了基因库。据研究，人类已知约有 80000 种植物可以食用，而人类历史上仅利用了 7000 种植物（Wilson，1989），只有 150 种粮食植物被人类广泛种植与利用，其中 82 种作物提供了人类 90% 的食物（Prescott-Allen，1990）。那些尚未为人类驯化的物种，都由生态系统所维持，它们既是人类潜在食物的来源，还是农作物品种改良与新的抗逆品种的基因来源。

生态系统还是现代医药的最初来源，最新研究表明，在美国用途最广泛的 150 种医药中，118 种来源于自然，其中 74% 源于植物，18% 来源于真菌，5% 来源于细菌，3% 来源于脊椎动物（Grifo and Rosenthal，1995）。在全球，约有 80% 的人口依赖于传统医药，而传统医药的 85% 是与野生动植物有关的。

3. 调节气候

从人类诞生以来，地球气候变化比较剧烈，在 2 万年前的冰期，地球上大多数陆地仍覆盖着厚厚的冰盖。尽管近 1 万年来，全球气候比较稳定，但其周期性的变化，仍极大地影响了人类活动与人口分布，甚至在 1550～1850 年间，欧洲发生了所谓的小冰期，气温明显降低。

气候对地球上生命进化与生物的分布起着主要的作用，尽管一般认为地球气候的变化主要是受太阳黑子及地球自转轨道变化影响，但生物本身在全球气候的调节中也起着重要的作用。例如，生态系统通过固定大气中的 CO_2 而减缓地球的温室效应（Alexander，1997），生态系统每年固碳约 2×10^9 吨。生态系统还对区域性的气候具有直接的调节作用，植物通过从发达的根系从地下吸收水分，再通过叶片蒸腾，将水分返回大气，大面积的森林蒸腾，可以导致雷雨，从而减少了该区域水分的损失，而且还降低气温，如在亚马孙流域，50% 的年降水量来自于森林的蒸腾（Satati，1987）。

4. 减轻洪涝与干旱灾害

每年，地球陆地上总降水量约 $119\times10^{12}m^3$，大多数雨水首先由土壤吸收，然后再由植物利用，或转入地下水。但如果没有生态系统的作用，雨水直接降到裸露的地面，不仅大大减少土壤对水分的吸收量，使地面径流增加，还将导致土壤与营养物的流失（Hillel，1991）。在 New Hampshere 的径流研究发现，裸地平均径流增加 40%，而在森林砍伐后的 4 个月，地表径流通比砍伐前增加 5 倍（Bormann，1968）。据研究，喜马拉雅山大范围的森林砍伐加剧了孟加拉国的洪涝灾害（Ives，Meserli，1989）；在非洲，大范围的干旱可能也与大规模的森林砍伐有关。我国 1998 年长江全流域洪涝灾害的形成与中上游植被减少、水源涵养能力下降、水土流失加剧的密切关系，已为人们所广泛认识。

水土流失的发生不仅使土壤生产力下降，降低雨水的可利用性，还造成下游可利用水资源量减少，水质下降。河道、水库淤积，降低发电能力，增加洪涝灾害发生的可能性（Pimentel et al，1995）。在全球，仅水土流失导致水库淤积所造成的损失约60亿美元。

湿地调蓄洪水的作用已为人们所熟知，泛洪区的森林不仅能减缓洪水速度，还能加速泥沙的沉积，减少泥沙进入河道、湖泊与海洋。如密西西比流域保留的小面积湿地，在预防密西西比河的洪水起了重要的作用。在我国长江流域洞庭湖、鄱阳湖对洪水的调节作用，在保障长江中下游数亿人口的安全发挥了的巨大作用。

5. 土壤的生态服务功能

土壤是一个国家财富的重要组分，但这份通过成千上万年积累形成的财富，几年的时间就可以流失殆尽。在世界历史上，肥沃的土壤养育了早期的文明，也有的古代文明也因土壤生产力的丧失而衰落（Adam，1981），在今天，世界约有20%的土地由于人类活动的影响而退化（Oldeman et al，1990）。除在水分循环中的作用外，土壤的生态服务功能至少可以归纳为如下五个方面：

（1）为植物的生长发育提供场所，植物种子在土壤中发芽、扎根、生长、开花结果，在土壤的支撑下，完成其生命周期。

（2）为植物保存并提供养分，土壤中带负电荷的微粒（主要是腐殖质与黏土粒，直径通常少于2μm）可吸附可交换的营养物质，以供植物吸收。如果没有土壤微粒，营养物将会很快流失。同时，土壤还作人工施肥的缓冲介质，将营养物离子吸附在土壤中，在植物需要时释放。

（3）土壤在有机质的还原中起着关键作用。同时，在还原过程中，还将许多人类潜在的病原物无害化。人类每年产生的废弃物约

1300 亿 t，其中约 30% 是源于人类活动（Vitousek et al，1986），包括生活垃圾、工业固体废弃物、农作物残留物以及人与各种家畜的有机废弃物。有幸的是，自然界拥有一系列的还原者，从秃鹰到细菌，它们能从各种废弃物的复杂有机大分子中摄取能量。不同种类的微生物像流水线上的工人，各自分解某种特定的化合物，并合成新的化合物，再由其他微生物利用，直到还原成最简单的无机化合物。许多工业废弃物，如肥皂、农药、油、酸等都能被生态系统中的微生物无害化与降解。不过，也有的有机废物，如塑料、杀虫剂 DDT 等，却在自然界中难以降解。

（4）由有机质还原形成简单无机物最终作为营养物返回植物，有机质的降解与营养物的循环是同一过程的两个方面。土壤肥力，即土壤为植物提供营养物的能力，很大程度上取决于土壤中的细菌、真菌、藻类、原生动物、线虫、蚯蚓等各种生物的活性。细菌可以从大气中摄取氮，并将其与转换成植物可以利用的化学形态。在一公顷土地中的蚯蚓每年可以加工 10 余吨有机物，从而可以大大改善土壤的肥力及其理化性质（Lee，1985）。

（5）土壤在氮、碳、硫等大量营养元素的循环中起着关键作用，如，与土壤中碳的储量相比，植物的作用相形见绌，据估算，土壤碳的贮量是全部植物中碳总储量的 1.8 倍，而土壤中氮的储量更是植物中总量的 19 倍（Schlesinger，1991）。人类活动，如森林砍伐与利用、农业开垦，湿地利用等都可能改变生态系统碳、氮的贮存与循环的过程，从而增加大气中温室气体的浓度，引起全球气候变化。同时氮化合物在大气中增多，还可能引起酸雨，氮的流失可能导致水体的富营养化等环境问题（Vitousek et al，1997）。

6. 传粉与种子的扩散

大多数显花植物需要动物传粉才得以繁衍。据研究，在全世界已记载的 24 万种显花植物中，有 22 万种需要动物传粉。如果没有动物的传粉，不仅会导致农作物大幅度的减产，还会导致一些物种的绝灭（Buchmann，Nabhan，1996）。据记载，已发现传粉动物约10万种，包括鸟、蝙蝠与昆虫。动物在为植物传粉的同时，也取得自身生长发育繁殖所需要的食物与营养。动物还是植物扩散的主要载体之一。

7. 有害生物的控制

与人类争夺食物、木材、棉花及其他农林产品的生物，统称为有害生物，据估计每年有25%以上的农产品被这些有害生物消耗（Pimentel et al，1989），同时，还有成千上万种杂草直接与农作物争水、光和土壤营养。

据估计，农作物99%的潜在有害生物能得到自然天敌的有效控制（DeBack，1974），从而给人类带来了巨大的经济效益（Naylor，Ehrlich，1997）。由于化学农药的大量使用，对农药产生抗性的害虫越来越多，农药使用剂量也在不断提高。农药的大量使用，不仅导致严重地污染了环境，对人类健康造成潜在威胁，而且还减少了害虫的自然控制能力，加剧了次要害虫的爆发（NRC，1989）。

8. 环境净化

陆地生态系统的生物净化作用包括植物对大气污染的净化作用和土壤－植物系统对土壤污染的净化作用。植物净化大气主要是通过叶片的作用实现的。绿色植物净化大气的作用主要有两个方面，一是吸收CO_2，放出O_2等，维持大气环境化学组成的平衡；二是在植物抗生范围内能通过吸收而减少空气中硫化物、氮化物等有害物质的含量。粉尘是大气污染的重要污染物之一，植物特别是树木对烟灰、粉尘有明显的阻挡、过滤和吸附作用。研究发现云杉、松树、水青岗、每公顷树木年阻尘量分别为32t/hm^2，松树34.4 t/hm^2，水青岗68 t/hm^2。

湿地生态系统在降解水环境污染物中发挥了重要作用，全球每年有5000亿立方米的废水排放到水体中，这些废水最终是通过生态系统过程净化，重新回到全球水循环中，为人类提供水资源。

第二节　生态系统总值与核算

生态系统的产品与服务功能是人类生存及发展基础，但在经济社会的发展过程中，资源开发、土地利用改变、大规模工程建设、环境污染等导致生态系统破坏与生态服务功能退化及其引发的一系列生态环境问题加剧，成为经济社会可持续发展和人类生存条件的主要威胁。上世纪60年代的环境运动、1987年联合国发布《我们共同的未来》以及以后的国际社会对推动可持续发展的努力，虽对遏制环境污染取得了成效。但生态系统退化，尤其是生态系统服务功能的退化仍在继续，据全球《千年生态系统评估》结果，2005年，全球仍有60%的生态系统服务功能退化。这表明自1960年以来的环境保护运动，全球在生态保护方面尚未取得根本性突破，生态系统退化和人类生命支持系统退化的趋势还未得到有效的遏制，世界各国仍缺乏有效的生态保护机制。决策者以及全社会对生态系统及其服务功能对人类经济社会发展基础性支撑作用还没有充分认识和了解是导致全球生态保护进展缓慢的重要原因。

自1990年以来，生态学家开始认识到生态系统服务功能对地球生命支持系统的作用和人类生存与发展的支撑作用，开展了生态系统服务功能研究（Gretchen，1997），评价各类生态系统对人类福祉的贡献，联合国启动了《千年生态系统评估》计划，旨在通过在全球范围开展生态系统服务功能的评价，将生态学保护的目标整合到经济社会决策之中（MA，2001）。生态系统服务功能评估与生态系统核算成为当前生态学及生态经济学的前沿领域和全球热点领域，许多研究对全球、不同国家和地区、区域开展的生态系统服务价值的评估（Constanza etc，1997，欧阳志云，1999）。这些研究初步建立了生态系统服务功能评价理论框架，探索了不同生态系统、不同服务功能类型评估方法（Gretchen，2011），更重要的是促进了人们对生态系统及其服务功能重要性的认识。但如何将生态系统服务功能评价的成果用于建立生态保护的机制，完善生态保护制度，引导企业与社会参与保护生态系统、恢复生态服务功能、遏制生存环境的恶化已成为政府和社会各界关心的重大课题。

人类社会与其赖以发展的生态环境构成经济－社会－自然复合生态系统（马世骏，王如松，1984）。为了测度人类经济活动的成果，建立了“国民生产总值”（GDP）核算体系，用以衡量“一个国家或地区在一定时期内生产和提供的最终产品及服务的总价值”，GDP已成为世界各国应用最普遍的经济统计指标。为了评价社会发展水平，人们探索了多种社会发展评价指标或指标体系，其中广泛应用的有国民幸福指数（National Happiness Index，NHI），以衡量一个国家或地区居民生活水平、社会公平性、发展机会等方面状况。也有许多研究，试图将经济与社会发展状况进行综合评价，如得到国际上广泛关注的有联合国发布的“人类发展指数”（Human Development Index，HDI），该指数综合健康、教育和生活水平三个方面，对一个国家或地区的经济社会发展的综合状况进行评价。但对生态系统为人类生存与发展提供的服务尚缺乏普遍接受的核算指标，也没有与国民经济统计相匹配的核算制度。研究与建立一个独立的核算一个国家或地区的生态系统为人类提供的产品与服务方法和体系，是当前社会各界广泛关注的议题。

一、生态系统生产总值定义

生态系统生产总值（Gross Ecosystem Product，GEP）可以定义为生态系统为人类提供的产品与服务价值的总和。生态系统包括森林、湿地、草地、荒漠、海洋、农田、城市等7个类型。生态系统产品与服务是指生态系统和生态过程为人类生存、生产及生活所提供的条件与物质资源（表7－2）。生态系统产品包括生态系统提供的可为人类直接利用的食物、木材、纤维、淡水资源、遗传物质等，生态系统服务包括形成与维持人类赖以生存和发展的条件，包括调节气候、调节水文、保持土壤、调蓄洪水、降解污染物、固碳、产氧等生态调节功能，以及源于生态系统组分和过程的文学艺术灵感、知识、教育和景观美学等生态文化功能。生态系统生产总值核算，就是分析与评价生态系统为人类生存与福祉提供的产品与服务的经济价值。生态系统总值核算通常不包括生态支持服务功能，如有机质生产、土壤及其肥力的形成、营养物质循环、生物多样性维持等功能，原因是这些功能支撑了产品提供功能与生态调节功能，而不是直接为人类的福祉作出贡献，这些功能的作用已经体现在产品功能与调节功能之中。

表7－2　生态系统产品与服务类型

类型	功能	产品与服务（举例）
生态系统产品	食物生产	粮食、水果、肉、蛋、奶、水产品等
	原材料供应	医药、木材、纤维、淡水、苗木品、遗传物质等
	能源生产	生物能、水能、风能、热能、潮汐能等
	其他	花卉、装饰
生态调节功能	调节功能	涵养水源、调节气候、固碳、氧生产、保持土壤、降解污染物、传粉等
	防护功能	防风固沙、调蓄洪水、控制有害生物、预防与减轻风暴灾害等
生态文化功能	景观功能	旅游价值、美学价值等
	文化功能	文化认同、知识、教育、艺术灵感等
生态支持功能	有机物生产	生态系统生物量
	营养物质循环与保持	氮、磷、钾等大量元素
	提供栖息地	野生动植物保护
	土壤与肥力形成	土层厚度、土壤有机质含量、土壤肥力

二、生态系统总值核算

生态系统生产总值核算源于生态系统服务功能及其生态经济价值评估，目标是评估及监测生态系统对人类福祉与经济社会发展的支撑作用，以及人们保护生态系统的成果与效益。生态系统总值核算是将生态系统服务功能保护与效益引入经济社会决策系统之中的桥梁，也是改变目前单一 GDP 核算体系导致的经济发展至上，忽视生态环境保护的一项制度建设。

应逐步建立国家生态系统与生态系统产品及服务生产的监测体系，为建立国家生态系统总值核算制度提供基础数据，并定期对每个县、省与国家的生态系统总值进行核算，以考核和评估各个县、省生态保护的成效、生态支撑能力的变化和生态安全所面临的问题，并为生态补偿的实施提供依据。

生态系统总值由生态系统的使用价值和非使用价值构成（表 7－3）。使用价值包括直接使用价值、间接使用价值。生态系统的直接使用价值通常包括生态系统产品的价值，生态系统的间接使用价值通常是指生态系统服务的价值，包括生态调节服务价值和生态文化服务价值。

GDP 核算方法有生产法、分配法和支出法等，在 GEP 核算中可以借鉴 GDP 的生产法即各部门的净增加值之和核算一定时期内一个国家及区域的各类生态系统的产品与服务。由于生态系统总值核算理论和方法的制约，目前，生态系统总值核算可以仅核算生态系统的直接使用价值和间接使用价值，即主要核算生态系统的提供的产品、调节功能和景观美学价值。

根据生态经济学、环境经济学、资源经济学的研究成果，生态系统服务功能的经济价值评估的方法可分为两类：一是替代市场技术，它以“影子价格”和消费者剩余来表达生态服务功能的经济价值，评价方法多种多样，其中有费用支出法、市场价值法、机会成本法、旅

行

表 7－3　生态系统产品与服务价值类型（引自 TEEB）

价值类型	价值	含义
使用价值	直接使用价值	人类直接利用生态系统产品的价值，包括消耗性使用价值与非消耗性使用价值。
	间接使用价值	人类从生态系统调节功能中获得的使用价值。
	选择价值	Relates to the importance that people give to the future availability ofeco-system services for personal benefit (option value in a strict sense) . 是人们保护生态系统以期为了未来能利用（包括直接利用、间接利用、选择利用和潜在利用）的价值。
Non－usevalues 非使用价值	遗产价值	是为了子孙后代将来能利用生态系统服务功能的价值。
	利他价值	是指一部分人获得的生态系统的服务价值，该价值同时也被其他同代人利用。
	存在价值	是人们为确保物种和生态系统继续存在的价值，它反映了人们对物种和生态系统的同情、责任感及关注。

费用法和享乐价格法；二是模拟市场技术（又称假设市场技术），它以支付意愿和净支付意愿来表达生态服务功能的经济价值，其评价方法只有一种，即条件价值法。本文主要介绍目前常用的条件价值法、费用支出法与市场价值法。

（1）条件价值法：也称调查法和假设评价法，它是生态系统服务功能价值评估中应用最广泛的评估方法之一。条件价值法适用于缺乏实际市场和替代市场交换的商品的价值评估，是“公共商品”价值评估的一种特有的重要方法，它能评价各种生态系统服务功能的经济价值，包括直接利用价值、间接利用价值、存在价值和选择价值。

支付意愿可以表示一切商品价值，也是商品价值的唯一合理表达方法。西方经济学认为：价值反映了人们对事物的态度、观念、信仰和偏好，是人的主观思想对客观事物认识的结果；支付意愿是“人们一切行为价值表达的自动指示器”，因此商品的价值可表示为：

商品的价值 = 人们对该商品的支付意愿

支付意愿又由实际支出和消费者剩余两个部分组成。对于商品，由于商品有市场交换和市场价格，其支付意愿的两个部分都可以求出。实际支出的本质是商品的价格，消费者剩余可以根据商品的价格资料用公式求出。因此，商品的价值可以根据其市场价格资料来计算。理论和实践都证明：对于有类似替代品的商品，其消费者剩余很小，可以直接以其价格表示商品的价值。

对于公共商品而言，由于公共商品没有市场交换和市场价格，因此，支付意愿的两个部分（实际支出和消费者剩余）都不能求出，公共商品的价值也因此无法通过市场交换和市场价格估计。目前，西方经济学发展了假设市场方法，即直接询问人们对某种公共商品的支付意愿，以获得公共商品的价值，这就是条件价值法。

条件价值法属于模拟市场技术方法，它的核心是直接调查咨询人们对生态服务功能的支付意愿，并以支付意愿和净支付意愿来表达生态服务功能的经济价值。在实际研究中，从消费者的角度出发，在一系列的假设问题下，通过调查、问卷、投标等方式来获得消费者的支付意愿和净支付意愿，综合所有消费者的支付意愿和净支付意愿来估计生态系统服务功能的经济价值。

（2）费用支出法：是从消费者的角度来评价生态服务功能的价值。费用支出法是一种古老又简单的方法，它以人们对某种生态服务功能的支出费用来表示其经济价值。例如，对于自然景观的游憩效益，可以用游憩者支出的费用总和（包括往返交通费、餐饮费用、住宿费、门票费、入场券、设施使用费、摄影费用、购买纪念品和土特产的费用、购买或租借设备费以及停车费和电话费等所有支出的费用）作为森林憩的经济价值。

（3）市场价值法：市场价值法与费用支出法类似，但它可适合于没有费用支出的但有市场价格的生态服务功能的价值评估。例如没有市场交换而在当地直接消耗的生态系统产品，这些自然产品虽没有市场交换，但它们有市场价格，因而可按市场价格来确定它们的经济价值。

市场价值法先定量地评价某种生态服务功能的效果，再根据这些效果的市场价格来评估其经济价值。在实际评价中，通常有两类评价过程。一是理论效果评价法，它可分为三个步骤：先计算某种生态系统服务功能的定量值，如涵养水源的量、二氧化碳固定量、农作物的增产量；再研究生态服务功能的“影子价格”，如涵养水源的定价可根据水库工程的蓄水成本，固定二氧化碳的定价可以根据二氧化碳的市场价格；最后计算其总经济价值。二是环境损失评价法，这是与环境效果评价法类似的一种生态经济评价方法。例如，评价保护土壤的经济价值时，用生态系统破坏所造成的土壤侵蚀量及土地退化、生产力下降的损失来估计。

理论上市场价值法是一种合理方法，也是目前应用最广泛的生态系统服务功能价值的评价方法。但由于生态系统服务功能种类繁多，而且往往很难定量，实际评价时比较困难。

第三节　完善生态补偿机制

生态补偿是保障生态安全的重要制度设计。近年来，生态补偿得到了国内外学者的广泛关注，在生态补偿政策、应用等方面进行了大量的研究（万本太，2008；Jack B K，2008；Bohlen P J，2009；Farley J，2010；Engel S，2008；Wunder S，2008）。哥斯达黎加的环境服务补偿计划（PSA）是全球著名的生态补偿项目之一，该项目对植树造林、天然林保护、森林管理等森林保护措施进行补偿（Pattanayak S K，2010；Pagiola S，2005）；厄瓜多尔和墨西哥的生态补偿项目对退化草场的恢复活动以及植树造林活动进行补偿（Wunder S，2008；Immerzeel W，2008）；中国的退耕还林（草）工程补偿则是用实物和现金的方式补偿参与农户的各种造林投入以及粮食生产损失（秦艳红，康慕谊，2007）；英国农业生产者协助政府进行环境管理并改善动物生境，政府对参与者所付出的投入以及承受的损失进行补偿（Dobbs T L，Pretty J，2008）；水资源也是生态补偿项目关注的重要领域，哥伦比亚、厄瓜多尔、墨西哥等国都施行相关的补偿计划为水源保护以及水资源管理活动进行支付，中国东江流域的生态补偿也是为水源保护支付的典型案例（Pagiola S，2007；刘强，2012）；此外，在农业、湿地、流域等领域也有大量的生态补偿实践，这些实践探索在一定程度上促进了生态环境保护和社会经济的可持续发展（Sommervillem，2010；Thuy P T，2010；Baylis K，2008；Herzog F，2005）。

由于涉及生态安全的要素多、生态补偿的利益相关方复杂、生态补偿载体多样、生态补偿范围确定难度大等实际问题，使得目前绝大多数研究都是个案分析，包括生态补偿范围、生态补偿标准、补偿方式等有关生态补偿机制的关键问题均形成成熟的思路和方法（李晓光等，2009）。本节拟在分析国内外生态补偿实践、我国生态补偿问题的基础上，探讨完善国家生态补偿机制的思路与对策。

一、国际生态补偿概况与启示

1. 国外生态补偿的主要方式

国际上"生态补偿"比较通用的是"生态服务付费"（PES）或生态效益付费（PEB），主要有四个类型（Scherr et al.，2006；中国环境与发展国际合作委员会，2006）：

一是直接公共补偿（类似中国的天然林保护工程、退耕还林还草工程和生态公益林保护等）：政府直接向提供生态系统服务的农村土地所有者及其他提供者进行补偿，这也是最普通的生态补偿方式。这一类补偿还包括地役权保护，即对出于保护目的而划出自己全部或部分土地的所有者进行补偿。

二是限额交易计划（如欧盟的排放权交易计划）：政府或管理机构首先为生态系统退化或一定范围内允许的破坏量设定一个界限（"限额"或"基数"），处于这些规定管理之下的机构或个人可以直接选择通过遵守这些规定来履行自己的义务，也可以通过资助其他土地所有者进行保护活动来平衡损失所造成的影响。可以通过对这种抵消措施的“信用额度”进行交易，获得市场价格，达到补偿目的。

三是私人直接补偿：除了非赢利性组织和赢利性组织取代政府作为生态系统服务的购买者之外，私人直接补偿与上面所说的直接公共补偿十分相似。这些补偿通常被称为“自愿补偿”或“自愿市场”，因为购买者是在没有任何管理动机的情况下进行交易的。各商业团体和/或个人消费者可以出于慈善、风险管理和/或准备参加管理市场的目的，而参加这类补偿工作。

四是生态产品认证计划：通过这个计划，消费者可以通过选择，为经独立的第三方根据标准认证的生态友好性产品提供补偿。

从各国实施生态服务付费的具体情况来看，许多案例是围绕森林生态系统的生态服务展开的。国外森林生态补偿除政府支付外，很多情况下是通过市场机制实现的。2002 年出版的《Silver Bullet or Fools Gold》对当时 287 例森林生态服务交易进行了分析，发现这些交易可分为 4 种生态服务类型，其中 75 例碳储存交易，72 例生物多样性保护交易，61 例流域保护交易，51 例景观美化交易。另外还有 28 例属于“综合服务”交易。目前的实际交易案例已多达 300 个以上，遍布美洲、加勒比海、欧洲、非洲、亚洲以及大洋洲的许多国家和地区。

在与农业生产活动相关的生态补偿方面，瑞士、美国通过立法手段，以补偿退耕休耕等措施来保护农业生态环境。欧盟也有类似的政策和做法。上世纪 50 年代，美国政府实施了保护性退耕计划；80 年代实施了相当于荒漠化防治计划的“保护性储备计划”；纽约州曾颁布了《休伊特法案》，恢复森林植被。在这些计划和法案的实施过程中，政府为计划实施（成本）和由此对当地居民造成的损失提供补贴（偿）是重要内容。

流域保护服务可以分为水质与水量保持和洪水控制等三个方面。尽管这三种服务相互关联，但通常具有不同的受益人。对这三种流域服务的公共补偿，以及对水质与水量的私人补偿，都有利于上游保护者，特别是当地的一些穷人。在流域生态补偿方面，比较成功的例子包括：澳大利亚通过联邦政府的经济补贴，来推进各省的流域综合管理工作；南非则将流域生态保护及恢复行动与扶贫有机地结合起来，每年投入约1.7亿美元雇用弱势群体来进行流域生态保护，改善水质，增加水资源供给；纽约水务局通过协商确定流域上下游水资源与水环境保护的责任及补偿标准等。

在矿产资源开发的生态补偿方面，德国和美国的做法相似。对于立法前的历史遗留的生态破坏问题，由政府负责治理。美国以基金的方式筹集资金，德国是由中央政府（75%）和地方政府（25%）共同出资并成立专门的矿山复垦公司负责生态恢复工作；对于立法后的生态破坏问题，则由开发者负责治理和恢复。

森林生态系统的补偿，主要通过生物多样性保护、碳蓄积与储存、景观娱乐文化价值实现等途径进行。欧洲排放交易计划（EU－ETS）与京都清洁发展机制是目前两个最大的、最为人们所了解的碳限额交易计划，2005年分别完成了3.62亿吨和4亿吨的二氧化碳交易。根据碳交易公司的统计，这个数字比2004年增长了7亿吨，总价值达到了94亿美元。

景观与娱乐文化服务，经常与生物多样性服务相重叠。从本质上说，旅游者购买的商品是欣赏景观的权利，而不是生物多样性，一般都是在案例研究的基础上来决定付给土地管理者的费用。而且对国家公园来说，是要求当地社区减少在公园内的活动，使他们可以获得一部分的公园收入，作为对此的补偿。根据调查，最经常用来体现这些服务价值的、以市场为基础的是参观权/进入补偿，如参观费（50%）、旅游服务费（25%）和管理项目（25%）。

对于生物多样性保护的补偿，类型包括：购买具有较高生态价值的栖息地（私人土地购买、公共土地购买）；使用物种或栖息地的补偿（生物考察权，调查许可，对野生物种进行狩猎、垂钓或集中的许可，生态旅游）；生物多样性保护管理补偿（保护地役权，保护土地契约，保护区特许租地经营权，公共保护区的社团特许权，私人农场、森林、牧场栖息地或物种保护的管理合同）；限额交易规定下可交易的权利（可交易的湿地平衡资金信用额度，可交易的开发权，可交易的生物多样性信用额度）；支持生物多样性保护交易（企业内对生物多样性保护进行管理的交易份额，生物多样性友好产品）。总体而言，国外生物多样性等自然保护的生态补偿基本上是通过政府和基金会的渠道进行的，有时则与农业、流域和森林等的补偿相结合。

2. 国外生态补偿的启示

与国内生态补偿机制相比，国外生态补偿机制比较完善，国外生态补偿的特点也给我国提供了不少启示和借鉴。

（1）补偿目标与载体明确，易于实施。国际上大多数生态补偿实践均针对特定的生态服务功能，如水源涵养、物种保护、碳汇、灾害防护等实施生态补偿，保护目标明确，而且单一。从而在设计生态补偿时，易于确定补偿载体和补偿范围，测算补偿标准。

（2）权属明晰，补偿对象清楚，生态保护者得到直接补偿。目前实施生态补偿的国家多为市场化程度较高的国家，土地权属等资源权属明晰，易于根据补偿目标与载体确定生态补偿的对象，生态保护者的权益能得到较好的界定。为生态保护者得到直接补偿奠定了良好的基础。

（3）法规比较完善，可操作性强。国外对森林的扶持和补偿主要通过立法形式固定下来，使林主有稳定的预期，防治未来不确定性带来的风险，尤其是政策风险；而且国外对公益林补偿的法律规定比较详细，易于操作。另外，国外生态系统付费有比较坚实的理论基础和法律依据，且执法严格；国际上充分利用了市场机制和多渠道的融资体系；积极鼓励群众参与，努力开拓国际市场等。

（4）补偿机制多样化。采用了政府购买、市场机制、竞争机制和激励机制等多种补偿方式，推动生态补偿政策的实施。如，美国、巴西和哥斯达黎加三国成功实施了生态补偿政策。三国的经验表明：政府虽然是生态效益的主要购买者，但是竞争机制依然可以在公益林补偿政策实施过程中发挥重要作用。例如，美国主要利用竞争机制和市场机制，政府提供补偿资金购买生态效益，对农民退耕的机会成本进行补偿。实施过程中，美国严格遵循农民志愿的原则，充分利用市场机制、竞争机制和激励机制，在确定补偿标准时，美国政府采用竞标办法来确定与当地社会经济条件相适应的补偿标准，而不是由政府规定一个统一的补偿标准，此外，美国政府还给予退耕农民金融和税收优惠政策。哥斯达黎加也是利用市场手段来提高生态效益，利用在国际市场上转让温室气体排放权的方式筹集补偿资金，从国际碳汇贸易中所筹集的资金大部分补偿给林主。

总的来说，市场和支付手段不能替代政府的管理法规，政府管理机制应采用市场的手段，而市场机制的运作也不能脱离政府的管理而存在。

（5）多渠道融资，多方式补偿。国外主要采用公共支付体系、交易体系和自主协议等方式筹集生态补偿资金，后两者又可以归结为市场化筹资机制。国外融资和补偿的具体方式主要有：采取扶持性财政政策，如：国有林财政全额拨款、私有林财政补助、税收减免；采取优惠金融政策，如：在贷款利率、时间长度和额度方面给予优惠；建立林业基金；向受益者收取补偿费，如水费、电费、化石燃料税、旅游等；通过市场交易，如：碳交易。运用上述五种措施，西方发达国家基本达到了政策目标。

（6）市场化机制比较健全。目前国际上流行的市场化森林生态效益补偿方式的实现要求一些条件：要求生态林有明确的权属，生态效益可计量，较低的交易成本等等。这些条件意味着要保证这种市场补偿方式的实现，国家应当具备相对完善的市场基础设施，否则市场补偿难以实现。发达国家在构建了上述市场基础设施方面具有良好基础。

二、我国生态补偿实践与问题

1. 我国生态补偿实践

近年来，我国对建立生态补偿机制非常重视，相关的法律与法规，如《中华人民共和国森林法》《中华人民共和国水土保持法》《中华人民共和国防沙治沙法》《中华人民共和国水污染防治法》《退耕还林条例》等，均对建立生态补偿机制提出了要求。中央及地方政府对建立生态补偿机制也提出了明确要求，并将其作为加强我国环境保护的重要内容。国家有关部委都部署了开展生态补偿机制探索与试点工作。各省市也结合各自的生态保护要求，积极开展生态补偿机制的探索与实践。

目前，我国生态补偿措施主要有天然林资源保护工程、退耕还林（草）工程、森林生态效益补偿（Liu J，et al，2008）和生态转移支付等（财政部，国家重点生态功能区转移支付（试点）办法，2009）。天然林资源保护工程1998年启动，涉及全国17个省（区、市）的天然林7300公顷，占全国1.07亿公顷天然林的69%。中央财政投入资金7840亿元，地方配套178亿元。

退耕还林工程与1999年启动，10年国家财政投入2332亿元，全国累计实施退耕还林任务4.15亿亩，其中退耕地造林1.39亿亩，荒山荒地造林和封山育林2.76亿亩。工程范围涉及25个省区市和新疆生产建设兵团的2279个县、3200万农户、1.24亿农民。

森林生态效益补偿于2001年启动，对国家重点生态公益林，即生态地位极为重要或生态状况极为脆弱，对国土生态安全、生物多样性保护和经济社会可持续发展具有重要作用，以提供森林生态和社会服务产品为主要经营目的的重点防护林和特种用途林，进行经济补偿。目前已累计投入200多亿元，全国有10.5亿亩重点生态公益林纳入了补偿范围。

2009年中央财政在均衡性转移支付项下设立国家重点生态功能区转移支付，以引导地方政府加强生态环境保护力度，提高国家重点生态功能区所在地政府基本公共服务保障能力，促进经济社会可持续发展。2009年生态转移支付预算30亿元，全国有300多个县获得生态转移支付。此后，生态转移支付力度迅速扩大，到2012年，国家生态转移支付预算300亿元，全国有600多个县获得生态转移支付。

各省市区在生态补偿实践中，也进行了大量的探索。中国最早的生态补偿费实践始于1983年，在云南省对磷矿开采征收植被及其他生态环境破坏恢复费用（庄国泰等，1995）。《北京市“十一五”时期功能区域发展规划》划出八千余平方公里的生态涵养区，限制和规范生态涵养区的产业发展，同时在扶持政策上给予多种倾斜，同时每年从公共财政资源中拨付款项生态涵养区建设补偿费，对山区生态进行补偿，同时还积极开展对生态公益林的补偿（李云燕，2011）。为了减少密云水库和官厅水库受到的淤积和污染，北京市公共财政和中央补助共同出资进行上游区域的环境建设、污染处理项目，以增加森林覆盖率、减少污染。

浙江省东阳市与义乌市2001年签订城市间协议，东阳市境内横锦水库近5000万立方米水的永久使用权出让给下游的义乌市，成交价格约为4元/m^3，义乌市同时支付一定的综合管理费（赵连阁，胡从枢，2007），这是典型的水权交易模式，甘肃黑河流域张掖地区也有类似的机制，该区域是通过农户水票交易制度形成超额用水者与水票结余者的交易市场（刘世强，2011）。此外，浙江省还有多种生态补偿的机制，金华市在下游开发建设“金磐扶贫经济开发区”，开发区内相关企业产生的利税全部返还给上游乡镇，作为该市水源地地区保护的补偿，形成异地开发补偿的机制（张跃西，孔栋宝，余义耕，2006），德清县则多方筹措，设立专项补偿资金，并专款专用，专户管理，用于补偿西部乡镇的农民，建立水源区生态补偿的“德清模式”（张守平，2011）。

河南省2010年全面实行地表水水环境生态补偿机制，以水质为标准，上游省辖市出现断面水质污染超标的，必须给下游省辖市予以补偿，并由省财政主管部门负责生态补偿金扣缴及资金转移支付。此外，江苏、辽宁、河北、河南等省份也在太湖流域等众多流域开展类似的基于水污染控制的流域跨区生态补偿实践（刘世强，2011）。江西和福建等众多省份则大力开展了基于河流源头保护的政府项目补偿项目，在东江、闽江、晋江等流域开展下游对上游的支付，补偿流域源头的生态保护活动以及利益相关者承受的相关利益损失（刘世强，2011）。

2. 我国生态补偿中的问题

目前的生态补偿措施仍不能满足我国生态保护的要求，还不能有效调节生态保护利益相关者的利益关系，生态保护者的权益和经济利益得不到保障，生态破坏和生态服务功能持续退化的问题还没有得到有效遏制。同时，生态补偿内涵泛化，将生态补偿与扶持社会发展、资源开发补偿、生态赔偿与生态建设工程等混淆，导致生态补偿概念混乱，使生态补偿制度的设计陷于困境。主要问题包括如下几个方面。

（1）生态补偿缺乏系统的制度设计：国家没有统一的法律和政策，各地的补偿或补助政策取决于决策者的意愿及当地当年的财政预算状况。同时，由于国家生态补偿机制尚在形成之中，林业、环保、农业、水利，财政、发改委等不同部门均根据部门的职权和利益开展生态补偿实践，导致生态补偿政出多门，国家统一的生态补偿制度难以形成。

（2）政府单方决策为主导，利益相关者参与不够：生态补偿对象、范围、标准和方式的确定，主要以政府决策为主，没有利益相关者参与协商的机制，尤其作为生态保护主要实施者的农民和牧民没有参与。

（3）补偿范围方法界定不科学：生态补偿范围主要指应当得到补

偿的地域范围。在我国现行生态补偿实践中补偿范围的确定，没有明确的方法和标准，通常确定依据是江河源头、河流上游区域或矿区、林区和山区等，边界范围含糊，与生态补偿目的是保障生态服务功能持续供给的关系不明确，导致补偿责任不明确，难以取得保障生态服务功能持续供给的政策效果。

（4）生态补偿对象和生态补偿方式不完善：国家主要通过中央财政向地方财政转移支付生态补偿资金，除退耕还林还草的生态补偿直接到农民和牧民外，直接受益者均是各级政府。生态补偿资金主要受益者是各市县政府和森林管护人员，主要考虑用行政手段强行保护公益林，以补助管护人员为主，而没有考虑到应该补偿给林权所有者，由所有者自行管护，导致因生态保护经济利益受到损害的农民没有直接经济补偿。当集体土地被划为保护用地，为生态保护作出直接贡献而利益受到损害的农民没有得到直接的资金补偿。

（5）补偿标准低，确定方法缺乏科学基础：目前生态补偿标准的确定是以政府支付能力为基础的确定的，没有充分考虑保护森林、草地、湿地等给农牧民带来的直接经济损失。尤其在许多地区生态补偿资金仅仅用于护林员的劳务费、森林病虫害和火灾的防护等费用，农民根本得不到任何补偿金。

（6）补偿标准一刀切，资金分配机制不健全：国家公益林生态效益补助资金平均每年每亩5元，长江流域补偿标准一样；黄河流域也都是相同的补偿标准。平均主义的补偿标准，对生态功能低的森林，补偿标准偏高；对于生态功能高的森林，补偿标准偏低，未能充分体现优质优价，没有建立分级分类补偿机制，以至于拥有好的公益林的林主损失更大。如何合理、有效地分配补偿资金，形成一种公平和效率均衡的公益林保护的激励机制至关重要。

（7）筹资机制单一，“免费搭车”现象突出：现行生态补偿资金来源包括国家财政投入、地方财政投入和受益单位补偿等，但基本上来源于中央与地主财政拨款（公共支付体系），筹资渠道过于单一，受益者补偿以旅游和水资源利用单位补偿为主。政府没有为交易体系和自主协议的运作创造制度环境，没有发挥市场筹资机制的作用。例如：目前政府的公益林制度安排不利于公益林生态补偿的市场筹资机制的建立，例如公益林禁伐政策、限额采伐政策等，都是用来约束森林经营者的，于是，受益者就会产生机会主义行为：即使不付费，经营者也不能采伐公益林，如果采伐了，便是违法；受益者意识到不付费也照样享用生态效益，所以就不会有付费的动机，造成受益者“免费搭车”很顺利。

（8）缺乏监督机制，政策效果不明显：目前生态补偿资金的使用与生态保护的效果没有直接挂钩，没有建立补偿资金的生态保护效果评估机制与监督机制，也没有相应的奖惩措施，受补偿者责任不明确。尽管国家和各级政府投入了大量生态补偿资金，生态保护与开发矛盾仍在加剧，生态退化的趋势仍为得到有效遏制，生态补偿政策效果不明显。

三、建立生态补偿机制的对策与措施

生态补偿机制在经济理论上就是实行生态保护经济的外部性的内部化，让生态建设和生态保护者能享受到其成果带来的经济利益，并让生态保护成果的受益者支付相应的费用，从而通过制度设计实现生态功能这一特殊“公共产品”生产者与使用、消费者之间的公平性，保障生态功能的投资者得到合理回报，激励“生态服务功能”产品的可持续生产，以促进我国人与自然的和谐。因此，建立生态补偿机制的对策与基本思路包括：

1. 建立适合我国国情生态补偿机制的原则

根据我国生态环境问题的特征和国家生态安全的需要，建立生态补偿的机制应遵循以生态系统服务功能为科学基础、保护生态者受益、受益者补偿、政府主导、全社会参与、权利与责任对等等原则。

（1）以生态系统服务功能为科学基础的原则。生态系统服务功能是指人类直接或间接从生态系统得到的各种利益（Daily G C，1997；欧阳志云，1999）。通常与国家生态安全密切相关的生态系统服务功能主要有水源涵养、土壤保持、生物多样性保护、防风固沙、碳固定、灾害防护、调节气候、环境净化、病虫害控制等。生态补偿最直接的目的是对保护上述生态系统服务功能赖以存在的生态系统，从而实现生态系统服务可持续提供的目标。因此生态系统提供的服务功能是生态补偿制度设计的重要科学基础。

（2）生态保护者受益的原则。也可称之为“谁保护，谁受益”，由于生态保护是一种具有很强的外部性经济的活动，保护者不能直接从保护中得到经济收益，如果对生态保护者不给以必要的经济补偿，就会严重影响保护者的积极性和保护行为，引起生态资源的不合理利用，导致生态服务功能的不断退化，威胁生态安全。解决办法是对产生外部经济效应生态系统服务功能提供者，给予相应的直接经济补偿，使生态保护不再是政府的强制性行为和社会的公益事业，而成为投资和收益相对称的经济行为，能将生态保护成果转化为经济效益，鼓励人们更好地保护生态环境。

（3）受益者补偿的原则。通俗地说“谁受益，谁付费”。生态保护的成果是向社会提供生态服务功能，生态服务功能是一类特殊的公共产品，按照市场经济社会的普遍原则，享受产品与服务的个人和社会应该向该产品及服务的提供者付费。

（4）政府主导、全社会参与的原则。由于生态保护的成果——生态系统服务功能是公共物品，受益者可以有全人类、特定国家和区域的居民、企业、社会团体和个人等。由于生态保护的成果受益者通常是一定地域范围的大多数居民，因此，政府有责任代表全民建立和实施生态补偿制度。同时，作为生态系统保护成果的受益人、企业和团体也应积极参与。

（5）权利与责任对等的原则。生态补偿的目的是实现生态系统保护，从而提供持续的生态系统服务功能，生态保护的效果是衡量生态补偿政策实施效果最重要的方面，因此在生态补偿政策设计过程中，必须明确受偿者在得到补偿之后生态保护的责任、范围、面积，将权利与义务统一起来，使生态补偿切实发挥作用，最终达到生态保护的目的。

2. 科学确定生态补偿地域范围

生态学理论表明：不同的地域的生态系统具有不同生态服务功能，有的地域单元具有极重要的生态服务功能，如对水源涵养、水土保持、沙尘暴控制、生物多样性保护、调蓄洪水等具有很重要的作用，而有的地域生态服务功能较弱，可以用于经济发展和城乡建设。

由于生态保护的目的是保护生态功能，因此确定生态补偿的地域范围时，也必须以生态服务功能为基础，评价不同地域单元的生态服务功能重要性，以明确对国家、区域或特定城市生态安全有重要意义的地域和生态系统。并根据其重要性程度与等级，确定生态补偿的优先次序。

根据我国生态安全的要求，建议目前暂以水源涵养、水土保持、沙尘暴控制、生物多样性保护、调蓄洪水等 5 个方面来确定生态补偿地域范围。

3. 明确生态补偿载体与补偿对象

根据生态系统与生态服务功能的关系，分析不同生态系统所提供生态服务功能及其重要性，确定生态补偿的生态系统类型与补偿载体。具有重要生态服务功能的生态系统类型有森林、草地、湿地和海洋等。

以生态补偿载体的土地所有权属和使用权属特征为基础，确定生态补偿对象，我国土地权属有两种，即国家所有和集体所有，生态补偿的对象应是拥有和使用集体土地的农民、牧民。

4. 建立合理的生态补偿经济标准核算方法

生态补偿经济标准（即生态补偿金额）的确定应考虑如下 3 个方面的因素。

（1）生态保护所导致的直接经济损失。在生态保护中，保护生态者直接受到的经济损失。如，可以通过野生动物破坏居民农作物造成的直接经济损失估算。

（2）生态保护地区为了保护生态功能而放弃的发展经济的机会成本。由于生态保护的要求，当地必须放弃一些产业发展机会，如水源保护区不能发展某些污染产业、沙尘暴控制区不能放养或限制牲畜的数量，而造成的间接经济损失，从而影响农牧民的经济收益。因此其生态补偿标准可以参考当地的土地租金确定。

（3）生态保护的投入。测算用于生态保护的直接经济投入，如用于退耕还林、草、湖的补偿、保护天然林的补偿，其他用于生态保护的物质投入、劳动投入、管理费用等。

5. 建立和完善生态环境补偿机制的措施

（1）加强生态保护立法，为建立生态补偿制度提供法律依据，这也是建立和完善生态保护补偿制度的根本保证。

（2）建立生态功能保护区。根据不同地域生态服务功能对国家、区域和地方生态安全的重要性，建立分国家级、省级和市县级的生态功能保护区，明确生态补偿的地域范围。为生态补偿的实施提供科学基础和依据。

（3）建立多种形式的生态补偿途径。可以通过财政转移支付、建立生态补偿基金和重大生态保护计划实施生态补偿。

运用“财政转移支付”形式，加大国家在国家级生态功能区的投资强度，尤其要重点支持具有重要生态服务功能的西部地区，少数民族地区的投资力度，尽快从根本上遏制生态退化－贫困化的恶性循环。

建立生态补偿分级体制和生态补偿基金。生态补偿实施分级制，国家的生态补偿主要针对国家生态安全有重要意义的区域。地方政府根据自身生态安全的要求实施。鼓励地方政府建立生态保护基金，为地方政府实施生态补偿提供经济保障。

通过生态保护重大项目支持生态保护。根据国家生态保护的要求，在不同地区设立国家级重大生态保护项目，有计划、分步骤地在生态环境重点建设地区加强项目投资力度。如在沙尘暴控制区，实施草原恢复项目。在水土保持关键地区，实施植被恢复项目。在石漠化地区，实施石漠化治理项目等，全面推进生态保护。

（4）颁布生态补偿管理办法。规范生态补偿基金的使用，使生态补偿能落实到实施生态保护的主体和受生态保护影响的居民，使之能有效地促进生态保护工作。

随着经济社会快速发展，环境与发展的矛盾加剧，建立有效的生态补偿制度，保障生态系统服务功能的持续供给，不仅是保障国家生态安全的紧迫需要，也是我国实现公平发展和建设和谐社会的必然要求。因此我国要进一步加强生态补偿的基础理论和方法的研究，将生态补偿机制建立在科学的基础上，尽快建立国家生态补偿机制，完善国家生态保护制度。

后　记

近 30 多年来，在我国经济社会快速发展的同时，全社会高度重视生态环境保护，并付出了巨大努力，但环境污染、生态破坏、资源紧缺等问题不断加剧，对人民健康和经济社会发展带来严重影响，成为我国可持续发展的主要威胁，国家生态安全形势越来越严峻。如何走出发展与环境保护关系所面临的困境、增强国家生态安全已成为全社会关注的重大课题。由于生态安全涉及面广、问题复杂，接受中国（海南）改革发展研究院邀请写作我国《生态安全战略》一书之初就诚恐诚惶，对完成这一任务缺乏信心。一年多来，笔者反复向有关专家请教，多次修改写作的思路。最初计划从环境污染、生态破坏、资源紧缺等方面分析我国生态安全问题与战略，在学习整理相关专家和学者的成果后，认识到：受我们自身专业领域和学识限制，涵盖三个方面进行写作是一件不可能完成的任务。经过数易书稿，借鉴国际生态学研究的趋势和我国经济社会发展今后可能面临的主要生态问题，我们最终将本书定位于以生态系统对经济社会发展的支撑作用来探讨我国生态安全战略。

本书在分析我国生态安全问题和战略思路中得到许多专家学者的指导与启发，特别感谢美国斯坦福大学 Gretchen Daily 教授在国际生态安全研究趋势、生态安全内涵和科学基础给予的帮助，中国科学院生态环境研究中心王如松院士、傅伯杰院士在生态安全内涵与对策方面的指导。此外，徐卫华博士参与了构建我国国土生态安全格局、生态建设重大工程及其布局等章节的撰写，肖燚博士提供了有关全国生态服务功能格局的最新研究进展与成果，高虹博士、饶恩明博士、张路博士和李屹峰等在本书写作过程中在资料收集和整理方面给予的大力协助。本书引用了国土生态环境评价技术、国家重大基础科研项目我国生态系统服务功能与生态安全的最新研究成果，还参考和引用了许多学者的成果与观点，不能一一列举，在此一并表示衷心的感谢。

本书是中国（海南）改革发展研究院策划的《国家发展战略研究丛书》中的一册，在写作过程中，得到中国（海南）改革发展研究院杨睿女士的大力支持和耐心帮助，海南出版社编辑们的精心编辑和指导，一并表示诚挚谢忱。

由于作者研究领域和学识的限制，书中谬误之处还望读者指导和包涵。

作者

2013. 4

主要参考文献

1. Adams, R. McC. Heartland of Cities: Surveys of Ancient Settlement and Land Use on the Central Floodplain of the Euphrates [J] . Chicago: University of Chicago Press, 1981.

2. Alexander S, Schneider S, Lagerquist K. Ecosystem Services: Interaction of Climate and Life. Pages 71 –92 in Daily G (ed) . Nature's Services: Societal Dependence on Natural Ecosystems [J] . Washington D C: Island Press, 1997.

3. Baylis K, Peplow S, Rausser G, Simon L. Agri – environmental policies in the EU and United States: A comparison [J] . Ecological Economics, 2008, 65 (4): 753 –764.

4. Bohlen P J, Lynch S, Shabman L, Clarkm, Shukla S, Swain H. Paying for environmental services from agricultural lands: an example from the northern Everglades [J]. Frontiers in Ecology and the Environment, 2009, 7 (1): 46 –55.

5. Bormann F, Likens G, Fisher D, Pierce R. Nutrient loss accelerated by clear – cutting of a forest ecosystem [J] . Science, 1968, 159: 882 –884.

6. Buchmann S L, Nabhan G P. The Forgotten Pollinators [J] . Washington D C: Island Press, 1996.

7. Cairns Jr. John. Protecting the delivery of ecosystem services. Ecosystem Health, 1997, 3 (3): 185 –194.

8. Costanza R. , et al. , The value of the world's ecosystem services and natural capital [J] . Nature, 1997, 387, 253 –260.

9. Daily G C. Natures Services: Societal Dependence on Natural Ecosystems [J]. Washington D C: Island Press, 1997.

10. de Groot R S, Wilsonm A, Boumans Rm J, A typology for the classification, de-

scription and valuation of ecosystem functions, goods and services [J]. Ecological Economics, 2002, 41: 393 –408.

11. DeBack P. Biological Control by Natural Enemies [J]. London: Cambridge University Press, 1974.

12. Dobbs T L, Pretty J. Case study of agri – environmental payments: The United Kingdom [J]. Ecological Economics, 2008, 65 (4): 765 –775.

13. Engel S, Pagiola S, Wunder S. Designing payments for environmental services in theory and practice: An overview of the issues [J]. Ecological Economics, 2008, 65 (4): 663 –674.

14. Farley J, Costanza R. Payments for ecosystem services: From local to global [J]. Ecological Economics, 2010, 69 (11): 2060 –2068.

15. Feng Z, Yang Y, Zhang Y, Zhang P, Li Y. Grain – for – green policy and its impacts on grain supply in West China [J]. Land Use Policy, 2005, 22: 301 - 312.

16. Grifo F, Rosenthal J (ed). Biodiversity and Human Health [J]. Washington D C: Island Press. 1995.

17. Hall D O, Rosillo – Calle F, Williams R H, Woods J. Biomass for energy: supply prospects. Pages 593 –651 in Johansson T, Kelly H, Reddy A, Williams R (ed). Renewable Energy: Sources for Fuels and Electricity [J]. Washington D C: Island Press. 1993.

18. Herzog F, Dreier S, Hofer G, marfurt C, Schupbach B, Spiessm, Walter T. Effect of ecological compensation areas on floristic and breeding bird diversity in Swiss agricultural landscapes [J]. Agriculture Ecosystems & Environment, 2005, 108 (3): 189 –204.

19. Hillel, D. Out of the Earth: Civilization and the Life of the Soil [J]. New York: The Free Press, 1991.

20. Hu C, Fu B, Chen L, Gulinck H. Farmers' attitudes towards the Grain – for – Green programme in the loess hilly area [J]. China. Int J Sustainable Dev World Ecol, 2006, 13: 211 - 220.

21. Immerzeel W, Stoorvogel J, Antle J. Can payments for ecosystem services secure the water tower of Tibet? [J]. Agricultural Systems, 2008, 96 (1 –3): 52 –63.

22. Ives J, messerli B. The Himalayan Dilemma: Reconciling Development and Conservation [J]. London: Routledge, 1989.

23. Jack B K, Kousky C, Sims K R E. Designing payments for ecosystem services: Lessons from previous experience with incentive – basedmechanisms [J]. Proceedings of the

National Academy of Sciences of the United States of America, 2008, 105 (28): 9465 - 9470.

24. Kareiva P, Tallis H, Ricketts T H, Daily G C, Polasky S. Natural capital: Theory and practice ofmapping ecosystem services. Oxford University Press, 2011.

25. Lee K. Earthworms: Their Ecology and Relationships with Soils and Land Use [J]. New York: Academic Press, 1985.

26. Liu J, Li S, Ouyang Z, Tam C, Chen X. Ecological and socioeconomic effects of China's policies for ecosystem services [J] . Proceedings of the National Academy of Sciences of the United States of America, 2008, 105 (28): 9477 -9482.

27. millennium Ecosystem Assessment (MA) . Ecosystems and Human Well - being: A Framework for Assessment. Island Press, 2003.

28. National Research Council (NRC) . Alternative Agriculture [J] . Washington D C: National Academy Press, 1989.

29. Naylor R, Ehrlich P. The value of natural pest control services in agriculture. Pages 151 - 174 in Daily G (ed) . Nature's Services: Societal Dependence on Natural Ecosystems [J] . Washington D C: Island Press, 1997.

30. Oldeman L, van Engelen V, Pulles J. The extent of human - induced soil degradation, Annex 5. in Oldeman L R, Hakkeling R T A, Sombroek W G (ed) . Worldmap of the Status of Human - Induced Soil Degradation: An Explanatory Note, rev. 2nd [J]. Wageningen: International Soil Reference and Information Centre, 1990.

31. Pagiola S, Arcenas A, Platais G. Can payments for environmental services help reduce poverty? An exploration of the issues and the evidence to date from Latin America [J]. World Development, 2005, 33 (2): 237 -253.

32. Pagiola S, Ramirez E, Gobbi J, de Haan C, Ibrahimm, murgueitio E, Ruiz J P. Paying for the environmental services of silvopastoral practices in Nicaragua [J]. Ecological Economics, 2007, 64 (2): 374 -385.

33. Pattanayak S K, Wunder S, Ferraro P J. Showme themoney: Do Payments Supply Environmental Services in Developing Countries? [J] . Review of Environmental Economics and Policy, 2010, 4 (2): 254 -274.

34. Pimentel D, Harvey C, Resosudarmo P, Sinclair K, Kurz D, mcNairm, Crist S, Shpritz L, Fitton L, Saffouri R, Blair R. Environmental and economic costs of soil erosion and conservation benefits [J] . Science, 1995, 267: 1117 -1123.

35. Pimentel D, mcLaughlin L, Zepp A, Lakitan B, Kraus T, Kleinman P, Vancini F, Roach W, Graap E, Keeton W, Selig G. Environmental and economic impacts of reducing U. S. agricultural pesticide use [J]. Handbook of Pestmanagement in Agriculture, 1989, 4: 223 - 278.

36. Prescott - Allen R, Prescott - Allen C. Howmany plants feed the world? [J]. Conservation Biology, 1990, 4: 365 - 374.

37. Salati E. The forest and the hydrological cycle. Pages 273 - 294 in Dickinson R (ed). The Geophysiology of Amazonia [J]. New York: John Wiley and Sons, 1987.

38. Scherr S J, Bennettm T, Loughneym, Canby K. Developing future ecosystem service payment in China: Lessons learned from international experience [R]. Forest Trends, Washington, DC, 2006.

39. Schlesinger W. Biogeochemistry: An Analysis of Global Change [J]. San Diego: Academic Press, 1991.

40. Sommervillem, Jones J P G, Rahajaharisonm, milner - Gulland E J. The role of fairness and benefit distribution in community - based Payment for Environmental Services interventions: A case study frommenabe, madagascar [J]. Ecological Economics, 2010, 69 (6): 1262 - 1271.

41. TEEB, The Economics of Ecosystems and Biodiversity Ecological and Economic Foundations. Edited by Pushpam Kumar. Earthscan, London and Washington, 2010.

42. Thuy P T, Campbell Bm, Garnett S, Aslin H, Hoangminh H. Importance and impacts of intermediary boundary organizations in facilitating payment for environmental services in Vietnam [J]. Environmental Conservation, 2010, 37 (1): 64 - 72.

43. Vitousek Pm. Beyond global warming: ecology and global change. Ecology, 1994, 75: 1861 - 1876.

44. Vitousek P, Aber J, Howarth R, Likens G, matson P, Schindler D, Schlesinger W, Tilman D. Human alteration of the global nitrogen cycle: causes and consequences [J]. Issues in Ecology, Volume 1, Spring 1997.

45. Vitousek P, Ehrlich P, Ehrlich A, matson P. Human appropriation of the products of photosynthesis [J]. BioScience, 1986, 36: 368 - 373.

46. Wilson E O. Threats to biodiversity [J]. Scientific American, 1989, 9: 108 - 116.

47. Wunder S, Albanm. Decentralized payments for environmental services: The cases

of Pimampiro and PROFAFOR in Ecuador [J]. Ecological Economics, 2008, 65 (4): 685 -698.

48. Wunder S, Engel S, Pagiola S. Taking stock: A comparative analysis of payments for environmental services programs in developed and developing countries [J]. Ecological Economics, 2008, 65 (4): 834 -852.

49. Xu J, Yin R, Li Z, Liu C. China's ecological rehabilitation [J]. Ecol Econ, 2006, 57: 595 - 607.

50. 财政部. 国家重点生态功能区转移支付（试点）办法 [R]. 2009.

51. 曹伟. 生态安全战略研究 [DB/OL]. 2003 年中国法学会环境资源法学研究会年会论文集. http: //riel. whu. edu. cn/show. asp? ID = 1159, 2005 -6 -25.

52. 陈百明. 中国农业资源综合生产能力与人口承载能力 [M]. 北京: 气象出版社, 2001.

53. 陈建伟, 肖江. 论荒漠、荒漠化土地资源与自然保护 [J]. 林业资源管理, 1997, 2: 30 -34.

54. 陈寿朋. 略论生态文明建设 [N]. 人民日报, 2008 -01 -08.

55. 陈志清, 朱震达. 从沙尘暴看西部大开发中生态环境保护的重要性 [J]. 地理科学进展, 2000, 19 (3): 259 -265.

56. 马骧聪译. 俄罗斯联邦环境保护法和土地法典 [M]. 北京: 法制出版社, 2003.

57. 费世民, 彭振华, 周金星, 杨冬生. 关于森林生态效益补偿问题的探讨 [J]. 林业科学, 2004, 40 (4): 171 -179.

58. 傅玉祥, 梁书升. 中国农业年鉴（2006）[M]. 北京: 中国农业出版社, 2006.

59. 高森. 三北防护林工程"发展动力"的认识与思考 [J]. 防护林科技, 2002: (2): 44 -46.

60. 葛文光, 李录堂, 李焱超. 退耕还林工程可持续性问题探讨——对陕西省吴旗县、志丹县实施退耕还林的调查与思考 [J]. 林业经济, 2006, 11: 33 -49.

61. 郭涛, 王成祖. 三北防护林体系建设 20 年综述 [J]. 林业经济, 1998, (6): 1 -13.

62. 国家发展计划委员会农村经济司. 总揽全国生态环境建设总体布局优先实施重点地区和重点工程 [J]. 调研世界, 1999, 1: 8 -9.

63. 国家环境保护总局, 中国科学院. 全国生态功能区划 [R]. 2008.

64. 国家环境保护总局. 2005 年中国环境状况公报 [EB/OL]. 2006.

65. 国家林业局. 国家林业局印发国家林业局2003 年工作要点 [J]. 经济管理文摘, 2003, (3): 5-7.

66. 国家林业局三北防护林建设局. 世界上最大的植树造林工程——三北防护林体系工程简介 [J]. 信息导刊, 2004, (6): 4-5.

67. 国家林业局天然林保护工程管理中心. 2001 年上半年天然林保护工程实施情况 [EB/OL]. http: //www. tianbao. net/gcjz. asp, 2001.

68. 国家林业局退耕还林办公室. 完善政策稳步推进巩固和发展退耕还林成果 [R]. 见: 贾治邦. 改革与发展: 2006 年林业重大问题调查研究报告 [M]. 北京: 中国林业出版社, 2007: 119-125.

69. 国家统计局. 中国统计年鉴 [J]. 北京: 中国统计出版社, 2011.

70. 国务院西部地区领导小组办公室, 中华人民共和国环境保护总局. 生态功能区划暂行规程 [R], 2002.

71. 郝育军. 天然林资源保护工程 让天然林休养生息 [N]. 人民日报, 2005-9-26 (14).

72. 何清涟. 生态安全: 一个国家最后的政治安全 [OL]. 2010 http: //www. 360doc. com/content/10/0828/16/54130_ 49451910. shtml

73. 胡继平. 当前林地管理工作存在的问题及对策 [J]. 林业资源管理, 2005, (4): 1- 4.

74. 胡锦涛, 坚定不移沿着中国特色社会主义道路前进 为全面建成小康社会而奋斗—在中国共产党第十八次全国代表大会上的报告 [M]. 北京: 人民出版社, 2012.

75. 胡汝骥. 新疆天山山区的积雪雪海及其防治措施 [J]. 新疆地理, 1978.

76. 环境保护部和中国科学院. 全国生态功能区划 [R], 2008.

77. 黄清. 跟踪中国林业生态建设 [M]. 哈尔滨: 东北林业出版社, 2003.

78. 李迪强, 宋延龄, 欧阳志云等. 全国林业系统自然保护区体系规划 [M]. 北京: 中国大地出版社, 2003.

79. 李定一, 柏方敏, 陶接来. 湖南省退耕还林工程成效与发展对策 [J]. 湖南林业科技, 2006, 33: 1-5.

80. 李国章. 您想了解三北防护林的进展状况吗——国家林业局负责人答记者问 [J]. 信息导刊, 2004, (6): 6-9.

81. 李晓光, 苗鸿, 郑华, 欧阳志云. 生态补偿标准确定的主要方法及其应用

[J]．生态学报，2009，(08)：4431－4440.

82. 李育材．加强三北防护林建设［J］．内部文稿，2001，(13)：21－23.

83. 李云燕．北京市生态涵养区生态补偿机制的实施途径与政策措施［J］．中央财经大学学报，2011，(12)：75－80.

84. 联合国开发计划署（UNDP）.1999年人类发展报告［M］．中国财经出版社，2002.

85. 梁伟，白翠霞，孙保平等．黄土丘陵沟壑区退耕还林（草）区土壤水分－物理性质研究［J］．中国水土保持，2006，3：17－18.

86. 刘芳，黄昌勇，何腾并等．黄壤旱坡地退耕还林还草对减少土壤磷流失的作用［J］．水土保持学报，2002，16（3)：20－23.

87. 刘慧．浅析可持续发展战略中的三北防护林体系工程建设［J］．防护林科技，2000，(2)：56－58.

88. 刘强，彭晓春，周丽旋，洪鸿加，张杏杏．城市饮用水水源地生态补偿标准测算与资金分配研究——以广东省东江流域为例［J］．生态经济，2012，(01)：33－37.

89. 刘世强．我国流域生态补偿实践综述［J］．求实，2011，(03)：49－52.

90. 刘晓云，刘速．梭梭荒漠生态系统：Ⅰ初级生产力及其群落结构的动态变化［J］．中国沙漠，1996，3：287－292.

91. 刘燕，周庆行．退耕还林政策的激励机制缺陷［J］．中国人口·资源与环境，2005，15（5)：104－107.

92. 刘于鹤．东北、内蒙古天然林保护工程中值得商榷的四个问题［OL］．http：//www. china. org. cn/chinese/zhuanti/2004lh/510404. htm，2004.

93. 吕文，戴晟懋，杨飞虎等．三北防护林体系工程建设综述［J］．防护林科技，1999，(4)：40－44.

94. 马世骏，王如松．社会－经济－自然复合生态系统［J］．生态学报，1984（1）.

95. 马维野主编．全球化时代的国家安全［M］．武汉：湖北教育出版社，2006..

96. 苗普，李静，孙垂河．从三北防护林工程看我国生态治理与破坏的相持阶段［J］．防护林科技，2005，(6)：28－29.

97. 欧阳志云，王如松，赵景柱．生态系统服务功能及其生态经济价值评价［J］．应用生态学报，1999，(05)：635－640.

98. 欧阳志云．生态建设与可持续发展［M］．科学出版社，2007.

99. 欧阳志云，郑华，岳平，建立我国生态补偿机制的思路与措施［J］．生态学报，2013，33（3）：686－692.

100. 彭应登．中国城市PM2.5污染状况及防治途径［J］．中国经济报告，2012，（1）．

101. 钱俊生，赵建军，生态文明：人类文明观的转型［J］．中共中央党校学报，2008，（1）：46－49.

102. 秦艳红，康慕谊．国内外生态补偿现状及其完善措施［J］．自然资源学报，2007，（04）：557－567.

103. 曲格平，关注生态安全之一：生态环境问题已经成为国家安全的热门话题［J］，环境保护，2002（5）．

104. 曲格平．关注中国生态安全［M］．北京：中国环境科学出版社，2004.

105. 世界环境与发展委员会编，王之佳等译．我们共同的未来［M］．北京：世界知识出版社，1997.

106. 苏大学．天然草原在防治黄河上中游流域水土流失与土地荒漠化中的作用与地位［J］．草地学报，2000，8（2）：77－81.

107. 孙垂河．把握新时期"相持阶段"生态建设规律 建设节约型三北防护林体系［J］．中国林业，2006，（01B）：35－37.

108. 孙鸿烈等，中国自然资源丛书：综合卷［M］，北京：中国环境出版社，1995.

109. 孙瑛，李琪，刘晓雯，徐庚，武京军．我国森林生态效益的持续补偿问题［J］．山东林业科技，2010，187：82－87.

110. 万本太，邹首民．走向实践的生态补偿——案例分析与探索［M］．北京：中国环境科学出版社，2008.

111. 王红英，严成，蒋麟凤．基于退耕还林工程的农民利益保障与增收的中西部比较研究［J］．江西农业大学通报，2007，29（2）：318－322.

112. 王闰平，陈凯．中国退耕还林还草现状及问题分析［J］．中国农学通报，2006，22（2）：404－409.

113. 王文富 等．中国土壤［M］．中国农业出版社，1998.

114. 王毅，徐志刚，于秀波．退耕还林工程评估与减缓贫困［A］．见：梁治平编．转型期的社会公正：问题与前景［M］．北京：三联书店，2010，273－284.

115. 王珠娜，王晓光，史玉虎等．2007. 三峡库区秭归县退耕还林工程水土保持效益研究．中国水土保持科学，5：68－72.

116. 王珠娜，王晓光，史玉虎等．三峡库区秭归县退耕还林工程水土保持效益研究［J］．中国水土保持科学，2007，5：68－72.

117. 吴国昌，中国自然资源丛书：水资源卷［M］．北京：中国环境出版社，1995.

118. 席承藩主编．中国土壤［M］．中国农业出版社，1998.

119. 肖笃宁，陈文波，郭福良．论生态安全的基本概念和研究内容［J］．应用生态学报，2002，13（3）：354－358.

120. 徐晋涛，曹轶瑛．退耕还林还草的可持续发展问题［J］．国际经济评论，2002，2：56－60.

121. 徐晋涛，陶然，徐志刚．退耕还林：成本有效性、结构调整效应与经济可持续性——基于西部三省农户调查的实证分析［J］．经济学（季刊），2004，4：139－162.

122. 杨时民．关于退耕还林“十一五”政策建议——川贵两省退耕还林调研思考［J］．林业经济，2006.9：7－10

123. 张鸿文．我国退耕还林工程建设成效问题及对策［J］．林业资源管理，2007，3：13－16.

124. 张家诚，中国自然资源丛书：气候卷［M］．北京：中国环境出版社，1995.

125. 张力小．关于重大生态建设工程系统整合的思考［J］．中国人口·资源与环境，2011，21（12）：73－77.

126. 张守平．国内外涉水生态补偿机制研究综述［J］．人民黄河，2011，(05)：54－56＋59.

127. 张勇．环境安全论［M］．北京：中国环境科学出版社，2005：91.

128. 张跃西，孔栋宝，余义耕．异地开发生态补偿机制创新实证研究［J］．中国环境科学学会2006年学术年会，中国江苏苏州，2006，pp. 1143－1144－1145－1146－1147.

129. 赵连阁，胡从枢．东阳—义乌水权交易的经济影响分析［J］．农业经济问题，2007，(04)：47－54＋111.

130. 赵跃龙，张玲娟．脆弱生态环境定量评价方法的研究［J］．地理科学，1998，18（1）：73－79.

131. 郑华，欧阳志云，赵同谦，李振新，徐卫华．人类活动对生态系统服务功能的影响［J］．自然资源学报，2003，18（1）：118－126.

132. 中国国家林业局．中国湿地保护行动计划［R］. 2000.

133. 中国环境与发展国际合作委员会．国合会专题政策报告：生态补偿机制与政策研究［R］, 2006,（6）. http：//www. china. com. cn/tech/zhuanti/wyh/2008 – 02/13/content_ 9734279_ 2. htm

134. 中国科学院办公厅．中科院专家关于退耕还林工程的评估及建议［N］．中国科学院专报信息, 2007 – 04 – 04（25）．

135. 中国科学院生态环境研究中心课题组. 2012. 生态文明建设战略研究［A］. 见：国家发展和改革委员会编，“十二五”规划战略研究（下）［M］．人民出版社．

136. 中国可持续发展林业战略研究项目组．中国可持续发展林业战略研究 – 战略篇［M］．北京：中国林业出版社, 2003.

137. 中国可持续发展林业战略研究项目组．中国可持续发展林业战略研究总论［M］．北京：中国林业出版社, 2002.

138. 中国生物多样性国情研究报告编写组．中国生物多样性国情研究报告［M］. 北京：中国环境科学出版社, 1998.

139. 中华人民共和国国务院，全国主体功能区规划——构建高效、协调、可持续的国土空间开发格局［EB/OL］. http：//www. gov. cn，2010.

140. 中华人民共和国国家统计局. 2008. 第二次全国农业普查主要数据公报［EB/OL］. http：//www. stats. gov. cn/tjgb/nypcgb, 2008.

141. 中华人民共和国国家统计局．中华人民共和国 2011 年国民经济和社会发展统计公报［EB/OL］. http：//www. stats. gov. cn/tjgb/ndtjgb/qgndtjgb/t20120222 _ 402786440. htm, 2011.

142. 中华人民共和国国土资源部. 2010 年全国地质灾害通报［EB/OL］. http：//www. mlr. gov. cn/zwgk/zqyj/201101/P020110120670131247443. pdf, 2010.

143. 中华人民共和国国务院．全国主体功能区规划［R］. 2010.

144. 中华人民共和国环境保护部. 2010 中国环境状况公报［EB/OL］. http：//jcs. mep. gov. cn/hjzl/zkgb/2010zkgb, 2010.

145. 中华人民共和国水利部．中国水资源公报 2009［M］．中国水利水电出版社, 2010.

146. 周卫，环境法视角下的生态安全，知识经济杂志，2009，(3)：31 – 32.

147. 朱尔明．中国水利年鉴（2006）．北京：中国水利水电出版社，2006.

148. 庄国泰，高鹏，王学军．中国生态环境补偿费的理论与实践［J］．中国环境科学, 1995,（06）：413 – 418.